普通高等学校安全科学和工程类专业系列教材

防灭火与防爆技术

主　编／段玉龙　范小花　徐　俊

副主编／米红甫　秦　毅　任凌燕　黄　维

重庆大学出版社

内容提要

本书着重论述燃烧、爆炸基础理论，石油、化工、矿山、民用等领域防火防爆技术措施和防火防爆安全设计。通过引入大量的火灾爆炸事故案例进行穿插分析，注重理论与实践相结合。重点强调基础性、全面性、系统性、前沿性、应用性。

本书可作为高等院校安全工程本科和研究生的专业教材，也可作为从事消防工作、安全管理、安全技术等工作人员的专业培训和参考教材。

图书在版编目（CIP）数据

防灭火与防爆技术 / 段玉龙，范小花，徐俊主编
. -- 重庆：重庆大学出版社，2023.8
ISBN 978-7-5689-3999-7

Ⅰ.①防… Ⅱ.①段… ②范… ③徐… Ⅲ.①防火系
统 Ⅳ.①TU998.12

中国国家版本馆 CIP 数据核字（2023）第 161149 号

防灭火与防爆技术
FANGMIEHUO YU FANGBAO JISHU

主 编 段玉龙 范小花 徐 俊
副主编 米红甫 秦 毅 任凌燕 黄 维
策划编辑：鲁 黎

责任编辑：陈 力　　版式设计：鲁 黎
责任校对：邹 忌　　责任印制：张 策

*

重庆大学出版社出版发行
出版人：陈晓阳
社址：重庆市沙坪坝区大学城西路 21 号
邮编：401331
电话：(023)88617190　88617185（中小学）
传真：(023)88617186　88617166
网址：http://www.cqup.com.cn
邮箱：fxk@ cqup.com.cn（营销中心）
全国新华书店经销
重庆高迪彩色印刷有限公司印刷

*

开本：787mm×1092mm　1/16　印张：17.25　字数：391 千
2023 年 8 月第 1 版　　2023 年 8 月第 1 次印刷
印数：1—1 000
ISBN 978-7-5689-3999-7　定价：48.00 元

PREFACE 前　言

随着人类社会的发展和进步以及产业结构的调整和升级，具有燃烧爆炸性能的物品被广泛应用于各行各业，例如石油、化工、矿山等传统领域，以及氢能、风能、太阳能、新能源汽车等新兴产业领域。频发的火灾爆炸事故，造成了重大人员伤亡和巨大财产损失，以及严重的社会负面影响。因此，加强各个行业领域火灾爆炸事故的预防和相关研究工作十分必要。

防火防爆在现在和将来都会是世界各国重点研究的方向之一，防灭火与防爆技术是国内众多安全工程本科教学的重要专业必修课程。本书在以往安全工程专业相关书籍基础上，经整理、调整、借鉴、充实、提高，最终编写完成。本书具有如下特色：①内容全面。本书强调科学性、系统性、难易结合。主要涉及燃烧学说理论、燃烧爆炸机理、防火防爆基本理论、基本的防火防爆安全防范技术措施等4个方面。对于油气安全、化工安全、矿山安全、民用安全等有很好的指导意义。以达到学科拓宽的目的。②融入新元素。书中融入了例如新型爆炸测试平台和方法等先进的火灾爆炸检测装备、新型防火防爆技术手段等前沿知识，对本科生等学习者的视野有很好的开阔作用。③案例较多。本书兼顾理论和工程实践，在多个章节针对性地融入大量的火灾爆炸场景和案例，并在最后一章进行火灾爆炸案例专章讲解，具有较好的实用性和案例教学效果。

本书由重庆科技学院安全工程学院（应急管理学院）段玉龙、范小花以及中煤科工集团重庆研究院有限公司徐俊担任主编，重庆科技学院安全工程学院（应急管理学院）米红甫、秦毅、任凌燕、黄维担任副主编。其中，第1、2、3章，以及第4章的部分内容由范小花编写；第4章的部分内容，第5、6、7章由段玉龙编写。

本书的出版经历了较长的过程，凝结了许多编写人员和幕后人员的心血。本书在编写过程中，引用了许多已有资料、接受了数十位专家学者的审查与建议，并得到了相关兄弟院校老师的帮助。在此，向本书所引用资料的作者、专家以及所有关心支持本书编写的领导和专家学者表示最真诚的敬意和感谢。同时，对参加本书编审、校对等工作的龙凤英、俞树威、卜云兵、黄俊等硕士研究生表示衷心感谢。由于作者水平有限，加之时间仓促，疏漏与不足之处在所难免，欢迎各位读者提出宝贵意见，以便在以后修订和补充。

编　者
2023 年 6 月

CONTENTS 目录

第1章 燃烧基础理论

燃烧是可燃物和氧化剂发生的发热、发光的氧化反应,从燃烧的物理化学现象及燃烧的条件分析燃烧与一般氧化反应以及一般放热发光现象的区别,对正确理解燃烧本质有重要作用。

1.1 燃烧的本质

1.1.1 物质的氧化与燃烧现象

物质的氧化反应现象是普遍存在的,根据反应的速度不同,可以分为一般的氧化现象和燃烧现象。当氧化反应速度比较慢时,如油脂或煤堆在空气中缓慢与氧的化合、铁的氧化生锈等,虽然在氧化反应时放热,但其反应缓慢,同时很快散失掉,没有发光现象。如果是剧烈的氧化反应,放出光和热,即是燃烧。例如,散热不良,热量积聚,不断加快煤堆的氧化速度,使温度升高至自燃点而导致煤堆的燃烧;铁在通常情况下被认为是不可燃物质,然而炽热的铁块在纯氧中却会剧烈氧化燃烧等。也就是说,氧化和燃烧都是同一种化学反应,只是反应的速度和发生的物理现象(热和光)不同。在生产和日常生活中发生的燃烧现象,大都是可燃物质与空气(氧)的化合反应,有的是分解反应。

简单的可燃物质燃烧时,只是该物质与氧的化合,如碳和硫的燃烧反应。其反应式为

$$C+O_2 \longrightarrow CO_2+Q$$
$$S+O_2 \longrightarrow SO_2+Q$$

复杂物质的燃烧,先是物质受热分解,然后发生化合反应,如丁烷和乙炔的燃烧反应。其反应式为

$$2C_4H_{10}+13O_2 =\!=\!= 8CO_2+10H_2O+Q$$
$$2C_2H_2+5O_2 =\!=\!= 4CO_2+2H_2O+Q$$

而含氧的炸药燃烧时,则是一个复杂的分解反应,如硝化甘油的分解爆炸反应。其反应式为

$$4C_3H_5(ONO_2)_3 =\!=\!= 12CO_2+10H_2O+O_2+6N_2$$

1.1.2 燃烧的氧化反应

现已知道,燃烧是一种放热、发光的氧化反应。

最初,氧化被认为仅是氧气与物质的化合,但现在则被理解为:凡是物质的元素失去电子的反应就是氧化反应。反应中,失掉电子的物质被氧化,而获得电子的物质被还原。以氯和氢的化合为例,其反应式为

$$H_2 + Cl_2 \xrightarrow{\text{燃烧}} 2HCl + Q$$

氯从氢中得到一个电子,氯在此反应中即为氧化剂。也就是说,氢被氯所氧化并放出热量和呈现出火焰,此时虽然没有氧气参与反应,但发生了燃烧。又如,铁能在硫中燃烧,铜能在氯中燃烧,虽然铁和铜没有和氧化合,但所发生的反应是剧烈的氧化反应,并伴有热和光发生。也就是说,能助燃的氧化剂不仅只有氧气,其他能在反应中获取电子的氧化剂都可以助燃。

燃烧是可燃物与氧化剂作用发生的放热反应,氧化反应是燃烧过程的化学实质。燃烧会生成完全不同的新物质,放热、发光、发烟是燃烧现象的3个物理特征。燃烧是一种发光放热的氧化反应。据此可区别燃烧现象与其他的氧化现象。例如,灯泡中的灯丝当电流通过时,虽然同时放热发光,但没有氧化反应,而是仅发生了由电能转化为热能和内能的能量转换,属于物理现象。还有前述铁的缓慢氧化反应,虽生成了新物质,但没有同时出现放热发光现象,故也不属于燃烧。

1.2 燃烧的条件

1.2.1 燃烧的必要条件

燃烧是有条件的,它必须是可燃物、氧化剂和着火源这3个基本条件同时存在并且相互作用才能发生。也就是说,发生燃烧的条件必须是可燃物质和氧化剂共同存在,构成一个燃烧系统,同时,要有导致着火的火源。可以用燃烧三角形(火三角)来表示燃烧发生的必要条件,如图1-1所示。

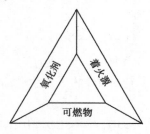

图 1-1 燃烧三角形

(1)可燃物

物质分为可燃物、难燃物和不可燃物3类。可燃物是指在火源作用下能被点燃,并且当火源移去后能继续燃烧,直到燃尽的物质,如汽油、木材、纸张等。难燃物是指在火源作用下能被点燃并阻燃,当火源移去后不能继续燃烧的物质,如聚氯乙烯、酚醛塑料等。不可燃物是指在正常情况下不会被点燃的物质,如钢筋、水泥、砖、瓦、灰、砂、石等。可燃物是防爆与防火的主要研究对象。

凡是能与空气、氧气和其他氧化剂发生剧烈氧化反应的物质,都称为可燃物。可燃物种类繁多,按状态不同可分为气态、液态、固态 3 类,一般是气体较易燃烧,其次是液体,最后是固体;按组成不同可分为无机可燃物质、有机可燃物质两类。可燃物多为有机物,少数为无机物。

无机可燃物质主要包括某些金属单质,如生产中常见的铝、镁、钠、钾、钙,以及某些非金属单质如磷、硫、碳,此外,还有一氧化碳、氢气等。有机可燃物质种类繁多,大部分都含有碳、氢、氧元素,有些还含有少量的氮、硫、磷等元素。其中,碳是主要成分,其次是氢,它们在燃烧时放出大量热量。硫和磷的燃烧产物会污染环境,对人体有害。

(2)氧化剂

凡具有较强的氧化性能,能与可燃物发生氧化反应的物质称为氧化剂。

氧气是较常见的一种氧化剂,空气中含有 21% 的氧气,人们的生产和生活空间,普遍被这种氧化剂所包围。多数可燃物能在空气中燃烧,也就是说,燃烧的氧化剂这个条件广泛存在着,而且采取防火措施时,在人们工作和生活的场所,它不便被消除。此外,生产中的许多元素和物质如氯、氟、溴、碘,以及硝酸盐、氯酸盐、高锰酸盐、双氧水等都是氧化剂。

(3)着火源

具有一定温度和热量的能源,或者说能引起可燃物质着火的能源统称为着火源。

生产和生活中常用的多种能源都有可能转化为着火源。例如,化学能转化为化合热、分解热、聚合热、着火热、自燃热;电能转化为电阻热、电火花、电弧、感应发热、静电发热、雷击发热;机械能转化为摩擦热、压缩热、撞击热;光能转化为热能以及核能转化为热能等。这些能源的能量转化可能形成各种高温表面,如灯泡、汽车排气管、暖气管、烟囱等。还有自然界存在的地热、火山爆发等。

几种着火源的温度见表 1-1。

表 1-1 几种着火源的温度

着火源名称	火源温度/℃	着火源名称	火源温度/℃
火柴焰	500~650	气体灯焰	1 600~2 100
烟头中心	700~800	酒精灯焰	1 180
烟头表面	250	煤油灯焰	700~900
机械火星	1 200	植物油灯焰	500~700
煤炉火焰	1 000	蜡烛焰	640~940
烟囱飞火	600	焊割火星	2 000~3 000
生石灰与水反应	600~700	汽车排气管火星	600~800

1.2.2 燃烧的充分条件

在研究燃烧的条件时应注意,上述燃烧的 3 个基本条件在数量上的变化,会直接影响燃烧能否发生和持续进行。例如,氧在空气中的浓度降低到 14% ~ 16% 时,木材的燃烧即停止。又如,着火源如果不具备一定的温度和足够的热量,燃烧就不会发生。再如,锻件加热炉燃煤炭时飞溅出的火星可以点燃油棉丝或刨花,但如果溅落在大块木材上,它就会很快熄灭,不能引起木材的燃烧,这是因为火星虽然有超过木材着火的温度,但缺乏足够的热量。实际上,燃烧反应在可燃物、氧化剂和着火源方面存在着极限值。

燃烧的充分条件有以下 4 个方面:

①一定的可燃物浓度。可燃气体或蒸气只有达到一定的浓度时才会发生燃烧。例如,氢气的浓度低于 4% 时,不能被点燃。煤油在 20 ℃ 时,接触明火不会燃烧。这是因为在此温度下,煤油蒸气的数量没有达到燃烧所需浓度。

②一定的含氧量。几种可燃物质燃烧所需要的最低含氧量见表 1-2。

③一定的着火源能量,即能引起燃烧的最小着火能量。某些可燃物的最小着火能量见表 1-3。

④相互作用。燃烧的 3 个基本条件须在时间、空间上相互作用,燃烧才能发生和持续进行。

综上所述,燃烧必须在必要、充分的条件下才能进行。

表 1-2 几种可燃物燃烧所需要的最低含氧量

可燃物名称	最低含氧量/%	可燃物名称	最低含氧量/%
汽油	14.4	乙炔	3.7
乙醇	15.0	氢气	5.9
煤油	15.0	大量棉花	8.0
丙酮	13.0	黄磷	10.0
乙醚	12.0	橡胶屑	12.0
二硫化碳	10.5	蜡烛	16.0

表 1-3 某些可燃物的最小着火能量

物质名称	最小着火能量/mJ	物质名称	最小着火能量/mJ	
			粉尘云	粉尘
汽油	0.2	铝粉	10	1.6
氢(28% ~ 30%)	0.019	合成醇酸树脂	20	80
乙炔	0.019	硼	60	—
甲烷(8.5%)	0.28	苯酚树脂	10	40
丙烷(5% ~ 5.5%)	0.26	沥青	20	6
乙醚(5.1%)	0.19	聚乙烯	30	—
甲醇(2.24%)	0.215	聚苯乙烯	15	—
呋喃(4.4%)	0.23	砂糖	30	—

续表

物质名称	最小着火能量/mJ	物质名称	最小着火能量/mJ	
			粉尘云	粉尘
苯(2.7%)	0.55	硫黄	15	1.6
丙酮(5.0%)	1.2	钠	45	0.004
甲苯(2.3%)	2.5	肥皂	60	3.84
醋酸乙烯(4.5%)	0.7			

1.2.3　燃烧四面体

燃烧四面体是一种用来解释燃烧条件的一种图形工具,如图1-2所示。最初用燃烧三角形来解释燃烧的必要条件,但之后发现燃烧三角形能确切解释表面燃烧而不能解释清楚有焰燃烧。在有焰燃烧过程中,形成许多中间燃烧产物,它们是由称为游离(自由)基的游离电子和分子碎片等组成,这些活性形式的相互作用即未受抑制的链反应,是燃烧过程的不可缺少部分。用燃烧三角形无法解释清楚这些活性自由基的链反应。1961年改用三维的燃烧四面体来解释燃烧的发生条件。四面体的四面是氧(助燃物)、温度(点火源)、可燃物和未受抑制的链反应(活性自由基),每一面均与其他三面接触。

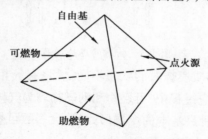

图1-2　燃烧四面体

1.3　燃烧过程

1.3.1　物质的燃烧历程

可燃物质在燃烧时,其状态不同,会发生不同变化。例如,可燃液体的燃烧并不是液相与空气直接反应而燃烧,一般是先受热蒸发成蒸气,然后与空气混合而燃烧。某些可燃性固体(如硫、磷、石蜡)的燃烧先受热熔融,再气化为蒸气,而后与空气混合发生燃烧。另一些可燃性固体(如木材、沥青、煤)的燃烧,则是先受热分解,析出可燃气体和蒸气,然后与空气混合而燃烧,并留下若干固体残渣。由此可知,绝大多数液态、固态可燃物质是在受热后汽化或分解成为气态,它们的燃烧是在气态下进行的,并产生火焰。有的可燃固体(如焦炭等)不能挥发出气态的物质,在燃烧时呈炽热状态,不呈现出火焰。

因绝大多数可燃物质的燃烧都是在气态下进行的,故研究燃烧过程应从气体氧化反应的历程着手。物质的燃烧过程如图 1-3 所示。

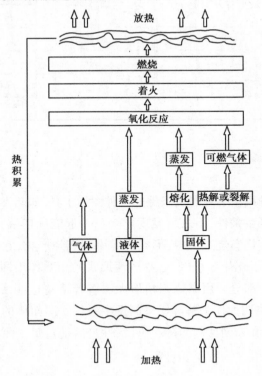

图 1-3　物质的燃烧过程

综上所述,根据可燃物质燃烧时的状态不同,燃烧有气相、固相燃烧两种情况。气相燃烧是指在进行燃烧反应过程中,可燃物和助燃物均为气体,这种燃烧的特点总是有火焰产生。气相燃烧是一种最基本的燃烧形式,绝大多数可燃物质(包括气态、液体和固态可燃物质)的燃烧都是在气态下进行的。

固相燃烧是指在燃烧反应过程中,可燃物质为固态,这种燃烧也称为表面燃烧。其特征是燃烧时没有火焰产生,只呈现光和热,如上述焦炭的燃烧。金属燃烧也属于表面燃烧,无汽化过程,燃烧温度较高。

有的可燃物质(如天然纤维物)受热时不熔融,而是首先分解出可燃气体进行气相燃烧,最后剩下的碳不能再分解了,则发生固相燃烧。这类可燃物质在燃烧反应过程中,同时存在着气相燃烧和固相燃烧。

1.3.2　燃烧波的传播过程

①燃烧波是指混合气体点燃后,火焰向新鲜混合气推进形成燃烧的锋面。

②燃烧波的类型有缓燃波和爆震波两种。

③燃烧波在自由空间和受限空间的传播过程是不同的,如图 1-4 所示。

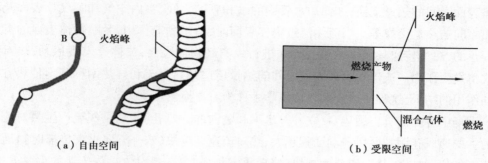

（a）自由空间　　　　　　　　　　（b）受限空间

图 1-4　火焰锋传播示意图

1.4　热量传递方式

燃烧是一种热传递的过程。热传递包括热传导、热对流、热辐射 3 种形式。

1.4.1　热传导

在物体内部或相互接触的物体表面之间,分子、原子及自由电子等微观粒子的热运动而产生的热量传递现象称为热传导(简称"导热"),如图 1-5 所示。例如,手握金属棒的一端,将另一端伸进灼热的火炉,就会有热量通过金属棒传到手掌,这种热量传递现象就是由导热引起的。导热现象既可以发生在固体内部,也可以发生在静止的液体和气体之中。

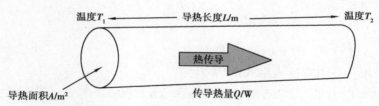

图 1-5　物质热传导示意图

按照热力学的观点,温度是物体微观粒子热运动强度的宏观标志。当物体内部或相互接触的物体表面之间存在温差时,热量就会通过微观粒子的热运动(位移、振动)或碰撞从高温传向低温。热传导是介质内无宏观运动时的传热现象,物体或系统内的温度差,是热传导的必要条件。只要介质内或者介质之间存在温度差,就一定会发生传热。热量从系统一部分传到另一部分或由一个系统传到另一个系统的现象称为传热。严格而言,只有在固体中才是纯粹的热传导。

1.4.2　热对流

热对流是热量通过流动介质,由空间一处传播到另一处的现象,如图 1-6 所示。热对流只能发生在流体之中,并且必然伴随由微观粒子热运动产生的导热。

在日常生活和生产实践中,经常遇到流体和它所接触的

图 1-6　热对流示意图

固体表面之间的热量交换,如锅炉水管中的水和管壁之间、室内空气和暖气片表面及墙壁面之间的热量交换等。当流体流过物体表面时,由于黏滞作用,紧贴物体表面的流体是静止的,热量传递只能以导热的方式进行。离开物体表面,流体有宏观运动,热对流方式将发生作用。流体与固体表面之间的热量传递是热对流和导热两种基本传热方式共同作用的结果,这种传热现象在传热学中称为对流换热。

火场中各类门、窗、通风口、立井等水平和竖向的建筑孔洞,均是气流产生热对流现象的主要通风孔洞。通风孔洞面积越大,热对流速度越快(水平方向火灾传播时);通风孔洞所处位置越高,热对流速度越快(竖向火灾传播时)。热对流是热传播的重要方式,是影响初期火灾发展的主要因素。

对流是液体和气体中热传递的特有方式,对流分为自然对流和强迫对流两种。自然对流是由温度不均引起的(即温差,如自然通风);强迫对流是由外界的影响形成的(如建筑防排烟系统等)。

1701 年,牛顿提出了对流换热的基本计算公式,称为牛顿冷却公式,形式如下:

$$\Phi = Ah(t_w - t_f) \tag{1-1}$$

$$q = Ah(t_w - t_f) \tag{1-2}$$

式中　t_w——固体壁面温度,℃;

　　　t_f——流体温度,℃;

　　　h——对流换热的表面传热系数,习惯上称为对流换热系数,$W/(m^2 \cdot K)$。

牛顿冷却公式也可以写成欧姆定律表达式的形式:

$$\Phi = \frac{t_w - t_f}{\dfrac{1}{Ah}} = \frac{t_w - t_f}{R_h} \tag{1-3}$$

式中　$R_h = 1/Ah$——对流换热热阻,K/W。

对流换热可以用如图 1-7 所示下方的热阻网络来表示。

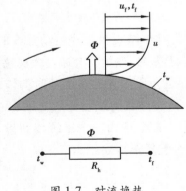

图 1-7　对流换热

表面传热系数的大小反映对流换热的强弱,它不仅取决于流体的物性(热导率、黏度、密度、比热容等)、流动的形态(层流、湍流)、流动的成因(自然对流或强迫对流)、物体表面的形状和尺寸,还与换热时流体有无相变(沸腾或凝结)等因素有关。为了使读者对表面传热系数的大小有初步的印象,在表 1-4 中列举了一些对流换热过程的 h 的数值范围。

表 1-4　一些对流换热的表面传热系数数值范围

对流换热类型	表面传热系数 $h/[\mathrm{W}\cdot(\mathrm{m}^2\cdot\mathrm{K})^{-1}]$
空气自然对流换热	1~10
水自然对流换热	200~1 000
空气强迫对流换热	10~100
水强迫对流换热	100~15 000
水沸腾	2 500~35 000
水蒸气凝结	5 000~25 000

例 1-1　一室内暖气片的散热面积 $A=3\ \mathrm{m}^2$，表面温度 $t_w=50\ ℃$，与温度为 20 ℃ 的室内空气之间自然对流换热的表面传热系数 $h=4\ \mathrm{W}/(\mathrm{m}^2\cdot\mathrm{K})$。试问该暖气片相当于多大功率的电暖气？

解：暖气片和室内空气之间是稳态的自然对流换热，根据式（1-1）有

$$\varPhi = Ah(t_w - t_f) = 3\ \mathrm{m}^2 \times 4\ \mathrm{W}/(\mathrm{m}^2\cdot\mathrm{K}) \times (50-20)\mathrm{K} = 360\ \mathrm{W} = 0.36\ \mathrm{kW}$$

即相当于功率为 0.36 kW 的电暖气。

1.4.3　热辐射

热辐射是物体因其自身温度而发出的一种电磁辐射。当物体被加热温度上升时，它通过对流损失部分热量，同时通过热辐射损失部分热量。火灾时可燃物起火后，起火区域有较高的温度，同时产生高温烟气，这些高温区域将通过热辐射将热量传递到周围的人或物表面，当人或物表面受到的辐射热流量达到一定值后，就会被灼烧或起火燃烧。热辐射的特征如下：

①热辐射是物体具有温度而辐射电磁波的现象。

②温度高于绝对零度（0 K，约为 -273.15 ℃ 或 -459.67 ℉）物体都能产生热辐射，温度越高，辐射出的总能量越大。

③热辐射是在真空唯一的传热方式，有方向性（如太阳产生的热量，通过热辐射形式，穿越真空的太空将能量传递到地球表面）。

④热辐射主要靠波长较长的可见光和红外线传播。

⑤温度较低时，主要以不可见的红外光进行辐射，当温度为 300 ℃ 时，热辐射中最强的波长在红外区。当温度为 500~800 ℃ 时，热辐射中最强的波长在可见光区。辐射能与温度和波长均有关，辐射能量取决于温度的 4 次方。

太阳光热辐射示意图如图 1-8 所示。

图 1-8　太阳光热辐射示意图

根据斯忒藩-玻耳兹曼方程,一个物体在单位时间内由单位面积上辐射出的辐射能与物体温度的 4 次方成正比,即

$$E = \varepsilon \sigma T^4 \tag{1-4}$$

式中　E——物体的辐射能,W/m^2;

　　　σ——斯忒藩-玻耳兹曼常数,取值为 5.667×10^{-8} W/(m$^2 \cdot$ K^4);

　　　ε——物体的辐射率,表征辐射物体表面性质的常数。

ε 定义为:一个物体的辐射能与同样温度下黑体的辐射能之比,即 $\varepsilon = E/E_b$,($E_b = \sigma T^4$ 为黑体辐射能)。对黑体,$\varepsilon = 1$。

为了计算物体在任意方向上的辐射能,引入物理量法向辐射强度 I_n,该物理量表示在法向上,单位时间、单位表面积、单位立体角上辐射的能量。任意角度 θ 方向上辐射强度为(仅适用于漫反射表面)

$$I_\theta = I_n \cos \theta \tag{1-5}$$

辐射能与法向辐射强度的关系如图 1-9 所示。

计算离开辐射体一段距离 r 以外某单位面积上所接受的辐射热流可计算为

$$q'' = \varphi E \tag{1-6}$$

式中　q''——受辐射单位面积上接收到的辐射热流,W/m^2;

　　　E——辐射体的辐射能,W/m^2;

　　　φ——辐射角系数,可计算为

$$\varphi = \int_0^{A_1} \frac{\cos \theta_1 \sin \theta_2}{\pi r^2} dA_1 \tag{1-7}$$

$$E = 2\pi I_n \int_0^{\frac{\pi}{2}} \sin \theta \cos \theta d\theta = \pi I_n \tag{1-8}$$

式中　各变量可参见图 1-10。

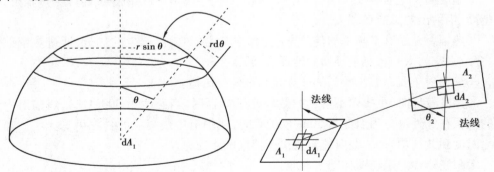

图 1-9　I_n 与 E 之间的关系示意图　　图 1-10　用于推导辐射角系数的微元面积示意图

根据上述公式可以判断距离起火区域 r 处单位面积上受到的辐射热流量,当计算结果小于受辐射材料的引燃临界热流量或人员能够承受的临界辐射热流量时,则可认为离开起火区域 r 处的人或物是安全的。

1.5　燃烧分类和条件

　　燃烧可分为闪燃、着火、自燃等类型。每一种类型的燃烧都有其各自的特征。研究防火技术,必须具体地分析每一种类型燃烧发生的特殊原因及其特点,才能有针对性地采取行之有效的防火措施。

1.5.1　闪燃

　　可燃液体的温度越高,蒸发出的蒸气越多。当温度不高时,液面上少量的可燃蒸气与空气混合后,遇着火源而发生一闪即灭(延续时间少于 5 s)的燃烧现象称为闪燃。

　　可燃液体蒸发出的可燃蒸气足以与空气构成一种混合物,并在与火源接触时发生闪燃的最低温度,称为该液体的闪点。闪点越低,则火灾危险性越大。如乙醚的闪点为－45 ℃,煤油的闪点为 28~45 ℃,说明乙醚不仅比煤油的火灾危险性大,还表明乙醚具有低温火灾危险性。

　　应当指出,可燃液体之所以会发生一闪即灭的闪燃现象,是因为它在闪点的温度下蒸发速度较慢,所蒸发出来的蒸气仅能维持短时间的燃烧,而来不及提供足够的蒸气补充维持稳定的燃烧。也就是说,在闪点温度时,燃烧的仅仅是可燃液体所蒸发的那些蒸气,而不是液体自己在燃烧,即还没有达到使液体能燃烧的温度,燃烧表现为一闪即灭的现象。

　　闪燃是可燃液体发生着火的前奏,从消防观点来说,闪燃就是危险警告,闪点是衡量可燃液体火灾危险性的重要依据之一。研究可燃液体火灾危险性时,闪燃现象是必须掌握的一种燃烧类型。常见可燃液体的闪点见表 1-5。

表 1-5　常见可燃液体的闪点

名称	闪点/℃	名称	闪点/℃	名称	闪点/℃	名称	闪点/℃
乙醚	－45	乙苯	15	二乙烯醚	－30	甲酸戊酯	22
乙烯醚	－30	乙基吗啡林	32	二乙胺	－26	甲基异戊酮	23
乙胺	－18	乙二胺	33.9	二甲醇缩甲醛	－18	甲酸	69
乙烯基氯	－17.8	乙酰乙酸乙酯	35	二氯甲烷	－14	甲基丙烯酸	76.7
乙醛	－17	醋酸	38	二甲二氯硅烷	－9	戊烷	－42
乙烯正丁醚	－10	乙酰丙酮	40	二异丙胺	－6.6	戊烯	－17.8
乙烯异丁醚	－10	乙基丁醇	58	二甲胺	－6.2	戊酮	15.5
乙硫醇	<0	乙二醇丁醚	73	二甲基呋喃	7	戊醇	49
乙基正丁醚	1.1	二氯乙烯	14	二丙胺	7.2	丁醛	－16
乙腈	5.5	二氯丙烯	15	甲基戊酮醇	8.8	丁烯酸乙酯	2.2
乙醇	14	二硫化碳	－45	甲酸丁酯	17	正丙醇	22

续表

名称	闪点/℃	名称	闪点/℃	名称	闪点/℃	名称	闪点/℃
四氢呋喃	-15	丁烯醇	34	三甘醇	166	硝基苯	90
四氢化萘	77	丁醇	35	三乙醇胺	179.4	氯乙烷	-43
甘油	160	丁醚	38	飞机汽油	-44	氯丙烯	-32
异戊二烯	-42	丁苯	52	己烷	-23	甲酸甲酯	-32
异丙苯	34	丁酸异戊酯	62	己胺	26.3	甲基戊二烯	-27
异戊醛	39	丁酸	77	己醛	32	氯丙烷	-17.7
邻甲苯胺	85	冰醋酸	40	己酮	35	氯丁烷	-9
二氯乙烷	21	吡啶	20	己酸	102	氯苯	27
二甲苯	25	间二甲苯	25	天然汽油	-50	氯乙醇	55
二甲基吡啶	29	间甲酚	36	反二氯乙烯	6	硫酸二甲酯	83
二异丁胺	29.4	辛烷	16	六氢吡啶	16	氰氢酸	-17.5
二甲氨基乙醇	31	环氧丙烷	-37	六氢苯酸	68	溴乙烷	-25
二乙基乙二酸酯	44	环己烷	6.3	火棉胶	17.7	溴丙烯	-1.5
二乙基乙烯二胺	46	环己胺	32	丙酸甲酯	-3	丙酸乙酯	12
二聚戊烯	46	环氧氯丙烷	32	丙烯酸甲酯	-2.7	丙醛	15
二丙酮	49	环己酮	40	水杨酸甲酯	101	丙烯酸乙酯	16
二氯乙醚	55	煤油	28.1	水杨酸乙酯	107	丙胺	<20
二甲基苯胺	62.8	水杨醛	90	巴豆醛	12.8	丙烯醇	21
二氯异丙醚	85	松节油	32	壬烷	31	丙醇	23
二乙二醇乙醚	94	松香水	62	壬醇	83.5	丙苯	30
二苯醚	115	苯	-14	丙醚	-26	丙酸丁酯	32
丁烯	-80	苯乙烯	38	丙基氯	-17.8	丙酸正丙酯	40
丁酮	-14	苯甲醛	62	丙烯醛	-17.8	丙酸异戊酯	40.5
丁胺	-12	苯胺	71	丙酮	-10	丙酸戊酯	41
丁烷	-10	苯甲醇	96	丙烯醚	-7	丙烯酸丁酯	48.5
丁基氯	-6.6	氧化丙烯	-37	丙烯腈	-5	丙烯氯乙醇	52
丁醇醛	82.7	丁二烯	41	酚	79	丙酐	73
丁二酸酐	88	十氢化萘	57	硝酸甲酯	-13	丙二醇	98.9
丁烯醛	13	三甲基氯化硅	-18	硝酸乙酯	1	石油醚	-50
丁酸甲酯	14	三氟甲基苯	-12	硝基丙烷	31	原油	-35
丁烯酸甲酯	<20	三乙胺	4	硝基甲烷	35	石脑油	25.6
丁酸乙酯	25	三聚乙醛	26	硝基乙烷	41	甲乙醚	-37

续表

名称	闪点/℃	名称	闪点/℃	名称	闪点/℃	名称	闪点/℃
乙醇胺	85	甲酸异丙酯	-1	醋酸醚	-3	溴苯	65
乙二醇	100	甲苯	4	醋酸丙酯	20	碳酸乙酯	25
甲酸乙酯	-20	甲基乙烯甲酮	6.6	醋酸丁酯	22.2	糠醛	66
甲硫醇	-17.7	甲醇	7	醋酸酐	40	糠醇	76
甲基丙烯醛	-15	甲酸异丁酯	8	樟脑油	47	缩醛	-2.8
甲乙酮	-14	醋酸甲酯	-13	噻吩	-1	绿油	65
甲基环己烷	-4	醋酸乙烯酯	-7	对二甲苯	25		
甲酸正丙酯	-3	醋酸乙酯	-4	正丁烷	-60		

可燃液体的闪点可采用仪器测定,测定器有开口式和闭口式两种。如图 1-11 所示为开口杯闪点测定器,主要由内坩埚、外坩埚、温度计和点火器等组成。加热可采用煤气灯、酒精灯或电炉。被测试样在规定升温速度等条件下加热到它的蒸气与点火器火焰接触发生闪燃时,温度计上所标示的最低温度,即为被测定可燃液体的闪点,并标注为"开杯闪点"。对闪点较高的可燃液体,经常用开杯仪器测定。当闪点高于 200 ℃时,需用电炉加热。

为取得试样的燃点,应继续进行加热,并定时断续点火。当试样的蒸气接触点火器火焰时立即着火,并能持续燃烧不少于 5 s,此时的温度为试样的燃点。

如图 1-12 所示为闭口杯闪点测定器,主要由点火器、油杯、搅拌桨、电炉盘、电动机和温度计等组成。油杯在规定的温升速度等条件下加热,并定期进行搅拌(在点火时停止搅拌)。点火时打开孔盖 1 s 后,出现闪火时的温度则为该试样的闪点,并标注为"闭杯闪点"。闭杯测定器通常用于测定常温下能闪燃的液体。同一种物质的开杯闪点要高于闭杯闪点。

图 1-11 开口杯闪点测定器

图 1-12 闭口杯闪点测定器

可燃液体水溶液的闪点会随着水溶液浓度的降低而升高,表 1-6 列出醇水溶液的闪点随醇含量的减少而升高。从表中所列数值可知,当乙醇含量为 100%时,11 ℃即发生闪燃,而含量降至3%时则没有闪燃现象。利用此特点,对水溶性液体的火灾,用大量水扑救,降低可燃液体的浓度可减弱燃烧强度,使火熄灭。

表1-6 醇水溶液的闪点

溶液中醇的含量/%	闪点/℃		溶液中醇的含量/%	闪点/℃	
	甲醇	乙醇		甲醇	乙醇
100	7	11	10	60	50
75	18	22	5	无	60
55	22	23	3	无	无
40	30	25			

除了可燃液体以外,某些能蒸发出蒸气的固体,如石蜡、樟脑、萘等,其表面上所产生的蒸气可以达到一定的浓度,与空气混合而成为可燃的气体混合物,若与明火接触,也能出现闪燃现象。部分塑料的闪点见表1-7。

表1-7 部分塑料的闪点

材料名称	闪点/℃	材料名称	闪点/℃
聚苯乙烯	370	聚氯乙烯	530
聚乙烯	340	苯乙烯、异丁烯酸甲酯共聚物	338
乙烯纤维	290	聚氨基甲酸乙酯泡沫	310
聚酰胺	420	聚酯+玻璃钢纤维	298
苯乙烯丙烯腈共聚树脂	366	密胺树脂+玻璃纤维	475

通过对闪燃特征的研究可知,可燃液体的燃烧不是液体本身,而是它的蒸气,也就是说是蒸气在着火爆炸。在生产中,人们未能认识到可燃液体的这个特点,常常造成火灾爆炸事故。例如,某厂的变压器油箱因腐蚀产生裂纹而漏油,为了不影响生产和省事,未经置换处理就冒险直接进行补焊。由于该裂纹离液面较远,所以幸免发生事故。于是有不少企业派人到该厂参观学习,为给大家演示,找来一个报废的油箱,将油灌入,使液面略高于裂纹,来访者四周围观。此次裂纹距液面甚浅,刚开始补焊,高温便引燃液面上的蒸气,发生爆炸,飞溅出的无数油滴都带着火苗,造成多人受伤。

1.5.2 着火

可燃物质在某一点被着火源引燃后,若该点上燃烧所放出的热量足以把邻近的可燃物质提高到燃烧所必需的温度,火焰就会蔓延开来。所谓着火就是可燃物质与火源接触而燃烧,并且在火源移去后仍能保持继续燃烧的现象。

可燃物质发生着火的最低温度称为着火点或燃点。所有固态、液态和气态可燃物质,都有其着火点。常见可燃物质的着火点见表1-8。

表 1-8　常见可燃物质的着火点

物质名称	着火点/℃	物质名称	着火点/℃
黄磷	30	麦草	200
松节油	53	布匹	200
樟脑	70	硫	207
灯油	86	棉花	210
赛璐珞	100	豆油	220
橡胶	120	烟叶	222
纸张	130	松木	250
麻绒	150	醋酸纤维	320
漆布	165	胶布	325
蜡烛	190	涤纶纤维	390

可燃液体的闪点与着火点的区别在于:①着火点时燃烧的不只是蒸气,还有液体(即液体已达到燃烧温度,可提供保持稳定燃烧的蒸气)。②闪点时移去火源后闪燃即熄灭,着火点时液体则能继续燃烧。

可燃液体着火点都高于闪点。闪点越低,着火点与闪点的差数越小。例如,汽油、二硫化碳等的着火点与闪点仅相差 1 ℃。着火点对评价可燃固体和闪点较高的可燃液体(闪点在 100 ℃以上)的火灾危险性具有实际意义,控制这类可燃物质的温度在着火点以下是预防发生火灾的有效措施之一。

火场上,如果有两种燃点不同的物质处在相同条件下,受到火源作用时,燃点低的物质先着火,存放燃点低的物质的地方通常是火势蔓延的主要方向。用冷却法灭火,其原理就是将燃烧物质的温度降低到燃点以下,使燃烧停止。

1.5.3　自燃

可燃物质受热升温而不需明火作用就能自行燃烧的现象称为自燃。通常是由物质的缓慢氧化作用放出热量,或靠近热源等原因使物质的温度升高,同时,散热受到阻碍,造成热量积蓄,当达到一定温度时而引起燃烧。这是物质自发的着火燃烧。自燃是物质在没有明火作用下的自行燃烧,引起火灾的隐蔽性、危险性很大。

引起物质发生自燃的最低温度称为自燃点。例如,黄磷的自燃点为 30 ℃,某类煤种的自燃点为 320 ℃。自燃点越低,火灾危险性越大。某些气体及液体的自燃点见表 1-9。

表 1-9　某些气体及液体的自燃点

化合物	分子式	自燃点/℃		化合物	分子式	自燃点/℃	
		空气中	氧气中			空气中	氧气中
氢	H_2	572	560	丙烯	C_3H_6	458	—
一氧化碳	CO	609	588	丁烯	C_4H_8	443	—
氨	NH_3	651	—	戊烯	C_5H_{10}	273	
二硫化碳	CS_2	120	107	乙炔	C_2H_2	305	296
硫化氢	H_2S	292	220	苯	C_6H_6	580	566
氢氰酸	HCN	538	—	环丙烷	C_3H_5	498	454
甲烷	CH_4	632	556	环己烷	C_6H_{12}		296
乙烷	C_2H_5	472	—	甲醇	CH_4O	470	461
丙烷	C_3H_8	493	468	乙醇	C_2H_6O	392	—
丁烷	C_4H_{10}	408	283	乙醛	C_2H_4O	275	159
戊烷	C_5H_{12}	290	258	乙醚	$C_4H_{10}O$	193	182
己烷	C_6H_{14}	248		丙酮	C_3H_6O	561	485
庚烷	C_7H_{16}	230	214	醋酸	$C_2H_4O_2$	550	490
辛烷	C_8H_{18}	218	208	二甲醚	C_2H_6O	350	352
壬烷	C_9H_{20}	285	—	二乙醇胺	$C_4H_{11}NO_2$	662	—
癸烷（正）	$C_{10}H_{22}$	250	485	甘油	$C_3H_8O_3$		320
乙烯	C_2H_4	490		石脑油	—	277	

1) 物质自燃过程

可燃物质与空气接触，并在热源（非火源）作用下温度升高，继而出现燃烧现象，这是为什么呢？

可燃物质在空气中被加热时，先是缓慢氧化并放出热量，该热量将提高可燃物质的温度，促使氧化反应速度加快。同时，存在着向周围的散热损失，即同时存在着产热和散热两种情况。当可燃物质氧化产生的热量小于散失的热量时，如物质受热而达到的温度不高，氧化反应速度小，产生的热量不多，在周围的散热条件较好的情况下，可燃物质的温度不能自行上升达到自燃点，可燃物便不能自行燃烧；如可燃物被加热至较高温度，反应速度较快，或散热条件不良，氧化产生的热量不断聚积，温度升高而加快氧化速度，在此情况下，当热的产生量超过散失量时，反应速度的不断加快使温度不断升高，直至达到可燃物的自燃点而发生自燃现象。

可燃物质受热升温发生自燃及其燃烧过程的温度变化情况如图 1-13 所示。图中的曲线表明，可燃物在开始加热时，即温度为 T_N 的一段时间里，由于许多热量消耗于熔化、蒸发或发生分解,因此可燃物的缓慢氧化析出的热量很少并很快散失,可燃物质的温度只是略高于周围的介质。当温度上升达到 T_0 时,可燃物质氧化反应速度较快,但此时的温度不高,氧化反应析出的热量尚不足以超过向周围的散热量。如不继续加热,温度不再升高,可燃物的氧化过程就不会转为燃烧;若继续加热升高温度,氧化反应速度加快,除热源作用外,反

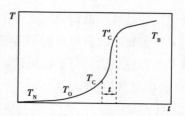

图 1-13　物质自燃过程的温度变化

应析出热量较多,可燃物的温度即迅速升高而达到自燃点 T_c,此时氧化反应产生的热量与散失的热量相等。当温度再稍为升高并超过这种平衡状态时,即使停止加热,温度也能自行快速升高,但此时火焰暂时未出现,一直达到较高的温度 T_c' 时,才出现火焰并燃烧起来。

2) 自燃的分类

根据促使可燃物质升温的热量来源不同,自燃可分为受热自燃和自热自燃两种。

(1) 受热自燃

可燃物质由于外界加热,温度升高至自燃点而发生自行燃烧的现象称为受热自燃。例如,烹饪时火焰隔锅加热引起锅里油的自燃,以及电熨斗、电烙铁等引发的火灾事故。

受热自燃是引起火灾事故的重要原因之一,在火灾案例中,有不少是受热自燃引起的。生产过程中发生受热自燃的原因主要有以下 5 种:

①燃烧物质靠近或接触热量大和温度高的物体时,通过热传导、对流和辐射作用,有可能将可燃物质加热升温到自燃点而引起自燃。例如,可燃物质靠近或接触加热炉、暖气片、电热器、灯泡或烟囱等灼热物体。

②在熬炼(如熬油、熬沥青等)或热处理过程中,温度过高达到可燃物质的自燃点而引起着火。

③机器的轴承或加工可燃物质的机器设备相对运动部件缺乏润滑、冷却或缠绕纤维物质,增大摩擦力,产生大量热量,造成局部过热,引起可燃物质受热自燃。在纺织工业、棉花加工厂等由此原因引起的火灾较多。

④放热的化学反应会释放出大量的热量,有可能引起周围的可燃物质受热自燃。例如,在建筑工地上生石灰遇水放热,引起可燃材料的着火事故等。

⑤气体在很高压力下突然压缩时,释放出的热量来不及导出,温度会骤然增高,能使可燃物质受热自燃。可燃气体与空气的混合气体受绝热压缩时,高温会引起混合气体的自燃和爆炸。

此外,高温的可燃物质(温度已超过自燃点)一旦与空气接触也能引起着火。

(2) 自热自燃

可燃物质本身的化学反应、物理、生物作用等所产生的热量,使温度升高至自燃点而发生自行燃烧的现象,称为自热自燃。自热自燃与受热自燃的区别在于热的来源不同:受热自燃的热来自外部加热;自热自燃的热来自可燃物质本身化学或物理的热效应。在一般情况下,自热自燃的起火特点是从可燃物质的内部向外炭化、延烧,而受热

自燃往往是从外部向内延烧。

可燃物质的自热自燃不需要外部热源,在常温下甚至在低温下也能发生自燃。能够发生自热自燃的可燃物质比其他可燃物质的火灾危险性更大,如油脂、煤、植物等在空气(或氧气)中的自燃。

①油脂。

油脂自身的氧化和聚合作用产生热量,在散热不良造成热量积聚的情况下,温度升高达到自燃点而发生燃烧。油脂中含有能够在常温或低温下氧化的物质越多,其自燃能力越大;反之,自燃能力越小。油类可分为动物油、植物油、矿物油3种,其中自燃能力最大的是植物油,其次是动物油,而矿物油如果不是废油或者没有掺入植物油是不能自燃的。有些浸渍矿物质润滑油的纱布或油棉丝堆积起来也能自燃,这是在矿物油中混杂有植物油的缘故。

植物油和动物油由各种脂肪酸甘油酯组成,它们的氧化能力主要取决于不饱和脂肪酸甘油酯含量的多少。不饱和脂肪酸有油酸、亚油酸、亚麻酸、桐油酸等,它们分子中的碳原子存在一个或几个双键。例如,桐油酸($C_{17}H_{29}COOH$):

$CH_3(CH_2)_3CH=CH—CH=CH—CH=CH(CH_2)_7—COOH$ 分子结构中有 3 个双键。

由于双键的存在,不饱和脂肪酸具有较多的自由能,在室温下便能在空气中氧化,同时放出热量:

$$R—CH—CH—R+O_2 \longrightarrow R—CH—CH—R$$
$$\qquad\qquad\qquad\qquad\qquad\qquad O——O$$

生成的过氧化物易释放出活性氧原子,使油脂中常温下难以氧化的饱和酸发生氧化:

$$R—CH—CH—R \longrightarrow R—CH—CH—R +[O]$$
$$\ \ \ |\quad\ \ | \qquad\qquad\qquad\qquad\quad \diagdown O \diagup$$
$$\ \ \ O——O$$

在不饱和脂肪酸发生氧化的同时,它们按下式进行聚合反应:

$$R—CH=CH—R + R—CH—CH—R == R—CH—CH—R$$
$$\qquad\qquad\qquad\qquad\ \ |\quad\ \ | \qquad\qquad\quad |\quad\ \ |$$
$$\qquad\qquad\qquad\qquad\ \ O——O \qquad\qquad\ \ O——O$$
$$\qquad\qquad\qquad\qquad\qquad\qquad\qquad\qquad\qquad R—CH—CH—R$$

不饱和脂肪酸的聚合过程能在常温下进行,同时析出热量。

综上所述,双键具有较高的键能,即不饱和脂肪酸具有较多的自由能,在室温下便能在空气中氧化,并析出热量。在不饱和脂肪酸发生氧化的同时,还进行聚合反应,聚合反应过程能在常温下进行,并析出热量。这种过程如果循环持续地进行下去,在避风散热不良的条件下,由于积热升温,就能使浸渍不饱和油脂的物品自燃。

油脂的自燃还与油和浸油物质的比例、蓄热条件及空气中的氧含量等因素有关。

浸渍油脂的物质如棉纱、碎布等纤维材料发生自燃,既需要有一定数量的油脂,又需要形成较大的氧化表面积。如果浸油量过多,会阻塞纤维材料的大部分小孔,减少其氧化表面,产生的热量少,温度不容易达到自燃点;如果浸油量过少,氧化产生的热量少,小于内外散失的热量,也不会发生自燃。油和浸油物质需要有适当的比例,一般为1:2和1:3才会发生自燃。

油脂在空气中的自燃,需要在氧化表面积大而散热面积小的情况下才能发生,即在蓄热条件好的情况下才能自燃。如果把油浸渍到棉纱、棉布、棉絮、锯屑、铁屑等物质上,就会大大增加油的表面积,氧化时放出的热量相应地增加。如果把上述浸渍油脂的物质散开摊成薄薄一层,虽然氧化产生的热量多,但散热面积大,热量损失也多,还是不会发生自燃;如果把上述浸油物质堆积在一起,虽然氧化的表面积不变,但散热的表面积却大大减小,使得氧化时产生的热量超过散失的热量,造成热量积聚和升温,促使氧化反应过程加速,就会发生自燃。

根据有关实验,把破布和旧棉絮用一定数量的植物油浸透,将油布、油棉裹成一团,再用破布包好,把温度计插入其中,使室内保持一定温度,经过一定时间就逐渐呈现出以下自燃特征:

a.开始无烟无味,当温度升高时,有青烟、微味,而后逐渐变浓。

b.火由内向外延烧。

c.燃烧后形成硬质焦化瘤。

有关实验条件和所得的数据见表1-10。

表 1-10 棉织纤维自燃的实验条件和数据

序号	纤维/kg	油脂/kg	纤维与油脂比例	环境温度/℃	发生自燃时间/h	自燃点/℃
1	破布 2.5 旧棉 0.5	亚麻油 1	3:1	30	39	270
2	破布 2.5 旧棉 0.5	葵花籽油 1	3:1	20~30	52	210
3	破布 3.5 旧棉 0.5	桐油 1	4:1	26~33	22.5	264
4	破布 5 旧棉 1	亚麻仁油 0.7 豆油 0.3 油漆 1.5 清油 0.5	2:1	30	14	264
5	破布 5 旧棉 1	亚麻仁油 0.7 豆油 0.3 油漆 1.5 清油 0.5	2:1	7~33	36	322

此外,空气中含氧量对自热自燃有重要影响,含氧量越多,越易发生自燃。有关实验表明,将油脂在瓷盘上涂上薄薄一层,于空气中放置时不会自燃;如果用氧气瓶的压缩纯氧喷吹与之接触,先是瓷盘发热,逐渐变为烫手,继而冒烟,然后出现火苗。这是油

脂氧化发热引起自热自燃所致。

防止油脂自燃的主要方法是将涂油物品（如油布、油棉纱等）散开存放，尽量扩大散热面积，而不应堆放或折叠起来；室内应有良好的通风；凡是装盛氧气的容器、设备、气瓶和管道等，均不得粘附油脂。

②煤。

煤发生自燃的热量来自物理作用和化学反应，是它本身的吸附作用和氧化反应并积聚热量而引起。煤可分为泥煤、褐煤、烟煤和无烟煤4类，除无烟煤之外，都有自燃能力。一般含氢、一氧化碳、甲烷等挥发物质较多，以及含有一些易氧化的不饱和化合物和硫化物的煤，自燃的危险性比较大。无烟煤和焦炭之所以没有自燃能力，是因为它们所含的挥发物量太少。

煤在低温时氧化速度不快，主要是表面吸附作用。它能吸附蒸气和氧等气体，进行缓慢氧化并使蒸气在煤的表面浓缩而变成液体，放出热量使温度升高，然后煤的氧化速度不断加快，如果散热条件不良，就会积聚热量，使温度继续升高，直到发生自燃。泥煤中含有大量微生物，它的自燃是生物作用和化学作用放出热量而引起。

煤的挥发物含量、粉碎程度、湿度和单位体积的散热量等因素对煤的自燃均有很大影响。煤电挥发物（甲烷、氢、一氧化碳）含量越高，则氧化能力越强且越容易自燃；煤的颗粒越细，进行吸附作用与氧化的表面积越大，吸附能力强，氧化反应速度快，放出的热量也越多，越易自燃。湿度对煤的自燃过程有很大影响。煤里一般含有铁的硫化物，硫化铁在低温下能氧化，煤中水分多，可促使硫化铁加速氧化生成体积较大的硫酸盐，使煤块松散碎裂，暴露出更多的表面，加速煤的氧化，同时硫化铁氧化时还放出热量，从而促进了煤的自燃过程。由此可知，有一定湿度的煤，其自燃能力要大于干燥的煤，这就是雨季里煤炭较易发生自燃的缘故。此外，煤的散热条件越差越易自燃，若煤堆的高度过大且内部较疏松，即密实程度小、空隙率大，容易吸附大量空气，结果是有利于氧化和吸附作用，而热量不易导出，越易自燃。

防止煤自燃的主要措施是限制煤堆的高度并将煤堆压实。如果发现煤堆最初的吸附作用和缓慢氧化，温度较高（超过60 ℃）时，应及时挖出热煤，用新煤填平；如果发现已有局部着火，应将着火的煤挖出，用水冷却，不要立即用水扑救；如果发现着火面积较大，可用大量水浇灭。

③植物。

植物的自燃主要是生物作用引起的，在这个过程中也有化学反应和物理作用，如稻草、树叶、棉籽及粮食等，一般都附着大量的微生物。能自燃的植物都含有一定的水分，当大量堆积时，可能因发热而导致自燃。微生物在一定的温度下生存和繁殖，在其呼吸繁殖过程中会不断产生热量。由于植物产品的导热性很差，热量不易散失而逐渐积聚，致使堆垛内温度不断升高，达到70 ℃以后细菌死亡，但这时植物产品中的有机化合物开始分解而产生多孔的炭，能吸附大量蒸气和氧气。吸附过程是一种放热过程，从而使温度继续升高，达到100 ℃。

之后引起新的化合物分解碳化，促使温度不断升高，可达150~200 ℃，这时植物中的纤维开始分解,迅速氧化而析出更多的热量。由于反应速度加快,在积热不散的条件下,就会达到自燃点而自行着火。总体来说,影响植物自燃的因素主要是必须具有微生物生存的湿度,其次是散热条件。预防植物自燃的基本措施是使植物处于干燥状态并存放在干燥的地方;堆垛不宜过高过大,注意通风;加强检测、控制温度、防雨防潮等。

1.6　燃烧形式

根据物质燃烧过程,气体、液体、固体有不同的燃烧形式。气体的燃烧不需要经过蒸发、熔化等过程,在正常状态下就具备了燃烧条件,气体比液体和固体都容易燃烧。气体的燃烧形式可分为扩散燃烧、预混燃烧,液体的燃烧形式可分为蒸发燃烧、分解燃烧,固体的燃烧形式可分为蒸发燃烧、分解燃烧、表面燃烧。

1.6.1　扩散燃烧

如果可燃气体与空气的混合是在燃烧过程中进行的,则发生稳定的燃烧,称为扩散燃烧。如图 1-14 所示的火炬燃烧,火焰的明亮层是扩散区,可燃气体和氧分别从火焰中心(燃料锥)和空气扩散到达扩散区。这种火焰的燃烧速度很低,一般小于0.5 m/s。可燃气体与空气是逐渐混合并逐渐燃烧消耗掉,能形成稳定的燃烧,只要控制得好,就不会造成火灾。除火炬燃烧外,气焊的火焰、燃气加热等属于这类扩散燃烧,如厨房发生燃气灶具在喷出燃气的同时进行大火点燃并发生的持续燃气燃烧现象。

图 1-14　火炬的燃烧

1.6.2　预混燃烧

如果可燃气体与空气在燃烧之前按一定比例均匀混合,形成预混气,遇火源则发生爆炸式燃烧,称为预混燃烧,如图 1-15 所示。在预混气的空间里,充满了可以燃烧的混合气体,一处点火,整个空间立即燃烧起来,发生瞬间的燃烧,即爆炸现象。如厨房发生燃气泄漏一段时间后,泄漏的燃气与厨房空气充分预混,遇到明火则发生燃气爆炸事故。

此外,如果可燃气体处于压力下而受冲击、摩擦或其他着火源的作用,则发生喷流式燃烧,如气井的井喷火灾、高压气体从燃气系统喷射出来时的燃烧等。这种喷流燃烧形式的火灾较难扑救,需较多救火力量和灭火剂,应当设法断绝气源,使火灾彻底熄灭。

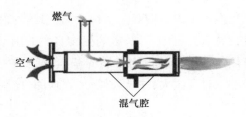

图 1-15　预混燃烧模型

1.6.3　蒸发燃烧

液体、固体可燃物具有蒸发燃烧现象,如图 1-16 所示。酒精、汽油等液体可燃物燃烧时,先蒸发产生蒸气,蒸气再与空气混合后,被点燃进行燃烧。高温火焰会加剧液体表面蒸发,使液体的蒸发燃烧速度加快。此外,硫黄、沥青、石蜡、苯等固体物质的燃烧都是蒸发燃烧。这些固体在受热后,因熔点低,先熔融成液态,再受热蒸发,蒸发的蒸气再与空气混合,发生燃烧。低熔点固体的燃烧形式属于蒸发燃烧。

  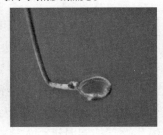

图 1-16　蒸发燃烧示例

1.6.4　分解燃烧

木材等固体物质在燃烧过程中,先发生分解反应,释放出可燃气体,可燃气体再与空气混合,发生燃烧。这种燃烧形式称为分解燃烧。木材、纸张、棉、麻、毛以及合成高分子纤维等物质的燃烧就是分解燃烧,如图 1-17 所示。部分大分子量的液体的燃烧也属于分解燃烧。这些物质在受热时,分解产生的可燃气体产物能促进燃烧进一步发展。

1.6.5　表面燃烧

有些固体可燃物不能发生蒸发燃烧或分解燃烧,而是燃烧时表面呈炽热状态、无火焰,为非均相燃烧,称为表面燃烧。焦炭、木炭、铁、铜等可燃固体的燃烧就是表面燃烧,如图 1-18 所示。

图 1-17　木材的燃烧　　　　　图 1-18　焦炭的表面燃烧

1.7　燃烧理论

1.7.1　谢苗洛夫热自燃理论

　　任何反应体系中的可燃混合气,一方面它会进行缓慢氧化而放出热量,使体系温度升高;另一方面体系会通过器壁向外散热,使体系温度下降。

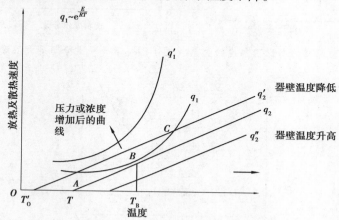

图 1-19　(反应初期)混合气在容器中的放热和散热速度

　　热自燃理论认为:着火是反应放热因素与散热因素相互作用的结果。如果反应放热占优势,体系就会出现热量积聚,温度升高,反应加速,发生自燃;如果反应散热因素占优势,体系温度下降,就不能自燃。

　　B 点是临界着火压力或临界着火浓度条件下的自燃温度;C 点是该条件下的强制着火温度。对放热曲线,温度是体系内温度;对散热曲线,起始温度是环境温度。

　　着火温度的定义不仅包括此时放热系统的放热速度和散热速度相等,还包括了两者随温度而变化的速度应相等这一条件,即

$$q_1 = q_2$$

$$\frac{\mathrm{d}q_1}{\mathrm{d}T} = \frac{\mathrm{d}q_2}{\mathrm{d}T}$$

　　混合气的着火温度不是一个常数,它随混合气的性质、压力(浓度)、容器壁的温度和导热系数以及容器的尺寸变化,如图 1-20—图 1-22 所示。换句话说,着火温度不仅取决于混合气的反应速度,还取决于周围介质的散热速度。当混合气性质不变时,减少容器的表面积,提高容器的绝缘程度可以降低自燃温度或混合气的临界压力。

　　如果环境温度提高,散热速率变缓,有利于着火。该理论适合于堆积的固体。能够发生释放热量的化学反应是发生自燃的前提条件。

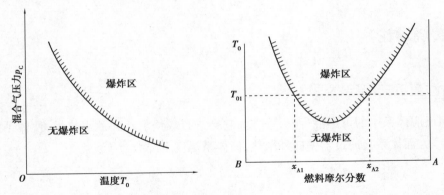

图 1-20　着火临界压力与容器温度的关系　　图 1-21　混合气成分与着火温度的关系

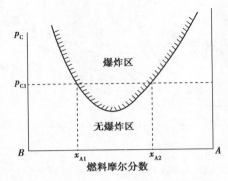

图 1-22　混合气成分与着火临界压力的关系

1.7.2　弗兰克-卡门涅茨基热自燃理论

弗兰克-卡门涅茨基热自燃理论认为,可燃物质在堆放情况下,空气中的氧气将与之发生缓慢的氧化反应,反应放出的热量一方面使物体内部温度升高;另一方面通过堆积体的边界向环境散失。

如果体系不具备自燃条件,则从物质堆积时开始,内部温度逐渐升高,经过一段时间后,物质内部温度分布趋于稳定,这时化学反应放出的热量与边界传热向外流失的热量相等。

如果体系具备自燃条件,则从物质堆积开始,经过一段时间后(称为着火延滞期),体系着火。

显然,在后一种情况下,体系自燃着火之前,物质内部出现了随时间变化的非稳态温度分布。体系能否达到稳态温度分布成为判断物质体系能否自燃的依据。

根据弗兰克-卡门涅茨基热自燃理论得出以下结论:固体可燃物堆积的体积越大,相当于保温层越厚,越利于热量积累,越利于内部温度升高,越易自燃。环境温度高,利于自燃,但大堆受影响较小。大量的可燃物堆积时间长,易发生自燃。可燃物的性质对是否发生自燃影响很大。

1.8　链式反应

链式反应理论是由苏联科学家谢苗诺夫提出的。他认为物质的燃烧经历以下过程:可燃物质或助燃物质先吸收能量离解为游离基,与其他分子相互作用发生一系列连锁反应,将燃烧热释放出来。这可以列举氯和氢的作用来说明。氯在光的作用下被活化成活性分子,于是构成一连串的反应。

$$Cl_2 + h_v(光量子) \Longrightarrow Cl^{\cdot} + Cl^{\cdot} \quad 链的引发$$

$$Cl^{\cdot} + H_2 \Longrightarrow HCl + H^{\cdot}$$

$$H^{\cdot} + Cl_2 \Longrightarrow HCl + Cl^{\cdot} \quad 链的传递$$

$$Cl^{\cdot} + H_2 \Longrightarrow HCl + H^{\cdot}$$

$$H^{\cdot} + Cl_2 \Longrightarrow HCl + Cl^{\cdot}$$

以此类推

$$Cl^{\cdot} + Cl^{\cdot} \Longrightarrow Cl_2 \quad 链的中断$$

$$H^{\cdot} + H^{\cdot} \Longrightarrow H_2$$

上述反应式表明,最初的游离基(或称活性中心、作用中心等)是在某种能源的作用下生成的,产生游离基的能源可以是受热分解或光照、氧化、还原、催化和射线照射等。游离基具有比普通分子平均动能更多的活化能,其活动能力非常强,在一般条件下是不稳定的,容易与其他物质分子进行反应而生成新的游离基,或者自行结合成稳定的分子。利用某种能源设法使反应物产生少量的活性中心——游离基时,这些最初的游离基即可引起连锁反应,使燃烧得以持续进行直至反应物全部反应完毕。在连锁反应中直至燃烧停止。

总的来说,连锁反应机理大致可分为 3 段:①链引发,即游离基生成,使链式反应开始;②链传递,游离基作用于其他参与反应的化合物,产生新的游离基;③链终止,即游离基的消耗,使连锁反应终止。造成游离基消耗的原因是多方面的,如游离基相互碰撞生成分子,与掺入混合物中的杂质起副反应,与非活性的同类分子或惰性分子互相碰撞而将能量分散,撞击器壁而被吸附等。

综上所述,燃烧是一种复杂的物理、化学反应。光和热是燃烧过程中发生的物理现象,游离基的连锁反应说明了燃烧反应的化学实质。按照链式反应理论,燃烧不是两个气态分子间的直接作用,而是它们离解形成的游离基这种中间物进行的链式反应。

在链式反应中,存在着链的增长速度和链的中断速度。当链的增长速度等于或大于链的中断速度时,燃烧方能产生和持续;当链的中断速度大于链的增长速度时,燃烧则不会发生或正在进行的燃烧会停止。

链式反应有分支连锁反应(又称支链反应)和不分支连锁反应(又称直链反应)两种。上述氯和氢的反应是不分支连锁反应的典型,即活化一个氯分子可出现两个氯的游离基,也就是两个连锁反应,每一个氯的游离基都进行自己的连锁反应,而且每次反应只引出一个新的游离基。

氢和氧的反应则属于分支连锁反应:

$$H_2 + O_2 \rule[0.5ex]{1em}{0.4pt}\rule[0.5ex]{1em}{0.4pt} 2OH^{\cdot} \qquad (\text{I})$$

$$OH^{\cdot} + H_2 \rule[0.5ex]{1em}{0.4pt}\rule[0.5ex]{1em}{0.4pt} H_2O + H^{\cdot} \qquad (\text{II})$$

$$H^{\cdot} + O_2 \rule[0.5ex]{1em}{0.4pt}\rule[0.5ex]{1em}{0.4pt} OH^{\cdot} + O^{\cdot} \qquad (\text{III})$$

$$O^{\cdot} + H_2 \rule[0.5ex]{1em}{0.4pt}\rule[0.5ex]{1em}{0.4pt} OH^{\cdot} + H^{\cdot} \qquad (\text{IV})$$

反应式Ⅲ和Ⅳ各生成两个活化中心,如图1-23所示,这些反应中连锁会分支。

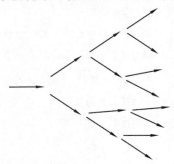

图1-23 分支连锁反应

从燃烧的机理上说,燃烧是可燃物分子或助燃物分子在一定条件下,被活化后,解离成活性自由基(游离基),然后活性自由基与可燃物分子、助燃物分子以及游离基之间相互碰撞,发生自由基的连锁反应,即发生了燃烧。燃烧就是自由基的连锁反应,当自由基反应完全或自由基失活消失,则自由基链的传播将终止,燃烧也即终止。

复习思考题

1.联系生产生活实际,解释燃烧的本质。

2.燃烧三角形和燃烧四面体有何区别?

3.固相、液相、气相可燃物的燃烧历程有何相同和不同之处?

4.分析闪燃、着火和自燃的危险特点,通过闪点、着火点和自燃点的测试方法解释这三种温度在表征物质火灾危险性方面的特点。

5.结合生产和生活实际,举例说明扩散燃烧、预混燃烧、蒸发燃烧、分解燃烧、表面燃烧等燃烧形式的火灾危险性。

6.简述燃烧链式反应理论的观点。

第2章 爆炸基础理论

2.1 爆炸本质及条件

爆炸的实质是某一物质系统在发生迅速的物理变化或化学反应时,系统本身的能量借助于气体的急剧膨胀而转化为对周围介质做机械功,通常同时伴随有强烈放热、发光和声响的效应。

按爆炸能量的来源分类,爆炸可分为物理爆炸、化学爆炸、核爆炸3类。

2.1.1 物理爆炸

物理爆炸是一种极为迅速的物理能量因失控而释放的过程。

其特征是体系内的物质以极快的速度把其内部所含有的能量释放出来,转变成机械功、光和热等形式。爆炸前后,物质的化学性质及化学成分不改变。

物理爆炸发生的条件是:体系内存有高压气体或者在爆炸瞬间形成的高温高压气体或蒸气的急剧膨胀,爆炸体和它周围的介质之间发生急剧的压力突变。

例如,锅炉爆炸、压力容器爆炸、水的大量急剧汽化等爆炸过程都属于物理爆炸。

2.1.2 化学爆炸

化学爆炸是物质在短时间内完成化学变化,生成其他物质,同时产生大量气体和能量的现象。

化学爆炸的特征是:速度快,同时产生大量气体和大量热量,并能自动迅速传播。

例如,乙炔的爆炸、可燃气体混合物的爆炸、粉尘爆炸、火炸药的爆炸等都属于化学爆炸。

另外,根据化学反应类型的不同,化学爆炸可分为分解爆炸和爆炸性混合物爆炸。

2.1.3 核爆炸

核爆炸是某些物质的原子核发生裂变反应或聚变反应时,释放出巨大能量而发生的爆炸,如原子弹、氢弹。

工矿企业的爆炸事故以化学爆炸居多,本书着重讨论化学爆炸。

2.2 爆炸分类及特征

2.2.1 按爆炸反应相态分类

按照爆炸反应相态不同,爆炸可分为气相爆炸、液相爆炸、固相爆炸。

（1）气相爆炸

它包括可燃性气体和助燃性气体混合物的爆炸;气体的分解爆炸;液体被喷成雾状物在剧烈燃烧时引起的爆炸,称为喷雾爆炸;飞扬悬浮于空气中的可燃粉尘引起的爆炸等。气相爆炸的分类见表2-1。

表2-1 气相爆炸类别

类 别	爆炸原理	举 例
混合气体爆炸	可燃性气体和助燃气体以适当的浓度混合,由燃烧波或爆炸波的传播而引起的爆炸	空气和氢气、丙烷、乙醚等双混、多混气体的爆炸
气体的分解爆炸	单一气体由分解反应产生大量的反应热引起的爆炸	乙炔、乙烯、氯乙烯等在分解时引起的爆炸
粉尘爆炸	空气中飞散的易燃性粉尘,由剧烈燃烧引起的爆炸	空气中飞散的铝粉、镁粉等引起的爆炸
喷雾爆炸	空气中易燃液体被喷成雾状物,在剧烈燃烧时引起的爆炸	油压机喷出的油雾、喷漆作业引起的爆炸

（2）液相爆炸

它包括聚合爆炸、蒸发爆炸以及由不同液体混合所引起的爆炸。例如,酸和油脂、液氧和煤粉等混合时引起的爆炸;熔融的矿渣与汞接触或钢水包与水接触时,由过热发生快速蒸发引起的蒸汽爆炸等。液相爆炸的分类见表2-2。

（3）固相爆炸

它包括爆炸性化合物及其他爆炸性物质的爆炸(如乙炔铜的爆炸);导线电流过载、导线过热、金属迅速汽化而引起的爆炸等。固相爆炸的分类见表2-2。

表2-2 液相、固相爆炸类别

类 别	爆炸原因	举 例
混合危险物质的爆炸	氧化性物质与还原性物质或其他物质引起爆炸	硝酸和油脂、液氧和煤粉、高锰酸钾和浓酸、无水顺丁烯二酸和烧碱等混合时引起的爆炸
易爆化合物的爆炸	有机过氧化物、硝基化合物、硝酸酯等燃烧引起爆炸和某些化合物的分解反应引起爆炸	丁酮过氧化物、三硝基甲苯、硝基甘油等的爆炸;偶氮化铅、乙炔铜等的爆炸

续表

类　别	爆炸原因	举　例
导线爆炸	在有过载电流流过时,使导线过热,金属迅速气化而引起爆炸	导线因电流过载而引起的爆炸
蒸气爆炸	由于过热,发生快速蒸发而引起爆炸	熔融的矿渣与水接触,钢水与水混合产生蒸气爆炸
固相转化时造成的爆炸	固相相互转化时放出热量,造成空气急速膨胀而引起爆炸	无定形锑转化成结晶形锑时,由于放热而造成爆炸

2.2.2　按爆炸速度分类

按照爆炸的瞬时燃烧速度的不同,爆炸可分为轻爆、爆炸、爆轰。

（1）轻爆

物质爆炸时的燃烧速度多为每秒数米,爆炸时无多大破坏力,声响不太大。例如,无烟火药在空气中的快速燃烧,可燃气体混合物在接近爆炸浓度上限或下限时的爆炸即属于此类。

（2）爆炸

物质爆炸时的燃烧速度为每秒十几米至数百米,爆炸时能在爆炸点引起压力激增,有较大的破坏力,有震耳的声响。可燃性气体混合物在多数情况下的爆炸,以及被压缩火药遇火源引起的爆炸等即属于此类。

（3）爆轰

爆轰（又称爆震）是一种传播速率高于未反应物质中声速的化学反应。爆轰时的燃烧速度通常高于 1 000 m/s。爆轰时的特点是突然引起极高压力并产生高超音速的"冲击波"。在极短时间内产生的燃烧产物急速膨胀,像活塞一样挤压其周围气体,反应所产生的能量有一部分传给被压缩的气体层,形成的冲击波由它本身的能量所支持,迅速传播并能远离爆轰的发源地而独立存在。某些气体混合物的爆轰速度见表 2-3。

表 2-3　某些气体混合物的爆轰速度

混合气体	混合百分比/%	爆轰速度/(m·s^{-1})	混合气体	混合百分比/%	爆轰速度/(m·s^{-1})
乙醇-空气	6.2	1 690	甲烷-氧	33.3	2 146
乙烯-空气	9.1	1 734	苯-氧	11.8	2 206
一氧化碳-氧	66.7	1 264	乙炔-氧	40.0	2 716
二硫化碳-氧	25.0	1 800	氢-氧	66.7	2 821

2.2.3　其他爆炸类型划分

（1）闪爆

闪爆就是当易燃气体在一个空气不流通的空间里,聚集到一定浓度后,一旦遇到明火或电火花就会立刻燃烧膨胀发生爆炸。闪爆一般情况只是发生一次性爆炸,如果易燃气体能够及时补充还将多次爆炸。闪爆的威力相对较大。

闪爆的危害:闪爆突发性强,火灾危害性大。事发之前常无明显征兆,从发生到结束的整个反应过程甚至不到 0.1 s,根本不给人们反应的时间。

闪爆后波及范围广。例如,在常温常压下,液化气极易挥发,液体遇空气后能迅速扩大 250~300 倍。由此可知,当液化气泄漏时会变成大量的气体滞留在空气中,且形成大面积危险区域。

闪爆多发生于有易挥发可燃液体、可燃物粉尘较多、可燃气体残留较多且通风不好的密闭空间。家庭"闪爆"事件多发于厨房。

(2)爆燃

爆燃是一种燃烧波,以小于音速的速度通过热传递传播。例如,易燃混合物在废气回收处理系统中引燃会导致 10 倍初始压力的爆燃,传播速度一般可达 10~340 m/s。

锅炉在启动、运行、停运中容易发生爆燃事故。在锅炉爆燃的过程中,炉膛中积存的可燃混合物瞬间同时燃烧,使炉膛烟气侧压力突然升高。严重时,锅炉爆燃产生的压力,可超过设计结构的允许值而造成水冷壁、刚性梁及炉顶、炉墙破坏。

爆燃的产生必须要有 3 个条件(即爆燃三要素),缺一不可:一是有燃料和助燃空气的积存;二是燃料和空气混合物达到爆燃的浓度;三是有足够的点火能源。

锅炉在启动、运行、停运中,避免燃料和助燃空气积存就是杜绝炉膛爆燃的关键所在。

(3)殉爆

上节讲到的爆炸产生的冲击波,向外传递时,可引起该处的其他爆炸性气体混合物或炸药发生爆炸,从而产生一种殉爆现象。

为防止殉爆的发生,应保持使空气冲击波失去引起殉爆能力的距离,其安全间距可计算为

$$S = K\sqrt{g} \tag{2-1}$$

式中　S——不引起殉爆的安全间距,m;

g——爆炸物的质量,kg;

K——系数,K 平均值取 1~5(有围墙取 1,无围墙取 5)。

2.3　爆炸机理及特性

2.3.1　分解爆炸机理及特性

具有分解爆炸特性的物质如乙炔(C_2H_2)、叠氮铅[Pb(N_2)$_2$]等,在温度、压力或摩擦、撞击等外界因素作用下,会发生爆炸性分解。在生产中必须采取相应的防护措施,防止发生这类事故。

1)气体分解爆炸

能够发生爆炸性分解的气体,在温度、压力等作用下的分解反应,会释放相当数量的热量,从而给燃爆提供所需的能量。生产中常见的乙炔、乙烯、环氧乙烷和三氧化氮、

臭氧、氯气等气体,都具有发生分解爆炸的危险。

以乙炔(C_2H_2)为例,当乙炔受热或受压时容易发生聚合、加成、取代和爆炸性分解等化学反应,温度达到 200~300 ℃时,乙炔分子就开始发生聚合反应,形成其他更复杂的化合物。例如,生成苯(C_6H_6)、苯乙烯(C_8H_8)等的聚合反应时放出热量:

$$3C_2H_2 \longrightarrow C_6H_6 + 630 \text{ J/mol} \tag{2-2}$$

放出的热量使乙炔的温度升高,促使聚合反应加强、加速,从而放出更多的热量,以致形成恶性循环,最后当温度达到 700 ℃,压力超过 0.15 MPa 时,未聚合反应的乙炔分子就会发生爆炸性分解。

乙炔是吸热化合物,即由元素组成乙炔时需要消耗大量的热。当乙炔分解时即放出它在生成时所吸收的全部热量:

$$C_2H_2 \longrightarrow 2C + H_2 + 226.04 \text{ J/mol} \tag{2-3}$$

分解时的生成物是细粒固体碳、氢气,如果这种分解是在密闭容器(如乙炔储罐、乙炔发生器或乙炔瓶)内进行的,则由于温度的升高,压力急剧增大 10~13 倍而引起容器爆炸。由此可知,如果在乙炔的聚合反应过程能及时地导出大量的热,则可避免发生爆炸性分解。

增加压力也能促使和加速乙炔的聚合及分解反应。温度和压力对乙炔的聚合与爆炸分解的影响可用如图 2-1 所示的曲线来表示。图中曲线表明,压力越高,聚合反应促成分解爆炸所需的温度就越低;温度越高,在较小的压力下就会发生爆炸性分解。

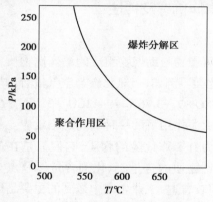

图 2-1　乙炔的聚合作用与爆炸分解范围

此外,乙烯在高压下的分解反应式为

$$C_2H_4 \longrightarrow C + CH_4 + 127.8 \text{ J/mol}$$

分解爆炸所需的能量,随压力的升高而降低。

氮氧化物在一定压力下会产生分解爆炸,其分解反应式为

$$N_2O \longrightarrow N_2 + \frac{1}{2}O_2 + 81.9 \text{ J/mol}$$

$$NO \longrightarrow \frac{1}{2}N_2 + \frac{1}{2}O_2 + 90.7 \text{ J/mol}$$

高压下容易引起分解爆炸的气体,当压力降至某数值时,就不再发生分解爆炸,此压力称为分解爆炸的临界压力。乙炔分解爆炸的临界压力为 0.14 MPa,N_2O 为

0.25 MPa,NO 为 0.15 MPa,乙烯在 0 ℃下的分解爆炸临界压力为 4 MPa。

2) 简单分解爆炸

有些化学结构简单的物质,在爆炸时分解为元素,并在分解过程中产生热量,如乙炔银、乙炔铜、碘化氮、叠氮铅等。乙炔银受摩擦或撞击时的分解爆炸反应式为

$$Ag_2C_2 \longrightarrow 2Ag+2C+Q$$

简单分解的爆炸性物质很不稳定,受摩擦、撞击,甚至轻微震动都可能发生爆炸,其危险性很大。例如,某化工厂的乙炔发生器出气接头损坏后,焊工用紫铜做成接头,使用了一段时间,发现出气孔被黏性杂质堵塞,则用铁丝去捅,正在来回捅的时候,突然发生爆炸,该焊工当场被炸死。起初找不出事故原因,后来调查组调查,才确定事故原因是铁丝与接头出气孔内表面的乙炔铜互相摩擦,引起乙炔铜的分解爆炸。该事故原因说明为什么安全规程规定,与乙炔接触的设备零件,不得用含铜量超过 70% 的铜合金制作。

3) 复杂分解爆炸

化学结构复杂的物质,如各种含氧炸药和烟花爆竹等,在发生爆炸时伴有燃烧反应,燃烧所需的氧由物质本身分解供给。苦味酸、梯恩梯、硝化棉等都属于此类。例如,硝化甘油的分解爆炸反应式为

$$4C_3H_5(ONO_2)_3 \longrightarrow 12CO_2+10H_2O+O_2+6N_2+Q$$

2.3.2 可燃混合气体爆炸机理及特性

1) 燃爆特性

可燃性混合物是指由可燃物与助燃物组成的爆炸性物质,所有可燃气体与空气(或氧气)组成的混合物均属此类。例如,一氧化碳与空气混合的爆炸反应为

$$2CO+O_2+3.76N_2 \Longrightarrow 2CO_2+3.76N_2+Q$$

这类爆炸实际上是在火源作用下的一种瞬间燃烧反应。

通常称可燃性混合物为有爆炸危险的物质,它们只是在适当的条件下才变为危险的物质。这些条件包括可燃物质的含量、氧化剂含量以及点火源的能量等。可燃性混合物的爆炸危险性较低,但较普遍,工业生产中遇到的主要是这类爆炸事故。

2) 爆炸极限

可燃气体、可燃蒸气或可燃粉尘与空气构成的混合物,并不是在任何混合比例之下都有着火和爆炸的危险,必须是在一定的比例范围内混合才能发生燃爆。混合的比例不同,其爆炸的危险程度不相同。例如,由一氧化碳与空气构成的混合物在火源作用下的燃爆实验情况见表 2-4。

表 2-4 所列的混合比例及其相对应的燃爆情况,清楚地说明可燃性混合物有一个发生燃烧和爆炸的浓度范围,即有一个最低浓度和最高浓度,混合物中的可燃物只有在这两个浓度之间才会有燃爆危险。

表 2-4 CO 与空气混合在火源作用下的燃爆情况

CO 在混合气体中所占体积/%	燃爆情况
<12.5	不燃不爆

CO 在混合气体中所占体积/%	燃爆情况
12.5	轻度燃爆
12.5~30	燃爆逐渐加强
30	燃爆最强烈
30~80	燃爆逐渐减弱
80	轻度燃爆
>80	不燃不爆

可燃物质(可燃气体、蒸气和粉尘)与空气(或氧气)必须在一定的浓度范围内均匀混合,形成预混气,遇着火源才会发生爆炸,这个浓度范围称为爆炸极限(或爆炸浓度极限)。可燃物质的爆炸极限受诸多因素的影响。例如,可燃气体的爆炸极限受温度、压力、氧含量、能量等影响;可燃粉尘的爆炸极限受分散度、湿度、温度和惰性粉尘等影响。

可燃气体和蒸气爆炸极限的单位,是以其在混合物中所占体积的百分比来表示的,如上面所列一氧化碳与空气混合物的爆炸极限为 12.5%~80%。可燃粉尘的爆炸极限是以其在单位体积混合物中的质量(g/m^3)来表示的,如铝粉的爆炸极限为 40 g/m^3。可燃性混合物能够发生爆炸的最低浓度和最高浓度,分别称为爆炸下限和爆炸上限,如上述的 12.5% 和 80%。这两者有时也称为着火下限和着火上限。在低于爆炸下限和高于爆炸上限浓度时,既不爆炸,也不着火。这是由于前者的可燃物浓度不够,过量空气的冷却作用阻止了火焰的蔓延;而后者则是空气不足,火焰不能蔓延。正因如此,可燃性混合物的浓度大致相当于完全反应的浓度(上述的 30%)时,具有最大的爆炸威力。完全反应的浓度可根据燃烧反应方程式计算出来。

可燃性混合物的爆炸极限范围越宽,其爆炸危险性越大,这是因为爆炸极限越宽,则出现爆炸条件的机会越多。爆炸下限越低,少量可燃物(如可燃气体稍有泄漏)就会形成爆炸条件;爆炸上限越高,则有少量空气渗入容器,与容器内的可燃物混合形成爆炸条件。在生产过程中,应根据各种可燃物所具有爆炸极限的不同特点,采取严防跑、冒、滴、漏和严格限制外部空气渗入容器与管道内等安全措施。应当指出,可燃性混合物的浓度高于爆炸上限时,虽然不会着火和爆炸,但当它从容器或管道里逸出,重新接触空气时却能燃烧,仍有发生着火的危险。

2.3.3　粉尘爆炸机理及特性

粉尘爆炸的危险性存在于不少工业生产部门,目前已发现下述 7 类粉尘具有爆炸性:①金属,如镁粉、铝粉;②煤炭,如活性炭和煤;③粮食,如面粉、淀粉;④合成材料,如塑料、染料;⑤饲料,如血粉、鱼粉;⑥农副产品,如棉花、烟草;⑦林产品,如纸粉、木粉等。

1)粉尘爆炸的机理和特点

与气体爆炸的条件类似,粉尘爆炸需满足以下 5 个条件才能发生,即:①有一定的粉尘浓度;②有一定的氧含量;③有足够的点火能量;④要处于悬浮状态(粉尘云);⑤最好处于相对封闭空间(便于升温升压)。

(1)爆炸机理

关于粉尘爆炸的机理,有两种说法,即气相点火机理和表面非均相点火机理。

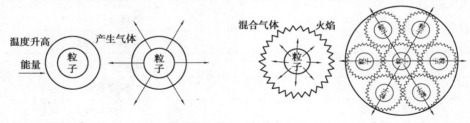

温度升高 能量 产生气体 混合气体 火焰

图 2-2 粉尘爆炸气相点火机理

气相点火机理认为,粉尘爆炸的过程经历了 4 个步骤:第一步是颗粒受热后升温;第二步是颗粒达到一定温度后发生热分解或蒸发汽化;第三步是颗粒蒸发汽化后与空气混合形成爆炸性混合气体;第四步是爆炸性混合气体燃烧甚至爆炸,如图 2-2 所示。

表面非均相点火机理认为,粉尘爆炸的过程经历了 3 个步骤:第一步是氧气与颗粒表面直接发生反应,颗粒表面着火;第二步是挥发分(就是蒸发的气体)在粉尘颗粒周围形成气相层,阻止氧气向颗粒表面扩散;第三步是挥发分着火,并促使粉尘颗粒重新燃烧。

粉尘混合物的爆炸反应是一种连锁反应,即在火源作用下,产生原始小火球,随着热和活性中心的发展和传播,火球不断扩大而形成爆炸。

(2)爆炸特点

与气体混合物的爆炸相比较,粉尘混合物的爆炸有下列特点:

①粉尘混合物爆炸时,其燃烧并不完全(这和气体或蒸气混合物有所不同)。例如,煤粉爆炸时,燃烧的基本是所分解出来的气体产物,灰渣来不及燃烧。

②有产生二次爆炸的可能性,因为粉尘初次爆炸的气浪会将粉尘扬起,在新的空间形成达到爆炸极限的粉尘混合物而产生二次爆炸,这种连续爆炸会造成更为严重的破坏和后果。

③爆炸的感应期相对较长,粉尘的燃烧过程比气体的燃烧过程复杂,有的要经过尘粒表面的分解或蒸发阶段,有的有一个由表面向中心延烧的过程,感应期较长,可达数十秒,为气体的数十倍。

④粉尘点火的起始能量大,达 10 J 数量级,为气体的近百倍。

⑤粉尘爆炸会产生两种有毒气体:一种是一氧化碳;另一种是爆炸物(如塑料)自身分解的毒性气体。

2)粉尘爆炸极限

飞扬悬浮于空气中的粉尘与空气组成的混合物,也和气体或蒸气混合物一样,具有爆炸下限和爆炸上限。粉尘混合物的爆炸危险性以其爆炸浓度下限(g/m³)来表示。这是因为粉尘混合物达到爆炸下限时,所含固体物已相当多,以云雾(尘云)的形状而存在,这样高的浓度通常只有设备内部或直接接近它的发源地的地方才能达到。至于爆炸上限,其浓度太高,以致大多数场合都不会达到,没有实际意义,如糖粉的爆炸上限为 13.5 kg/m³。常见粉尘的爆炸下限及着火点见表 2-5。

表 2-5　常见粉尘的爆炸下限及着火点

粉尘种类	粉尘	爆炸下极限/(g·m⁻³)	着火点/℃
金属	钼	35	645
	锑	420	416
	锌	500	680
	锆	40	常温
	硅	160	775
	钛	45	460
	铁	120	316
	钒	220	500
	硅铁合金	425	860
	镁	20	520
	镁铝合金	50	535
	锰	210	450
热固性塑料	绝缘胶木	30	460
	环氧树脂	20	540
	酚甲酰胺	25	500
	酚糠醛	25	520
热塑性塑料	缩乙醛	35	440
	醇酸	155	500
	乙基纤维素	20	340
	合成橡胶	30	320
	醋酸纤维素	35	420
	四氟乙烯	—	670
	尼龙	30	500
	丙酸纤维素	25	460
	聚丙烯酰胺	40	410
	聚丙烯腈	25	500
	聚乙烯	20	410
	聚对苯二甲酸乙酯	40	500
	聚氯乙烯	—	660
	聚醋酸乙烯酯	40	550
	聚苯乙烯	20	490
	聚丙烯	20	420
	聚乙烯醇	35	520
	甲基纤维素	30	360
	木质素	65	510
	松香	55	440

续表

粉尘种类	粉尘	爆炸下极限/(g·m⁻³)	着火点/℃
塑料一次原料	己二酸	35	550
	酪蛋白	45	520
	对苯二酸	50	680
	多聚甲醛	40	410
	对羧基苯甲醛	20	380
塑料填充剂	软木	35	470
	纤维素絮凝物	55	420
	棉花絮凝物	50	470
	木屑	40	430
农产品及其他	玉米及淀粉	45	470
	大豆	40	560
	小麦	60	470
	花生壳	85	570
	砂糖	19	410
	煤炭(沥青)	35	610
	肥皂	45	430
	干浆纸	60	480

爆炸性粉尘混合物的爆炸下限不是固定不变的,它的变化与下列因素有关:分散度、湿度、火源的性质、可燃气含量、氧含量、惰性粉尘和灰分、温度等。一般来说,分散度越高,可燃气体和氧的含量越大,火源强度、原始温度越高,湿度越低,惰性粉尘及灰分越少,爆炸范围越大。

粒度越细的粉尘,其单位体积的表面积越大,越容易飞扬,所需点火能量越小,容易发生爆炸,如图 2-3 所示。

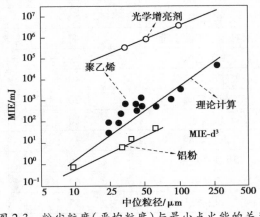

图 2-3　粉尘粒度(平均粒度)与最小点火能的关系

随着空气中氧含量的增加,爆炸浓度范围则扩大。有关资料表明,在纯氧中的爆炸浓度下限能下降到只有在空气中的 1/4~1/3,如图 2-4 所示。

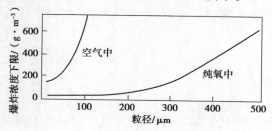

图 2-4　爆炸下限与含氧量及粒径的关系

当粉尘云与可燃气体共存时,爆炸浓度相应下降,而且点火能量有一定程度的降低。可燃气体的存在会大大增加粉尘的爆炸危险性,如图 2-5 所示。

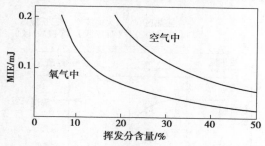

图 2-5　挥发分含量对镁粉爆炸最小点火能量的影响

爆炸性混合物中的惰性粉尘和灰分有吸热作用。例如,煤粉中含 11% 的灰分时还能爆炸,而当灰分达 15%~30% 时,就很难爆炸了。空气中的水分除了吸热作用之外,水蒸气占据空间,稀释了氧含量而降低粉尘的燃烧速度,而且水分增加了粉尘的凝聚沉降,使爆炸浓度不易出现,粉尘爆炸的最小点火能量升高。当温度和压力增加,含水量减少时,爆炸浓度极限范围扩大,所需点火能量减小,如图 2-6 所示。

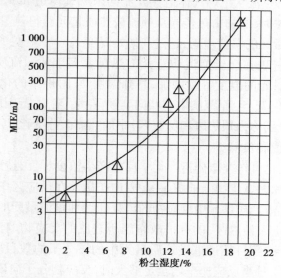

图 2-6　湿度对玉米淀粉爆炸最小点火能量的影响

粉尘的爆炸压力由两种原因产生:一是生成气态产物,其分子数在多数场合下超过原始混合物中气体的分子数;二是气态产物被加热到高温。

粉尘防爆的原则是缩小粉尘扩散范围、清除积尘、控制火源、适当增湿、做好通风、采用抑爆泄爆装置等。

2.4 爆炸基本特征

化学爆炸是一种激烈的化学动力现象,爆炸过程中会产生前驱冲击波和火焰波,以及未反应区、反应区、已反应区的两波三区现象。爆炸发生后,火焰球面的半径增大得比波宽还大,从流动矢量和扩散矢量大体彼此平行且都与表面相垂直的很小火焰表面面积来说,完全可把爆炸所产生的火焰波看作平面的火焰波。火焰波的传播如图 2-7 所示。

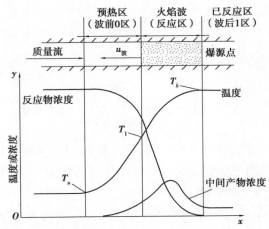

图 2-7　气体爆炸火焰波及其邻近区域示意图

从图 2-7 中可知,热流从已燃气体边界 b 流向未燃气体边界 u,而质量流从 u 流至 b。质量流通过火焰波时,起初由热传导从顺流较热质量元获得热量多于交给逆流较冷质量元的热量,该质量元的温度增高,超过其初始温度 T_u。在温度 T_1 下,质量元从热汇转变为热源,这意味着现在交给逆流质量元的热量要多于从顺流质量元获得的热量。由于化学释热,该质量元的温度继续增加,直到温度 T_b 时供给的化学能耗尽为止。图中的温度曲线表明,在 T_u 至 T_1 范围内它凸向 x 轴,在 T_1 至 T_b 范围内它凹向 x 轴,相应地,在这两个波区(分别称为预热区和反应区)中的热流微分变化 $d(kdT/dx)$(式中 k 为导热系数)分别为正值和负值。

对分子浓度的变化可作类似分析。化学反应产生浓度梯度,造成扩散,使反应物分子按 $u{\rightarrow}b$ 方向扩散和燃烧产物分子按 $b{\rightarrow}u$ 方向扩散。在反应区中产生的中间产物分子则向这两个方向扩散。质量元中反应物的消耗曲线和该质量元的温度升高曲线相对称。最初,该质量元进入预热区,仅有扩散作用所造成的反应物的消耗,致使留在该质量元中的反应物分子的数目超过进入该质量元中的该分子的数目。之后,化学反应有助于除去反应物分子,且当反应速率增至足够大时,反应物分子向该质量元迁移的将多于离开的,但是,化学反应的消耗,使得反应物分子连续地减少。

火焰波的各种梯度不会导致波前沿格外陡峭,因为反应速率不能无限制加速,而是会受到动力学定律和反应物的递增消耗所限。这两种因素都不能使温度、浓度的梯度递减,使分布变得格外平坦,已燃气体的温度和反应物的初始浓度是固定不变的(假定火焰波温度不变),火焰波内的化学反应不会终止,而是会调整到与温度场和浓度场相应的速率进行反应。温度和浓度的变化梯度都要调整到使本身处于稳定状态,此时其斜率不随时间而变化,火焰波以一种较为稳定的速度向前传播。

气体爆炸实验测得数据表明,爆炸传播过程中,火焰波速度不断变化,随着传播方向先是快速增大而后逐渐降低。这应当是发生气体爆炸后,化学反应的速度过快,以至于温度场和浓度场均不能在如此短的时间内进行自身调整以达到新的平衡,这体现了火焰波的传播速度会发生变化的现象。

针对图 2-7 和上述分析结果,有必要对火焰波进行数学模型的确定。先作两个假设:①将火焰波波前的新鲜气流和火焰波波后的反应过的气体均视为理想气体;②采用相对坐标,即火焰波和坐标具有相同的速度。从而可将火焰波视为一个稳定的波阵面。在此假设基础上,进行以下的公式推导。火焰波满足以下基本方程:

连续性方程

$$\rho_0 u_0 = \rho_1 u_1 = Q \tag{2-4}$$

动量方程

$$\rho_0 u_0^2 + p_0 = \rho_1 u_1^2 + p_1 \tag{2-5}$$

能量方程

$$e_0 + \frac{p_0}{\rho_0} + \frac{u_0^2}{2} = e_1 + \frac{p_1}{\rho_1} + \frac{u_1^2}{2} \tag{2-6}$$

式中　Q——单位面积流量;

ρ_1——1 区气流密度;

ρ_0——0 区气流密度;

u_0——波前气流流速;

u_1——波后气流流速;

p_1——波后气流压强;

p_0——波前气流压强;

e_0——波前气流内能;

e_1——波后气流内能。

由式(2-4)可有 $\frac{1}{\rho_0} = \frac{u_0}{Q}$,$\frac{1}{\rho_1} = \frac{u_1}{Q}$,结合式(2-5)可有

$$p_1 - p_0 = -\rho_1 u_1^2 + \rho_0 u_0^2 = -Q(u_1 - u_0) = -Q^2\left(\frac{1}{\rho_1} - \frac{1}{\rho_0}\right) \tag{2-7}$$

对式(2-7),如果以 p_1 为纵坐标,$\frac{1}{\rho_1}$ 为横坐标作图,可得到一条直线。对于气体爆炸火焰波而言,该直线表示火焰波经过流场某区域后该区域相关参数所发生的变化规律,该线为火焰波 Rayleigh line(简称"R 线")。给定某个 Q 值,可以得出如图 2-8 所示的图形。

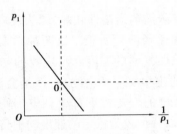

图 2-8　火焰波瑞利线示意图

从图 2-8 可知,R 线处于所划分的图形中的第二、四象限中,说明其斜率为负值。而 R 线的斜率为 $\tan\alpha = -Q^2 = -\rho_0^2 u_0^2 = -\rho_0^2 k R T_0 M_{a0}^2 = -k p_0 \rho_0 M_{a0}^2$($k$ 为热气流的绝热系数),这说明对 R 线所处象限的划分是正确的。

对第二象限,在该象限中,$p_1 > p_0$,$\rho_1 > \rho_0$,气流流动属于超音速流动。根据斜率公式可知,马赫数 Ma(流动越快)越大则直线的斜率越小。

对第四象限,则 $p_1 < p_0$,$\rho_1 < \rho_0$,气流流动属于亚音速流动。根据斜率公式可知,马赫数 Ma(流动越快)越小则 α 角越小,斜率越大。

如果将能量方程式(2-6)用于火焰波的两侧,则有

$$\Delta H + e_0 + \frac{p_0}{\rho_0} + \frac{u_0^2}{2} = e_1 + \frac{p_1}{\rho_1} + \frac{u_1^2}{2} \tag{2-8}$$

即

$$
\begin{aligned}
e_1 - e_0 - \Delta H &= \frac{p_0}{\rho_0} - \frac{p_1}{\rho_1} + \frac{1}{2}(u_0^2 - u_1^2) = \frac{p_0}{\rho_0} - \frac{p_1}{\rho_1} + \frac{1}{2}(u_0 + u_1)\frac{1}{Q}(p_1 - p_0) \\
&= \frac{p_0}{\rho_0} - \frac{p_1}{\rho_1} + \frac{1}{2}\left(\frac{1}{\rho_1} + \frac{1}{\rho_0}\right)(p_1 - p_0) \\
&= \frac{1}{2}\left(\frac{1}{\rho_0} - \frac{1}{\rho_1}\right)(p_1 + p_0)
\end{aligned}
\tag{2-9}
$$

又 $e = c_v T = \frac{R}{k-1}T = \frac{1}{k-1}\frac{p}{\rho}$,将其代入式(2-9),可得

$$\Delta H = \frac{k}{k-1}\left(\frac{p_1}{\rho_1} - \frac{p_0}{\rho_0}\right) + \frac{1}{2}\left(\frac{1}{\rho_1} - \frac{1}{\rho_0}\right)(p_0 - p_1) \tag{2-10}$$

如果给出 ΔH 的数值,结合相关已知的初始条件参数,可画出火焰波波后压力 p_1 和 $1/\rho_1$ 的曲线图,如图 2-9 所示。该曲线表示火焰波传播过程中经过某区域后,波后参数的变化规律,该曲线为火焰波 Hugoniot line(简称"H 线")。

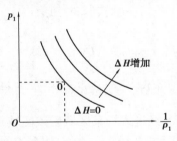

图 2-9　火焰波雨贡果线示意图

如果取 $\Delta H = 0$，并对式(2-9)进行微分，有

$$de_1 = -\frac{1}{2}(p_1 + p_0)d\left(\frac{1}{\rho_1}\right) + \frac{1}{2}(\rho_0 - \rho_1)dp_1 \qquad (2\text{-}11)$$

结合热力学第一定律，可有

$$de_1 = T_1 ds_1 - p_1 d\left(\frac{1}{\rho_1}\right) \qquad (2\text{-}12)$$

合并式(2-11)、式(2-12)可得

$$2T_1 \frac{ds_1}{dp_1} = \left(\frac{1}{\rho_0} - \frac{1}{\rho_1}\right)\left[1 + \frac{Q^2 d(1/\rho_1)}{dp_1}\right] \qquad (2\text{-}13)$$

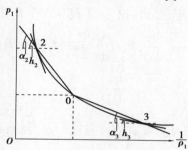

图 2-10　$\Delta H = 0$ 时火焰波的雨贡果线示意图

选定一定的参数，结合式(2-9)可画出 $\Delta H = 0$ 时的 H 线图，如图 2-10 所示。设定曲线上初始参数点为 0 点，左上二象限的点为 2 点，右下四象限的点为 3 点。结合式(2-7)，连接 0、2 点和 0、3 点，可得出倾角分别为 α_2 和 α_3 的两条 R 线。过 2、3 点作 H 线的切线可得到斜率分别为 h_2，h_3 的两条切线段。因为 $\tan\alpha = -Q^2$，$\tan h = \dfrac{dp_1}{d(1/\rho_1)}$，所以有

$$-\frac{\tan\alpha}{\tan h} = \frac{Q^2}{dp_1/d(1/\rho_1)} \qquad (2\text{-}14)$$

对点 2，$h_2 > \alpha_2$，根据式(2-14)可有 $\dfrac{Q^2}{dp_1/d(1/\rho_1)} > -1$，$1 + \dfrac{Q^2}{dp_1/d(1/\rho_1)} > 0$。

对 H 线上的 0 点以上的二象限对应的这些点，$\rho_1 > \rho_0$，有 $\dfrac{1}{\rho_0} - \dfrac{1}{\rho_1} > 0$。结合式(2-13)可知这些点满足 $\dfrac{ds}{dp_1} > 0$，又因这些点相对于 0 点满足 $dp_1 > 0$，故这些点满足

$$ds > 0 \qquad (2\text{-}15)$$

对于四象限的点 3 而言，$\alpha_3 > h_3$，从而 $\tan\alpha_3 > \tan h_3$，根据式(2-14)可有 $\dfrac{Q^2}{dp_1/d(1/\rho_1)} < -1$，$1 + \dfrac{Q^2}{dp_1/d(1/\rho_1)} < 0$。

同时，对 H 线上的 0 点以下的四象限对应的这些点，$\rho_1 < \rho_0$，$\dfrac{1}{\rho_0} - \dfrac{1}{\rho_1} < 0$。根据式

（2-13）可知这些点满足 $\dfrac{\mathrm{d}s}{\mathrm{d}p_1}>0$，又因为 $\mathrm{d}p_1<0$，所以这些点必然满足以下条件：

$$\mathrm{d}s < 0 \qquad\qquad (2\text{-}16)$$

对于式（2-16）而言，不可逆热力过程中熵的微增量总是大于零，而 $\mathrm{d}s<0$，这显然是违背热力学第二定律的。H 线上的 0 点以下的四象限对应的这些点没有任何物理意义，只有 H 线上的 0 点以上的二象限对应的这些点才有实际意义。而这段曲线正好对应于马赫数 $Ma>1$ 下的超音速情形，并且没有加热量，$\Delta H=0$。对超音速气流，在绝热状态下要使得气流的参数发生变化，只有激波可以办到。H 线上的 0 点以上的二象限对应的这些点所连接成的 H 线就是激波线。

对点 0，应当对其极限情形进行讨论，如果过 0 点作 H 线的切线，就会得出一条新的 R 线，因为有 $\dfrac{\mathrm{d}p_1}{\mathrm{d}(1/\rho_1)}=-Q^2=-\rho^2\dfrac{\mathrm{d}p_1}{\mathrm{d}\rho_1}$，所以 $\dfrac{\mathrm{d}p_1}{\mathrm{d}\rho_1}=u^2$，在点 0 满足

$$\left.\frac{\mathrm{d}p_1}{\mathrm{d}\rho_1}\right|_0 = u_0^2 \qquad\qquad (2\text{-}17)$$

考虑以下情形，当工作点从点 2 向点 0 移动时，ρ_1 越来越接近 ρ_0，即 $\dfrac{1}{\rho_0}-\dfrac{1}{\rho_1}$ 越来越趋于零，而 $1+\dfrac{Q^2}{\mathrm{d}p_1/\mathrm{d}(1/\rho_1)}$ 仍为有限数值。

根据式（2-13），可有 $\mathrm{d}s\to0$。这说明起始点 0 附近的物理变化过程基本上近似等于等熵过程，结合气体动力学可有

$$\frac{\mathrm{d}p}{\mathrm{d}\rho} = c^2（c\text{ 为音速}）$$

从而，$\dfrac{\mathrm{d}p_1}{\mathrm{d}\rho_1}=u_0^2=c^2$，或者说 0 点的马赫数 $Ma_0=1$，即 H 线在 0 点的切线（也是 R 线）是初始速度为音速的 R 线。

同样，对 H 线上的 0 点以上的二象限对应的这些点的切线，因为角度在增加，所以有 $\dfrac{\mathrm{d}p_1}{\mathrm{d}(1/\rho_1)}>\left.\dfrac{\mathrm{d}p_1}{\mathrm{d}(1/\rho_1)}\right|_0$，从而有 $Q^2>Q_0^2$，即 $u>u_0=c$，$Ma>1$，可判知其为超音速流动。

对这个结论，只在 $\Delta H=0$ 情形下才正确，当 $\Delta H\neq0$ 时，点 0 的运动就不一定是音速了。显然，加热状态下有 $\Delta H\neq0$，同样对 0 点作不过 0 点的 H 线。此时，可作出 0 点对 H 线的上下两条切线，如图 2-11 所示。

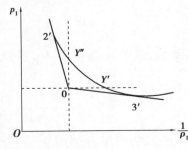

图 2-11 起始 0 点对火焰波雨贡果线的切线示意图

$\dfrac{\mathrm{d}p_1}{\mathrm{d}(1/\rho_1)} = -Q^2$，将其代入式（2-10），有 $\dfrac{\mathrm{d}s}{\mathrm{d}p}=0$，从而 $\mathrm{d}s=0$。这说明在切点 $2',3'$ 处为等熵，与 $\Delta H=0$ 过起始点对 H 线作切线类似，并且在点 $2',3'$ 的流速为音速，即 $u=c$。这两个点在气体动力学上称为 Chapman-Jouguent point。从上述分析可得出以下结论：过起始点 O 点对任意 H 线所作的切线，切点处的流速均为音速。

显然，过 O 点可以作无数条 R 线，角度最大的一条为图 2-11 中所对应的 $0Y''$ 的垂直线。当 R 线从 $02'$ 逐渐改变角度直至到达 $0Y''$ 时，有 $\tan\alpha_{Y''}=-Q^2=u_{1Y''}^2\rho_{1Y''}^2$，$u_{1Y''}=$

$\sqrt{\dfrac{-\tan\alpha_{Y''}}{\rho_{1Y''}}}$，又因为此时 $\rho_1=\rho_0$，$\alpha_{Y''}=90°$，所以有

$$u_{1Y''}=\sqrt{\frac{-(-\infty)}{\rho_0}}=\infty \tag{2-18}$$

式（2-18）中，Y'' 点的速度无穷大，这是不可能达到的极限情形。

对火焰波，必须同时满足 R,H 两条线。即这两条线的交点决定了在已知起始状态和热值情况下火焰波通过后的相关参数。也就是说，要求 R,H 线相交，可在 $02'$ 切线和 $0Y''$ 线之间作很多条这样的 R 线。假定该 R 线与 H 线相交于点 $2''',2''$ 两点，点 $2'''$ 位于切点 $2'$ 之上，$2''$ 点位于切点 $2'$ 之下，具体如图 2-12 所示。

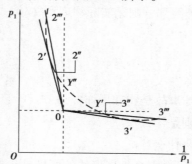

图 2-12　火焰波有效范围示意图

对切点 $2'$ 之上的所有 H 线的点（实线部分）均满足 p_1,ρ_1 的值均随距离切点距离的增大而越来越大。如果有 $u_1=Q/\rho_1$，则可知燃烧后的流速会越来越小，最后直至趋于零。但是，如果是起始超音速气流经过火焰波，压力和温度均升高，速度逐渐变为亚音速。这种情形只会在强激波中进行燃烧才有可能出现。H 线切点以上的线段对应于爆震情形。

切点往下的这些点（虚线部分），由上述分析可知，从燃后切点的音速增加到 Y'' 点的无穷大。对本来就是超音速的燃气气流，经过火焰波后压力温度均升高，流速仍保持超音速，结合气体动力学可知，只有在弱激波中的燃烧才会出现这种可能。经过分析可知此种情形不存在实际工况。

同理，对线段 $0Y'$，其斜率为 $\tan\alpha_{Y'}=0$，速度 $u_{1Y'}=\sqrt{\dfrac{-\tan\alpha_{Y'}}{\rho_{1Y'}}}=0$，即 Y' 点的燃后速度为零，这是另外一条 R 线极限。

从图 2-11 可知,$0Y'$ 和 $03'$ 是两条 R 线。与前面不同的是,这两条 R 线位于第四象限中,满足 $\rho_1 < \rho_0$,$p_1 < p_0$,因为 $u_1 = \dfrac{Q}{\rho_1} = \dfrac{\rho_0 u_0}{\rho_1}$,所以 $u_1 > u_0$。因为从点 Y' 的速度 $u_1 = 0$ 到点 $3'$ 的速度 $u_1 = c$,所以可判定出该段 H 线所对应的是亚音速火焰波现象。

那么,在 $0Y'$ 和 $03'$ 之间作任意的 R 线,可和 H 线有 $3''$,$3'''$ 两个交点。对 H 线上位于切点 $3'$ 以下的各点,其压力、密度比切点处的要小,因为 $\rho_{13'} u_{13'} = \rho_1 u_1$,$u_{13'} = c$,所以 $u_1 = \dfrac{\rho_{13'}}{\rho_1} u_{13'} = \dfrac{\rho_{13'}}{\rho_1} c$。因为 $\rho_{13'} > \rho_1$,所以 $u_1 > c$。当气流通过亚音速的火焰波后可被加速到超音速,结合气体动力学可知该情形下最多被加速到音速,上述分析的切点以下的 $3'3'''$ 段 H 线(虚线)没有物理意义,不存在实际工况。通常该段 H 线被称为不可能实现的区域。

对 H 线上位于切点 $3'$ 以上的各点,其压力、密度比切点处的要大,$\rho_{13'} < \rho_1$,$u_1 < c$,因为 $\rho_1 < \rho_0$,所以 $u_1 > u_0$。该段 H 线所对应的点表明,经过亚音速的火焰波后的气流的流速会增大,但仍然处于亚音速流动状态。从而,切点以上的 $3'3''$ 段 H 线(实线)属于爆燃工况区域。

总结前述分析,得出以下结论:尽管理论上存在多种火焰波,但是实际情形中只有超音速的爆震和亚音速的爆燃现象存在,才具有实际研究意义。图 2-12 中以实线表示的 H 线具有实际物理意义,虚线部分则无实际物理意义。

复习思考题

1.爆炸的显著特点是什么?
2.生产生活中的哪些爆炸事故是物理爆炸?
3.化学爆炸和燃烧的区别是什么?
4.气体分解爆炸的条件是什么?
5.火药、炸药分解爆炸和可燃混合气体爆炸的区别是什么?
6.举例说明粉尘爆炸的机理和特点。
7.分别列举至少一起气体爆炸、粉尘爆炸事故案例。

第3章
燃烧特性分析

3.1 燃烧热

1摩尔(mol)的物质与氧气进行完全燃烧反应时所放出的热量称为该物质的燃烧热。例如,1 mol乙炔完全燃烧时,放出$130.6×10^4$ J的热量,这些热量就是乙炔的燃烧热,其反应式为

$$C_2H_2 + 2.5O_2 \Longrightarrow 2CO_2 + H_2O + 130.6 × 10^4 J$$

不同物质燃烧时放出的热量不相同。所谓热值,是指单位质量或单位体积的可燃物质完全燃烧时所放出的热量。可燃性固体或可燃性液体的热值通常以"J/kg"表示;可燃气体的热值通常以"J/m^3"表示。可燃物质燃烧爆炸时所能达到的最高温度、最高压力及爆炸力等与物质的热值有关。某些物质的燃烧热、热值和燃烧温度见表3-1。

可燃物质的热值是用量热法测定出来的,或者根据物质的元素组成用经验公式计算。

(1)气态可燃物的热值计算

可燃物质如果是气态的单质和化合物,其热值可计算为

$$Q = \frac{1\,000 × Q_r}{22.4} \tag{3-1}$$

式中 Q——可燃气体的热值,J/m^3;

Q_r——可燃气体的燃烧热,J/mol。

例3-1   试求乙炔的热值。

解:从表3-1中查得乙炔的燃烧热为$130.6×10^4$ J/mol,代入式(3-1),得

$$Q = \frac{1\,000 × 130.6 × 10^4}{22.4} = 5.83 × 10^7 J/m^3$$

答:乙炔的热值为$5.83×10^7$ J/m^3。

(2)液态或固态可燃物的热值计算

可燃物质如果是液态或固态的单质或化合物,其热值可计算为

$$Q = \frac{1\,000 × Q_r}{M} \tag{3-2}$$

式中 M——可燃液体或固体的摩尔质量。

例3-2   试求甲醇的热值(甲醇的摩尔质量为32 g/mol)。

解： 从表 3-1 查得甲醇的燃烧热为 715 524 J/mol，代入式（3-2），得

$$Q = \frac{1\,000 \times 715\,524}{32} = 2.24 \times 10^7 (\text{J/kg})$$

答：甲醇的热值为 2.24×10^7 J/kg。

（3）组成复杂的可燃物的热值计算

对组成比较复杂的可燃物，如石油、煤炭、木材等，可采用门捷列夫经验公式计算其高热值和低热值。高热值是指单位质量的燃料完全燃烧，生成的水蒸气全部冷凝成水时所放出的热量；低热值是指单位质量的燃料完全燃烧，生成的水蒸气不冷凝成水时所放出的热量。门捷列夫经验公式如下：

$$Q_h = 81\omega_C + 300\omega_{H_2} - 26(\omega_{O_2} - \omega_s) \tag{3-3}$$

$$Q_l = 81\omega_C + 300\omega_{H_2} - 26(\omega_{O_2} - \omega_s) - 6(9\omega_{H_2} + \omega_{H_2O}) \tag{3-4}$$

式中　Q_h，Q_l——可燃物质的高热值和低热值，kcal/kg；

ω_C——可燃物质中碳的质量分数，%；

ω_{H_2}——可燃物质中氢的质量分数，%；

ω_{O_2}——可燃物质中氧的质量分数，%；

ω_s——可燃物质中硫的质量分数，%；

ω_{H_2O}——可燃物质中水分的质量分数，%。

例 3-3　试求 5 kg 木材的低热值。木材的成分：ω_C 为 43%，ω_{H_2} 为 7%，ω_{O_2} 为 41%，ω_s 为 2%，ω_{H_2O} 为 7%。

解： 将已知物质的质量分数代入式（1-4），得

$$Q = [81 \times 43 + 300 \times 7 - 26(41 - 2) - 6(9 \times 7 + 7)] \times 4.184 \times 10^3 = 1.74 \times 10^7 (\text{J/kg})$$

则 5 kg 木材的低热值为

$$5 \times 1.74 \times 10^7 = 8.68 \times 10^7 (\text{J})$$

答：5 kg 木材的低热值为 8.68×10^7 J。

3.2　燃烧温度

可燃物质燃烧时所放出的热量，一部分被火焰辐射散失，而大部分则消耗在加热燃烧产物上。由于可燃物质燃烧所产生的热量是在火焰燃烧区域内析出的，因此火焰温度也就是燃烧温度。

①理论燃烧温度：是指可燃物与空气在绝热条件下完全燃烧，所释放出来的热量全部用于加热燃烧产物，使燃烧产物达到的最高燃烧温度。

②实际燃烧温度：可燃物燃烧的完全程度与可燃物在空气中的浓度有关，燃烧放出的热量会有一部分散失于周围环境，燃烧产物实际达到的温度称为实际燃烧温度，也称火焰温度，如图 3-1 所示。

实际燃烧温度非固定值，它受可燃物浓度和一系列外界因素的影响。

③蜡烛火焰温度：外焰温度最高，一般为 500 ℃左右；内焰温度居中，一般为 300~

350 ℃;焰心温度最低,一般为 250~300 ℃。蜡烛不同,温度略有不同,但一般都在此范围。

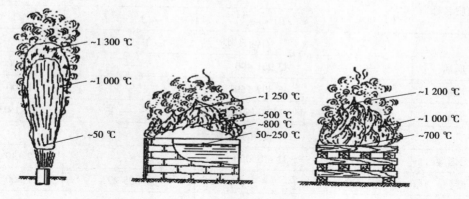

图 3-1　火焰温度分布图

④酒精灯的火焰温度:大概外焰 400 ℃、中焰 500 ℃、内焰 300 ℃。酒精喷灯的最高温度为 1 000 ℃左右。煤气灯外焰温度为 1 540 ℃、中焰温度为 1 560 ℃、内焰温度为 300 ℃。

火焰一般应分为焰心、内焰和外焰 3 个部分。焰心由于接触大气面积最小,可燃气体并没有完全充分燃烧所以温度最低。理论上火焰温度排序为外焰>内焰>焰心。

酒精蒸气在外焰和氧气接触面积最大,燃烧最充分,但外焰与外界大气充分接触,燃烧热量扩散最容易,热量散失最多,致使外焰温度低于内焰。酒精灯火焰温度的高低顺序为内焰>外焰>焰心,是个特例。

某些可燃物质的燃烧温度见表 3-1。

表 3-1　某些物质的燃烧热、热值和燃烧温度

物质名称	燃烧热 /(J·mol^{-1})	热值		燃烧温度 /℃
		/(J·kg^{-1})	/(J·m^{-3})	
碳氢化合物				
甲烷	882 577	—	39 400 719	1 800
乙烷	1 542 417	—	69 333 408	1 895
苯	3 279 939	420 500 000	—	
乙炔	1 306 282	—	58 320 000	2 127
醇类				
甲醇	715 524	23 864 760	—	1 100
乙醇	1 373 270	30 900 694	—	1 180
酮、醚类				
丙酮	1 787 764	30 915 331	—	1 000
乙醚	2 728 538	36 873 148	—	2 861

续表

物质名称	燃烧热 /(J·mol⁻¹)	热值		燃烧温度 /℃
		/(J·kg⁻¹)	/(J·m⁻³)	
石油及其产品				
原油	—	43 961 400	—	1 100
汽油	—	46 892 160	—	1 200
煤油	—	41 449 320~46 054 800	—	700~1 030
煤和其他物品				
无烟煤	241 997	31 401 000		2 130
氢气	—		10 805 293	1 600
煤气	—	32 657 040	—	1 850
木材		7 117 560~14 653 800		1 000~1 177
镁	61 435	25 120 300		3 000
一氧化碳	285 624	—		1 680
硫	334 107	10 437 692		1 820
二硫化碳	1 032 465	14 036 666	12 748 806	2 195
硫化氢	543 028	—		2 110
液化气	—	—	10 467 000~113 800 000	2 020
天然气	—	—	35 462 196~39 523 392	2 120
石油气	—	—	38 434 824~42 161 076	—
磷	—	24 970 075	—	—
棉花	—	17 584 560	—	—

可燃物质燃烧过程温度的变化过程如图 3-2 所示，T_A 为可燃物开始加热时的温度；T_B 为可燃物开始氧化并放热的温度；T_C 为可燃物氧化产热量和散失的热量相等的温度，T_c 即为自燃点；T_D 为产生火焰的温度，也称为燃点；T_E 为可燃物经过燃烧后其产物达到的最高温度。

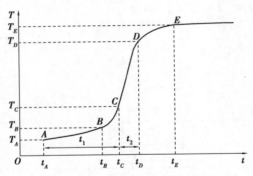

图 3-2　可燃物质燃烧温度变化过程

3.3　燃烧产物

发生火灾时,人们会看到熊熊烈火吞噬着大量财产,同时无情地烧伤烧死未来得及逃生的在场人员。然而,在火场上威胁人们生命安全的不仅是火焰,还有燃烧产物。

3.3.1　燃烧产物的组成

燃烧产物包括不能再燃烧的生成物,如二氧化碳、二氧化硫、水蒸气、五氧化二磷、二氧化氮等,以及能继续燃烧的生成物,如一氧化碳、未燃尽的炭和醇类、酮类、醛类等。例如,木材完全燃烧时生成二氧化碳、水蒸气和灰分;而在不完全燃烧时,除上列生成物外,还有一氧化碳、甲醇、丙酮、乙醛以及其他干馏产物,这些生成物除了仍具有燃烧性外,有的与空气混合还有爆炸的危险性,如一氧化碳与空气混合能形成爆炸性混合物。

燃烧产物的组成比较复杂,与可燃物质的成分和燃烧条件有关。例如,塑料、橡胶、纤维等各种高分子合成材料,在燃烧时,除生成二氧化碳、一氧化碳和水蒸气外,还有可能生成氯化氢、氨、氰化氢、硫化氢和一氧化氮等有毒或有刺激性的气体。

燃烧产物中还有眼睛看得见的烟雾。烟雾是由悬浮于空气中的未燃尽的炭粒、灰分以及微小液滴(水滴、酮类和醛类液滴)等组成的气溶胶。

3.3.2　燃烧产物对人体和火势发展过程的影响

燃烧产物对人体和火势发展过程的影响主要有以下 4 个方面:

①燃烧产物除水蒸气外,其他产物大都对人体有害。一氧化碳是窒息性有毒气体,当火场上的一氧化碳浓度达到 0.1% 时,会使人感到头晕、头痛、作呕;达 0.5% 时,经过 20~30 min 有死亡危险;达 1% 时,吸气数次后失去知觉,经 1~2 min 可中毒死亡。二氧化硫(主要是煤、石油和其他含硫有机物燃烧的生成物)是一种刺激性有毒气体,会刺激眼睛和呼吸道,引起咳嗽,浓度达到 0.05% 时有生命危险。五氧化二磷有一定毒性,会刺激呼吸器官,引起咳嗽和呕吐。氯化氢是一种刺激性有毒气体,吸收空气中的水分而形成酸雾,会强烈刺激人们的眼睛和呼吸系统。一氧化氮和二氧化氮是刺激性有毒气体,人体吸入后,在肺部遇水分形成硝酸或亚硝酸(如 $3NO_2 + H_2O \longrightarrow 2HNO_3 + NO$),对呼吸系统有强烈的刺激和腐蚀作用。火场上的二氧化碳浓度过高时,会使人窒息。

②燃烧产物中的烟雾会影响人们的视力,较高浓度的烟雾会大大降低火场的能见度,使人们迷失方向,找不到逃脱火场的出路,给人员的疏散造成困难。火场上弥漫的烟雾,使灭火人员不易辨别火势发展的方向,不易找到起火的地点,妨碍灭火的行动,不便于抢救受困人员和重要物资。

③高温的燃烧产物在强烈热对流和热辐射过程中,可能引起其他可燃物的燃烧,有造成新的火源和促使火势发展的危险。不完全燃烧的产物都能继续燃烧,有的还能与空气混合发生爆炸。

④燃烧产物中的完全燃烧产物有阻燃作用。如果火灾发生在一个密闭的空间内,或

将着火的房间所有孔洞封闭,随着火势的发展,空气中的氧气逐渐减少,完全燃烧的产物浓度逐渐增高,当达到一定浓度(如空气中的二氧化碳浓度达到30%)时,燃烧则停止。

物质的化学成分和燃烧条件不同,燃烧生成的烟雾颜色和气味也不同,可据此大致确定是什么物质在燃烧。例如,橡胶燃烧时生成棕黑色烟雾,并带有硫化物的特殊臭味。某些可燃物质燃烧生成烟雾的特征见表3-2。燃烧产物的这个特点及其阻燃作用对灭火工作有利。

表3-2　几种可燃物燃烧时烟雾的特征

可燃物质	烟的特征		
	颜色	嗅	味
木材	灰黑色	树脂臭	稍有酸味
石油产品	黑色	石油臭	稍有酸味
磷	白色	大蒜臭	—
镁	白色	—	金属味
硝基化合物	棕黄色	刺激臭	酸味
硫磺	—	硫臭	酸味
橡胶	棕黑色	硫臭	酸味
钾	浓白色	—	酸味
棉和麻	黑褐色	烧纸臭	稍有酸味
丝	—	烧毛皮臭	碱味
粘胶纤维	黑褐色	烧纸臭	稍有酸味
聚氯乙烯纤维	黑色	盐酸臭	稍有酸味
聚乙烯	—	石蜡臭	稍有酸味
聚丙烯	—	石油臭	稍有酸味
聚苯乙烯	浓黑烟	煤气臭	稍有酸味
锦纶	白烟	酰胺类臭	—
有机玻璃	—	芳香	稍有酸味
酚醛树脂(以木粉为填料)	黑烟	木头、甲醛臭	稍有酸味
脲醛塑料	—	甲醛臭	
璃酸纤维	黑烟	醋臭	酸味

3.4　燃烧速度

燃烧速度是指着火对象(不限于单一物种)在单位时间内,其火焰在蔓延主要方向上的直线传播距离,受可燃物种类、性质、初始温度、换气方向和强度等影响。

3.4.1　气体燃烧速度

气体燃烧速度是指火焰在可燃介质中的传播速度。在通常情况下,单一化学组分的气体(如氢气)比复杂气体(如甲烷)的燃烧速度快,因为后者需要经过受热、分解、氧化过程才能开始燃烧。动力燃烧速度高于扩散燃烧速度。

气体的燃烧速度常以火焰传播速度来衡量。某些气体与空气混合物在 25.4 mm 直径的管道中,火焰传播速度的试验数据见表 3-3。

表 3-3　可燃气体的火焰传播速度

气体	火焰最高传播速度/($m \cdot s^{-1}$)	可燃气体在混合物中的浓度/%	气体	火焰最高传播速度/($m \cdot s^{-1}$)	可燃气体在混合物中的浓度/%
氢	4.83	38.5	丙烷	0.32	4.6
一氧化碳	1.25	45	丁烷	0.82	3.6
甲烷	0.67	9.8	乙烯	1.42	7.1
乙烷	0.85	6.5	炉煤气	1.7	17
水煤气	3.1	43	焦炉发生煤气	0.73	48.5

可燃气体混合物的传播速度受多种因素的影响。

首先,与可燃气体的浓度有关。从理论上研究,可燃气体在完全反应浓度时的燃烧速度是火焰传播速度的最大值,但实际测定发现,是在稍高于完全反应浓度的时候。其次,混合物中的惰性气体浓度增加,由于消耗热能而使火焰传播速度下降。再次,混合物的初始温度越高,火焰传播速度越快。最后,火焰传播速度在不同直径的管道中测试结果表明,一般随着管道直径的增加,火焰传播速度增大,但有个极限值,管道直径超过这个极限值,火焰传播速度不再增大;反之,当管道直径减小,火焰传播速度减慢,当管道直径小于某一直径时,火焰就不能传播。

另外,气体的燃烧速度还受气体的组成和结构、初温、燃烧形式等影响。单一组分气体的燃烧速度大于复杂气体,动力燃烧大于扩散燃烧,当气体处于压力和流动状态时,燃烧速度会加快。

3.4.2　液体燃烧速度

液体燃烧速度取决于液体的蒸发速度。液体在其自由表面上进行燃烧时,燃烧速度有两种表示方法:一种是液体的燃烧直线速度,即单位时间被燃烧消耗的液层厚度,单位为 mm/min 或 cm/h;另一种是液体的燃烧质量速度,即单位时间内每单位面积上被燃烧消耗的液体质量,单位为 g/($cm^2 \cdot min$) 或 kg/($m^2 \cdot h$)。几种液体的燃烧速度见表 3-4。

表 3-4　几种液体的燃烧速度

液体名称	直线速度/($mm \cdot min^{-1}$)	质量速度/[$kg \cdot (m^2 \cdot h)^{-1}$]
甲醇	1.2	57.6
丙酮	1.4	66.36

续表

液体名称	直线速度/(mm·min⁻¹)	质量速度/[kg·(m²·h)⁻¹]
乙醚	2.93	125.84
苯	3.15	165.37
甲苯	16.08	138.29
航空汽油	12.6	91.98
车用汽油	10.5	80.85
二硫化碳	10.47	132.97
煤油	6.6	55.11

为加快液体的燃烧速度和提高燃烧效率,可采用喷雾燃烧,即通过喷嘴将液体喷成雾滴,从而扩大液体蒸发的表面积,促使提高燃烧速度和燃烧效率。若在油中掺水,即为乳化燃烧。

提高液体的初始温度,会加快燃烧速度。例如,苯在初温为 16 ℃时,燃烧速度为 3.15 mm/min,70 ℃时则为 4.07 mm/min;甲苯在初温为 17 ℃时,燃烧速度为 2.68 mm/min, 60 ℃时则为 4.01 mm/min。液体在储罐内液面的高低不同,燃烧速度也不同,储罐中低液位燃烧的速度快。含有水分比不含水分的石油产品燃烧速度慢。风速对火焰蔓延速度有很大影响,风速大时,火焰温度高,液面的热量多,燃烧速度增快。液体燃烧速度还与储罐直径有关。

3.4.3 固体燃烧速度

固体物质的燃烧速度比较复杂,一般小于可燃气体和液体,特别是有些固体的燃烧过程需先受热熔化,经蒸发、汽化、分解再氧化燃烧,速度慢,然而含氧的火(炸)药,则燃烧速度很快。

固体物质的燃烧速度与比表面积(即固体物质的表面积与其体积的比值)有关,比表面积越大,燃烧时固体单位体积所接受的热量越大,燃烧速度越快。比表面积的大小与固体的粒度、几何形状等有关。此外,可燃固体的密度越大,燃烧速度越慢;固体的含水量越多,燃烧速度越慢。表 3-5 列出某些固体物质的燃烧速度。

表 3-5 某些固体物质的燃烧速度

物质名称	燃烧的平均速度/[kg·(m²·h)⁻¹]	物质名称	燃烧的平均速度/[kg·(m²·h)⁻¹]
木材(水分14%)	50	棉花(水分6%~8%)	8.5
天然橡胶	30	聚苯乙烯树脂	30
人造橡胶	24	纸张	24
布质电胶木	32	有机玻璃	41.5
酚醛塑料	10	人造短纤维(水分6%)	21.6

3.5　燃烧空气量计算

燃烧空气量是衡量燃料完全燃烧时需要耗费的空气体积量。理论燃烧空气量是在标准状态下,燃料完全燃烧所需的标态空气体积。

燃烧空气量的计算,首先要计算燃料燃烧理论空气需要量,理论燃烧空气需要量一般采用元素分析结果来计算。如燃料元素一般还有 C,H,O,N,S 等,对 C,有 C+O_2 ═══ CO_2。

则 C 燃烧需氧气量为 $O_c = \dfrac{C}{12} \times 1 \times \dfrac{22.4}{100} (Nm^3/kg)$ 燃料;

对 H,有 H+0.25O_2 ═══ 0.5H_2O

则 H 燃烧需氧气量为 $O_h = \dfrac{H}{1} \times 0.25 \times \dfrac{22.4}{100} (Nm^3/kg)$ 燃料;

对 S,有 S+O_2 ═══ SO_2

则 S 燃烧需氧气量为 $O_s = \dfrac{S}{32} \times 1 \times \dfrac{22.4}{100} (Nm^3/kg)$ 燃料;

元素 N 不参与反应,则燃料燃烧氧气需要量为

$$O_t = O_c + O_h + O_s - O_o$$

$$= \left(\frac{C}{12} + \frac{H}{4} + \frac{S}{32} - \frac{O}{32} \right) \times \frac{22.4}{100}$$

$$= 0.018\,7 \times C + 0.056H + 0.007 \times (S - O) (Nm^3/kg) \text{ 燃料}$$

燃料燃烧理论空气需要量为

$$L_o = \frac{O_t}{0.21}$$

例 3-4　试求 1 kg 重油燃烧所需要的理论空气量。已知重油中的元素分析如下:C:84.4%;H:12.2%;O:2.1%;N:0.3%;S:1.0%。

解:元素 C 的需氧量为 $O_c = \dfrac{C}{12} = \dfrac{844}{12} = 70.33 (mol)$

元素 H 的需氧量为 $O_H = \dfrac{H}{4} = \dfrac{122}{4} = 30.5 (mol)$

元素 S 的需氧量为 $O_S = \dfrac{S}{32} = \dfrac{10}{32} = 0.32 (mol)$

1 kg 重油燃烧需要的理论氧气量为 70.33+30.5+0.32 = 101.15 (mol)

$$O_t = 101.15 \times \frac{22.4}{1\,000} = 2.27$$

1 kg 重油燃烧需要的理论空气量为 $L_o = O_t/0.21 = 2.27 \div 0.21 = 10.79 (Nm^3/kg)$

实际上,燃烧所需实际空气量与燃烧效率有关,即要保证燃料完全燃烧,通常需要提供的氧气量比理论空气量要多。

对于锅炉燃烧来说,通常用锅炉出口空气过剩系数 a 来表达实际操作空气量,即实际空气量与理论空气量的比值就是空气过剩系数 a。实际空气量为

$$L = a \times L_0$$

而空气过剩系数与锅炉出口气体成分有关,其计算公式为

$$a = \cfrac{N_2}{N_2 - \cfrac{79}{21} \times (O_2 - 0.5CO)}$$

复习思考题

1.燃烧温度和火焰温度有何不同?

2.燃烧产物有哪些? 对人体的危害特点是什么?

3.影响气、液、固 3 种可燃物质的燃烧速度的因素分别是什么?

4.燃烧空气量的计算原理是什么?

第4章 爆炸特性分析

可燃物质的爆炸极限、爆炸温度和爆炸压力是衡量其爆炸危险性的重要特性参数。

4.1 爆炸极限

可燃物质(可燃气体、蒸气和粉尘)与空气(或氧气)必须在一定的浓度范围内均匀混合,形成预混气,遇着火源才会发生爆炸,这个浓度范围称为爆炸极限或爆炸浓度极限。根据范围可分为爆炸上限和爆炸下限。

4.1.1 影响可燃气体混合物爆炸极限的因素

可燃气体(蒸气)的爆炸极限受很多因素影响,主要有以下几个方面:

1)温度

混合物的原始温度越高,则爆炸下限降低,上限增高,爆炸极限范围扩大,爆炸危险性增加。例如,丙酮的爆炸极限受温度影响的情况见表4-1。

表4-1 丙酮爆炸极限受温度的影响

混合物温度/℃	爆炸下限的体积分数/%	爆炸上限的体积分数/%
0	4.2	8.0
50	4.0	9.8
100	3.2	10.0

混合物温度升高使其分子内能增加,引起燃烧速度加快,而分子内能的增加和燃烧速度的加快,使原来含有过量空气(低于爆炸下限)或可燃物(高于爆炸上限)而不能使火焰蔓延的混合物浓度变为可以使火焰蔓延的浓度,从而改变爆炸极限范围。

2)氧含量

混合物中氧含量增加,爆炸极限范围扩大,尤其是爆炸上限提高得更多。可燃气体在空气和纯氧中的爆炸极限范围见表4-2。

表 4-2　可燃气体在空气和纯氧中的爆炸极限范围

物质名称	在空气中的爆炸极限的体积分数/%	范围	在纯氧中的爆炸极限的体积分数/%	范围
甲烷	4.9~15	10.1	5~61	56.0
乙烷	3~5	2.0	3~66	63.0
丙烷	2.1~9.5	7.4	2.3~55	52.7
丁烷	1.5~8.5	7.0	1.8~49	47.2
乙烯	2.75~34	31.25	3~80	77.0
乙炔	1.53~34	32.47	2.8~93	90.2
氢	4~75	71.0	4~95	91.0
氨	15~28	13.0	13.5~79	65.5
一氧化碳	12~74.5	62.5	15.5~94	78.5

3）惰性介质

如果在爆炸性混合物中掺入不燃烧的惰性气体（如氮、二氧化碳、水蒸气、氩、氦等），随着惰性气体所占体积分数的增大，爆炸极限范围则缩小；惰性气体的浓度提高到某一数值，可使混合物不能爆炸。一般情况下，惰性气体对混合物爆炸上限的影响较之对下限的影响更为显著。因为惰性气体浓度加大，表示氧的浓度相对减小，而在上限中氧的浓度本来已经很小，所以惰性气体浓度稍微增加一点即产生很大影响，使爆炸上限显著下降。

如图 4-1 所示为在甲烷的混合物中加入惰性气体氩、氦，阻燃性气体二氧化碳及水蒸气、四氯化碳等对爆炸极限的影响。

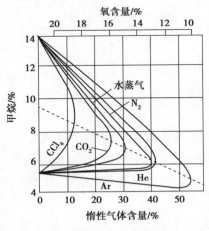

图 4-1　各种惰性气体浓度对甲烷爆炸极限的影响

4）压力

混合物的原始压力对爆炸极限有很大影响，压力增大，爆炸极限范围也扩大，尤其是爆炸上限显著提高。这可以从甲烷在不同原始压力时的爆炸极限明显地看出，如图 4-2 所示。

从表4-3中的数据可知,压力增大,爆炸下限的变化并不显著,而且不规则。

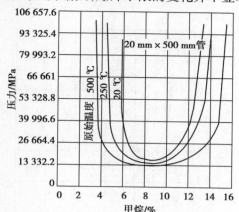

图 4-2　甲烷在不同压力下的爆炸极限

表 4-3　甲烷在不同原始压力时的爆炸极限

原始压力/MPa	爆炸下限的体积分数/%	爆炸上限的体积分数/%
0.1	5.6	14.3
1	5.9	17.2
5	5.4	29.4
12.5	5.7	45.7

值得重视的是,当混合物的原始压力减小时,爆炸极限范围缩小;压力降至某一数值时,爆炸下限与爆炸上限相汇成一点;压力再降低,混合物即变为不可爆。爆炸极限范围缩小为零的压力,称为爆炸的临界压力。如图 4-2 所示为甲烷在 3 个不同的原始温度下,爆炸极限随压力下降而缩小的情况。此外,一氧化碳的爆炸极限在 10 MPa 压力时为 15.5%~68%,5.3 MPa 压力时为 19.5%~57.7%,4 MPa 压力时上、下限合为37.4%,在 2.7 MPa 压力时即没有爆炸危险。临界压力的存在表明,在密闭的设备内进行减压操作,可以消除爆炸危险。

5)容器尺寸

容器直径越小,火焰在其中越难蔓延,混合物的爆炸极限范围则越小。当容器直径或火焰通道小到某一数值时,火焰不能蔓延,可消除爆炸危险,这个直径称为临界直径,如甲烷的临界直径为 0.4~0.5 mm,氢和乙炔的临界直径为 0.1~0.2 mm 等。

容器直径大小对爆炸极限的影响,可用链式反应理论解释。燃烧是由游离基产生的一系列连锁反应的结果。管径减小时,游离基与管壁的碰撞概率相应增大,当管径减小到一定程度时,因碰撞造成游离基销毁的反应速度大于游离基产生的反应速度,燃烧反应便不能继续进行。

6)点火源能量

能源对爆炸极限范围的影响:能源强度越高,加热面积越大,作用时间越长,则爆炸极限范围越宽。以甲烷为例,100 V,1 A 的电火花不引起爆炸;2 A 的电火花可引起爆炸,爆炸极限为 5.9%～13.6%;3 A 的电火花则爆炸极限扩大为 5.85%～14.8%。几种烷烃引爆的电流强度如图 4-3 所示。

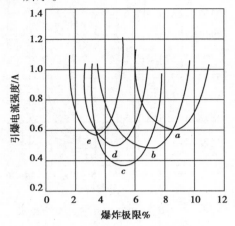

图 4-3 几种烷烃引爆的电流强度

a—甲烷;b—乙烷;c—丙烷;d—丁烷;e—戊烷

　　各种爆炸性混合物都有一个最低引爆能量,即点火能量。它是指能引起爆炸性混合物发生爆炸的最小火源所具有的能量,它也是混合物爆炸危险性的一项重要的性能参数。爆炸性混合物的点火能量越小,其燃爆危险性就越大。可燃气体和蒸气在空气中发生燃爆的最小点火能量见表 4-4。

表 4-4 可燃气体和蒸气与空气混合物的最小点火能量

物质名称	最小点火能量/mJ	物质名称	最小点火能量/mJ	物质名称	最小点火能量/mJ
饱和烃：		醋酸甲酯	0.40	**酮类：**	
乙烷	0.285	醋酸乙烯酯	0.70	丁酮	0.68
丙烷	0.305	醋酸乙酯	1.42	丙酮	1.15
甲烷	0.47	**醚类：**		**不饱和烃：**	
戊烷	0.51	甲醚	0.33	乙炔	0.019
异丁烷	0.52	二甲氧基甲烷	0.42	乙烯基乙炔	0.082
异戊烷	0.70	乙醚	0.49	乙烯	0.096
庚烷	0.70	异丙醚	1.14	丙炔	0.152
三甲基丁烷	1.0	**胺类：**		丁二烯	0.175
异辛烷	1.35	异丙基硫醇	0.53	乙胺	2.4
二甲基丙烷	1.57	异丙醇	0.65	三乙胺	0.75
二甲基戊烷	1.64	**醛类：**		异丙胺	2.0
丙基溴	1 000 不着火	丙烯醛	0.137	**卤代烃：**	
醇类：		丙醛	0.325	丙基氯	1.08
甲醇	0.215	乙醛	0.376	丁基氯	1.24

物质名称	最小点火能量/mJ	物质名称	最小点火能量/mJ	物质名称	最小点火能量/mJ
异丙基氯	1.55	环氧丙烷	0.19	噻吩	0.39
芳香烃类：		环丙烷	0.24	苯	0.55
呋喃	0.225	环戊烷	0.54	**无机物：**	
丙烯	0.282	环己烷	1.38	二硫化碳	0.015
2-戊烯	0.51	二氢吡喃	0.365	氢	0.017
1-庚烯	0.56	四氢吡喃	0.54	硫化氢	0.068
二异丁烯	0.96	环戊二烯	0.67	氨	1 000 不着火
环状物：		环己烯	0.525		
环氧乙烷	0.087	**酯类：**			

最小点火能量可以用电火花法测量：

$$E = \frac{1}{2}CU^2 \tag{4-1}$$

式中　E——放电能量，J；

　　　C——导体间等效电容，F；

　　　U——导体间电位差，V。

如图 4-4 所示为最小点火能量的测试装置示意图，通过不断调节电极上的电位差，可测得气体或粉尘的最小点燃电流。

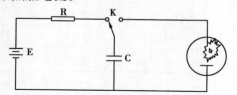

图 4-4　最小点火能量测试示意图

可燃性气体与氧气混合，最小点火能量可降至原来的 1/200～1/100。例如，乙醚蒸气在空气中的最小点火能量为 0.198 mJ，氧气中为 0.001 25 mJ。大部分静电的能量都比这些最小点火能量高，能引燃大部分的可燃物质。生产中应严格防范静电带来的火灾爆炸危险。

火花的能量、热表面的面积、火源与混合物的接触时间等，对爆炸极限均有影响。此外，光对爆炸极限也有影响。如前所述，氢和氯的混合物，在避光黑暗处反应十分缓慢，但在强光照射下则发生剧烈反应（连锁反应），并导致爆炸。

4.1.2 评价可燃气体燃爆危险性的主要技术参数

1) 爆炸极限

可燃气体的爆炸极限是表征其爆炸危险性的一种主要技术参数,爆炸极限范围越宽,爆炸下限浓度越低,爆炸上限浓度越高,则通常燃烧爆炸危险性越大。可燃气体与蒸气在普通情况(20 ℃及101.325 kPa)下的爆炸极限见表4-5。

表4-5 可燃气体与蒸气在普通情况(20 ℃及101.325 kPa)下的爆炸极限

物质名称	爆炸下限/%	爆炸上限/%	物质名称	爆炸下限/%	爆炸上限/%
甲烷	5.00	15.00	乙烯	2.75	28.60
乙烷	3.22	12.45	乙炔	2.50	80.00
丙烷	2.37	9.50	苯	1.41	6.75
甲苯	1.27	7.75	醋酸甲酯	3.15	15.60
二甲苯	1.00	6.00	醋酸戊酯	1.10	11.40
甲醇	6.72	36.50	松节油	0.80	—
乙醇	3.28	18.95	氢	4.00	74.00
丙醇	2.55	13.50	一氧化碳	12.50	80.00
异丙醇	2.65	11.80	氨	15.50	27.00
甲醛	3.97	57.00	二氧化碳	1.25	50.00
糠醛	2.10	—	硫化氢	1.30	45.50
乙醚	1.85	36.50	氧硫化碳(COS)	11.90	28.5
丙酮	2.55	12.80	一氯甲烷	8.25	18.70
氢氰酸	5.60	47.00	溴甲烷	13.50	14.50
醋酸	4.05	—	苯胺	1.58	—

2) 爆炸危险度

可燃气体或蒸气的爆炸危险性还可以用爆炸危险度来表示。爆炸危险度是爆炸浓度极限范围与爆炸下限浓度之比值,其计算公式为

$$爆炸危险度\ H = \frac{爆炸上限浓度 - 爆炸下限浓度}{爆炸下限浓度}$$

爆炸危险度说明,气体或蒸气的爆炸浓度极限范围越宽,爆炸下限浓度越低,爆炸上限浓度越高,其爆炸危险性就越大。几种典型气体的爆炸危险度见表4-6。

表4-6 典型气体的爆炸危险度

名称	爆炸危险度 H	名称	爆炸危险度 H
氨	0.87	乙烷	3.17
甲烷	1.83	丁烷	3.67

名称	爆炸危险度 H	名称	爆炸危险度 H
一氧化碳	4.92	氢	17.78
汽油	5.00	乙炔	31.00
辛烷	5.32	二硫化碳	59.00

3）传爆能力

传爆能力是爆炸性混合物传播燃烧爆炸能力的一种度量参数,用最小传爆断面表示。当可燃性混合物的火焰经过两个平面间的缝隙或小直径管子时,如果其断面小到某个数值,由于游离基销毁的数量增加而破坏了燃烧条件,火焰即熄灭。这种阻断火焰传播的原理称为缝隙隔爆。

爆炸性混合物的火焰尚能传播而不熄灭的最小断面称为最小传爆断面。设备内部的可燃混合气被点燃后,通过 25 mm 长的接合面,能阻止将爆炸传至外部的可燃混合气的最大间隙称为最大试验安全间隙。可燃气体或蒸气爆炸性混合物按照传爆能力的分级见表 4-7。

表 4-7　可燃气体或蒸气爆炸性混合物按照传爆能力的分级

级别	1	2	3	4
间隙 δ/mm	δ>1.0	0.6<δ≤1.0	0.4<δ≤0.6	δ≤0.4

4）爆炸压力和威力指数

（1）爆炸压力

可燃性混合物爆炸时产生的压力为爆炸压力,它是度量可燃性混合物将爆炸时产生的热量用于做功的能力。发生爆炸时,如果爆炸压力大于容器的极限强度,容器便发生破裂。

各种可燃气体或蒸气的爆炸性混合物,在正常条件下的爆炸压力,一般都不超过 1 MPa,但爆炸后压力的增长速度却相当大。几种可燃气体或蒸气的爆炸压力及其增长速度见表 4-8。

表 4-8　可燃气体或蒸气的爆炸压力及其增长速度

名称	爆炸压力/MPa	爆炸压力增长速度/(MPa·s⁻¹)
氢	0.72	90
甲烷	0.95	—
乙炔	0.70	80
一氧化碳	0.78	—
乙烯	0.80	55
苯	0.55	3

续表

名称	爆炸压力/MPa	爆炸压力增长速度/(MPa·s⁻¹)
乙醇	0.62	—
丁烷	—	15
氨	0.60	—

（2）爆炸威力指数

气体爆炸的破坏性可以用爆炸威力指数来表示。爆炸威力指数是反映爆炸对容器或建筑物冲击度的一个量，它与爆炸形成的最大压力有关，还与爆炸压力的上升速度有关。典型气体和蒸气的爆炸威力指数见表4-9。

表4-9　典型气体和蒸气的爆炸威力指数

名称	威力指数	名称	威力指数
丁烷	9.30	氢	55.80
苯	2.40	乙炔	76.00
乙烷	12.13		

5）自燃点

可燃气体的自燃点不是固定不变的数值，而是受压力、密度、容器直径、催化剂等因素的影响。

一般规律为受压越高，自燃点越低；密度越大，自燃点越低；容器直径越小，自燃点越高。可燃气体在压缩过程中（如在压缩机中）较容易发生爆炸，其原因之一就是自燃点降低。在氧气中测定时，所得自燃点数值一般较低，而在空气中测定则较高。

同一物质的自燃点随一系列条件而变化，这种情况使得自燃点在表示物质火灾危险性上降低了作用，但在判定火灾原因时，就不能不知道物质的自燃点。在利用文献中的自燃点数据时，必须注意它们的测定条件。测定条件与所考虑的条件不符时，应该注意其间的变化关系。在普通情况下，可燃气体和蒸气的自燃点见表4-10。

表4-10　可燃气体和蒸气在普通情况下的自燃点

物质名称	自燃点/℃	物质名称	自燃点/℃	物质名称	自燃点/℃
甲烷	650	甲醇	430	苯胺	620
乙烷	540	乙醇（96%）	421	丁醇	337
丙烷	530	丙醇	377	乙二醇	378
丁烷	429	苯	625	醋酸	500
乙炔	406	甲苯	600	醋酐	180
丙酮	612	乙苯	553	醋酸戊酯	451
甘油	348	二甲苯	590	硝基甲苯	482

续表

物质名称	自燃点/℃	物质名称	自燃点/℃	物质名称	自燃点/℃
蒽	470	乙醚	180	一氧化碳	644
石油醚	246	醋酸甲醋	451	二硫化碳	112
松节油	250	氨	651	硫化氢	216

爆炸性混合气处于爆炸下限浓度或爆炸上限浓度时的自燃点最高,处于完全反应浓度时的自燃点最低。在通常情况下,都是采用完全反应浓度时的自燃点作为标准自燃点。例如,硫化氢在爆炸上限时的自燃点为 373 ℃,在爆炸下限时的自燃点为304 ℃,在完全反应浓度时的自燃点为 216 ℃,取用 216 ℃作为硫化氢的标准自燃点。应当根据爆炸性混合气的自燃点选择防爆电器的类型,控制反应温度,设计阻火器的直径,采取隔离热源的措施等。与爆炸性混合物接触的任何物体,如电动机、反应罐、暖气管道等,其外表面的温度必须控制在接触的爆炸性混合物的自燃点温度以下。

为了使防爆设备的表面温度限制在一个合理的数值上,将在标准试验条件下的爆炸性混合物按其自燃点分组,见表 4-11。

表 4-11　爆炸性混合物按自燃点分组

组别	爆炸性混合物自燃温度 T/℃	组别	爆炸性混合物自燃温度 T/℃
T_a	$450<T_1$	T_d	$135<T_4\leqslant200$
T_b	$300<T_2\leqslant450$	T_e	$100<T_5\leqslant135$
T_c	$200<T_3\leqslant300$		

6) 化学活泼性

①可燃气体的化学活泼性越强,其火灾爆炸的危险性越大。化学活泼性强的可燃气体在通常条件下即能与氯、氧及其他氧化剂起反应,发生火灾和爆炸。

②气态烃类分子结构中的价键越多,化学活泼性越强,火灾爆炸的危险性越大。例如,乙烷、乙烯和乙炔分子结构中的价键分别为单键(H_3C—CH_3)、双键(H_2C═CH_2)和三键(HC≡CH),则它们的燃烧爆炸和自燃的危险性依次增加。

7) 相对密度

①与空气密度相近的可燃气体,容易互相均匀混合,形成爆炸性混合物。

②比空气重的可燃气体沿着地面扩散,并易窜入沟渠、厂房死角处,长时间聚集不散,遇火源则发生燃烧或爆炸。

③比空气轻的可燃气体容易扩散,而且能顺风飘动,会使燃烧火焰蔓延、扩散。

④应当根据可燃气体的密度特点,正确选择通风排气口的位置,确定防火间距值以及采取防止火势蔓延的措施。

⑤可燃气体的相对密度是指可燃气体对空气质量之比,各种可燃气体对空气的相对密度可计算为

$$d = \frac{M}{29} \tag{4-2}$$

式中 M——可燃气体的摩尔质量；

      29——空气的平均摩尔质量。

8)扩散性

①扩散性是指物质在空气及其他介质中的扩散能力。

②可燃气体(蒸气)在空气中的扩散速度越快,火灾蔓延扩展的危险性就越大。气体的扩散速度取决于扩散系数的大小。几种可燃气体在相对密度和标准状态下的扩散系数见表4-12。

表 4-12   几种可燃气体在相对密度和标准状况下的扩散系数

气体名称	扩散系数/(cm²·s⁻¹)	相对密度	气体名称	扩散系数/(cm²·s⁻¹)	相对密度
氢	0.634	0.07	乙烯	0.130	0.79
乙炔	0.194	0.91	甲醚	0.118	1.58
甲烷	0.196	0.55	丙烷	0.121	1.56
氨	0.198	0.59			

9)可压缩性和受热膨胀性

①气体与液体比较有很大的弹性。气体在压力和温度的作用下,容易改变其体积,受压时体积缩小,受热即体积膨胀。当容积不变时,温度与压力成正比,即气体受热温度越高,它膨胀后产生的压力也越大。

②气体的压力、温度和体积之间的关系,可用理想气体状态方程式表示为

$$pV = nRT \tag{4-3}$$

式中 p——气体压力,MPa;

      V——气体体积,m³ 或 L 等;

      n——气体的摩尔数或 kg/mol;

      R——气体常数,为 8.315 Pa·m³·mol⁻¹·K⁻¹ 或 0.008 315 MPa·L·mol⁻¹·K⁻¹;

      T——热力学温度,K。

理想气体状态方程式的计算值与真实气体有一定的误差,而且随着压力升高,误差往往加大。

式(4-3)表明,盛装压缩气体或液体的容器(钢瓶)如受高温、日晒等作用,气体就会急剧膨胀,产生很大的压力,当压力超过容器的极限强度时,就会引起容器的爆炸。

4.1.3 爆炸反应当量浓度计算

爆炸性混合物中的可燃物质和助燃物质的浓度比例恰好能发生完全的化合反应时,爆炸所析出的热量最多,所产生的压力也最大,实际的完全反应的浓度稍高于计算的完全反应的浓度,当混合物中可燃物质超过完全反应的浓度时,空气就会不足,可燃

物质就不能全部燃尽,于是混合物在爆炸时所产生的热量和压力就会随着可燃物质在混合物中浓度的增加而减小。如果可燃物质在混合物中的浓度增加到爆炸上限,那么,其爆炸现象与在爆炸下限时所产生的现象大致相同。可燃物质完全反应的浓度也就是理论上完全燃烧时在混合物中该可燃物质的含量。

根据化学反应方程式可以计算可燃气体或蒸气的完全反应的浓度。

例 4-1　求甲烷在空气中完全反应的浓度。

解:写出甲烷在空气中燃烧的反应式为

$$CH_4 + 2O_2 + 3.76 \times 2N_2 === CO_2 + 2H_2O + 3.76 \times 2N_2$$

根据反应式得知,参加反应的物质的总体积为 $1+2+3.76 \times 2 = 10.52$。若以 10.52 这个总体积为 100 计,则 1 个体积的甲烷在总体积中所占的比例为

$$X = \frac{1}{10.52} = 9.5\%$$

答:甲烷在空气中完全反应的浓度为 9.5%。

例 4-2　求甲烷在氧气中完全反应的浓度。

解:写出甲烷在氧气中的燃烧反应式为

$$CH_4 + 2O_2 === CO_2 + 2H_2O + Q$$

根据反应式得知,参加反应物质的总体积为 $1+2=3$。若以 3 这个总体积为 100 计,则 1 个体积的甲烷在总体积中所占的比例为

$$X_0 = \frac{1}{3} = 33.3\%$$

答:甲烷在氧气中完全反应的浓度为 33.3%。

可燃气体或蒸气的化学当量浓度,也可用以下方法计算。可燃气体或蒸气分子式一般用 $C_\alpha H_\beta O_\gamma$ 表示,设燃烧 1 mol 气体所必需的氧的物质的量为 n,则燃烧反应式为

$$C_\alpha H_\beta O_\gamma + nO_2 \longrightarrow 生成气体$$

如果把空气中氧气的浓度取为 20.9%,则在空气中可燃气体完全反应的浓度 $X(\%)$ 一般可表示为

$$X = \frac{1}{1 + \dfrac{n}{0.209}} = \frac{20.9}{0.209 + n}\% \tag{4-4}$$

又设在氧气中可燃气体完全反应的浓度为 $X_0(\%)$,即

$$X_0 = \frac{100}{1 + n}\% \tag{4-5}$$

式(4-4)和式(4-5)表示出 X 和 X_0 与 n 或 $2n$ 之间的关系($2n$ 表示反应中氧的原子数)。

在完全燃烧的情况下,燃烧反应式为

$$C_\alpha H_\beta O_\gamma + nO_2 \longrightarrow \alpha CO_2 + \frac{1}{2}\beta H_2O \tag{4-6}$$

式中　$2n = 2\alpha + \dfrac{1}{2}\beta - \gamma$。

对石蜡烃　$\beta = 2\alpha + 2$

$$2n = 3\alpha + 1 - \gamma \tag{4-7}$$

根据 $2n$ 的数值，从表 4-13 中可直接查出可燃气体（或蒸气）在空气（或氧气）中完全反应的浓度。

例 4-3　试分别求 CO，H_2，C_2H_2，C_2H_5OH，C_6H_6 在空气中和氧气中完全反应的浓度。

解：（1）公式法

$$X(CO) = \frac{20.9}{0.209 + n} = \frac{20.9}{0.209 + 0.5} = 29.48\%$$

$$X_o(CO) = \frac{100}{1 + n} = \frac{100}{1 + 0.5} = 66.67\%$$

$$X(H_2) = \frac{20.9}{0.209 + n} = \frac{20.9}{0.209 + 0.5} = 29.48\%$$

$$X_o(H_2) = \frac{100}{1 + n} = \frac{100}{1 + 0.5} = 66.67\%$$

$$X(C_2H_2) = \frac{20.9}{0.209 + n} = \frac{20.9}{0.209 + 2.5} = 7.72\%$$

$$X_o(C_2H_2) = \frac{100}{1 + n} = \frac{100}{1 + 2.5} = 28.57\%$$

$$X(C_2H_5OH) = \frac{20.9}{0.209 + 3} = \frac{20.9}{0.209 + 3} = 6.51\%$$

$$X_o(CH_4) = \frac{100}{1 + n} = \frac{100}{1 + 3} = 25\%$$

$$X(C_6H_6) = \frac{20.9}{0.209 + n} = \frac{20.9}{0.209 + 7.5} = 2.71\%$$

$$X_o(C_6H_6) = \frac{100}{1 + n} = \frac{100}{1 + 7.5} = 11.76\%$$

（2）查表法

根据可燃物分子式，用公式 $2n = 2\alpha + \dfrac{1}{2}\beta - \gamma$，求出其 $2n$ 值，由 $2n$ 数值，直接从表 4-13 中分别查出它们在空气（或氧气）中完全反应的浓度。

由公式 $2n = 2\alpha + \dfrac{1}{2}\beta - \gamma$，依分子式分别求出 $2n$ 值如下：

$$H_2 \quad 2n = 1$$

$$CH_4 \quad 2n = 4$$

$$C_2H_5OH \quad 2n = 6$$

$$C_6H_6 \quad 2n = 15$$

根据 $2n$ 值, 直接从表 4-13 中分别查出它们的 X 和 X_0 值:

$$X(CO) = 29.48\% \quad X_0(CO) = 66.67\%$$

$$X(H_2) = 29.48\% \quad X_0(H_2) = 66.67\%$$

$$X(CH_4) = 9.46\% \quad X_0(CH_4) = 33.33\%$$

$$X(C_2H_5OH) = 6.51\% \quad X_0(C_2H_5OH) = 25\%$$

$$X(C_6H_6) = 2.71\% \quad X_0(C_6H_6) = 11.76\%$$

表 4-13　可燃气体(蒸气)在空气(或氧气)中完全反应的浓度

氧分子数	氧原子数 2n	完全反应的浓度/%		可燃物举例
		在空气中 $X=\dfrac{20.9}{0.209+n}$	在氧气中 $X_0=\dfrac{100}{1+n}$	
1	0.5	45.53	80.00	氢气、一氧化碳、甲醛
	1.0	29.47	66.67	
	1.5	21.79	57.14	
	2.0	17.29	50.00	
2	2.5	14.32	44.44	甲醇、二硫化碳、甲烷、醋酸
	3.0	12.22	40.00	
	3.5	10.67	36.36	
	4.0	9.46	33.33	
3	4.5	8.50	30.77	乙炔、乙醛、乙烷、乙醇
	5.0	7.72	28.57	
	5.5	7.06	26.67	
	6.0	6.51	25.00	
4	6.5	6.04	23.53	氯乙烷、乙烷、甲酸乙酯、丙酮
	7.0	5.63	22.22	
	7.5	5.28	21.05	
	8.0	4.97	20.00	
5	8.5	4.69	19.05	丙烯、丙醇、丙烷、乙酸乙酯
	9.0	4.44	18.18	
	9.5	4.21	17.39	
	10.0	4.01	16.67	
6	10.5	3.83	16.00	丁酮、乙醚、丁烯、丁醇
	11.0	3.66	15.38	
	11.5	3.51	14.81	
	12.0	3.37	14.29	
7	12.5	3.24	13.79	丁烷、甲酸丁酯、二氯苯
	13.0	3.12	13.33	
	13.5	3.00	12.90	
	14.0	2.90	12.50	
8	14.5	2.80	12.12	溴苯、氯苯、苯、戊醇、戊烷、乙酸丁酯
	15.0	2.71	11.76	
	15.5	2.63	11.43	
	16.0	2.55	11.11	

续表

氧分子数	氧原子数 $2n$	完全反应的浓度/%		可燃物举例
		在空气中 $X=\dfrac{20.9}{0.209+n}$	在氧气中 $X_0=\dfrac{100}{1+n}$	
9	16.5 17.0 17.5 18.0	2.47 2.40 2.33 2.27	10.81 10.53 10.26 10.00	苯甲醇、甲酚、 环己烷、庚烷
10	18.5 19.0 19.5 20.0	2.21 2.15 2.10 2.05	9.76 9.52 9.30 9.09	甲苯胺己烷、 丙酸丁酯、 甲基环己醇

4.1.4　爆炸下限和爆炸上限计算

各种可燃气体和可燃液体蒸气的爆炸极限可用专门仪器测定出来,或用经验公式计算。可燃气体和蒸气的爆炸极限有多种计算方法,主要根据完全燃烧反应所需的氧原子数、完全反应的浓度、燃烧热和散热等计算出近似值,以及其他的计算方法。爆炸极限的计算值与实验值一般有一些出入,其原因是在计算式中只考虑混合物的组成,而无法考虑其他一系列因素的影响,但仍不失其参考价值。

①根据完全燃烧反应所需的氧原子数计算有机物的爆炸下限和爆炸上限,其经验公式如下:

计算爆炸下限公式:

$$L_x = \frac{100}{4.76(N-1)+1} \tag{4-8}$$

计算爆炸上限公式:

$$L_s = \frac{4 \times 100}{4.76N+4} \tag{4-9}$$

式中　L_x——可燃性混合物爆炸下限,%;

　　　L_s——可燃性混合物爆炸上限,%;

　　　N——每摩尔可燃气体完全燃烧所需的氧原子数。

例4-4　试求甲烷在空气中的爆炸浓度下限和上限。

解:写出甲烷的分子式:CH_4

求 N 值:$N=2\alpha+\dfrac{1}{2}\beta-\gamma=2 \times 1+\dfrac{1}{2} \times 4=4$

将 N 值分别代入式(4-8)和式(4-9)

$$L_x = \frac{100}{4.76 \times (4-1)+1} = \frac{100}{15.28} = 6.54\%$$

$$L_s = \frac{4 \times 100}{4.76 \times 4 + 4} = \frac{400}{23.04} = 17.36\%$$

答:甲烷爆炸下限的体积分数为 6.54%,爆炸上限的体积分数为 17.36%。

部分有机物爆炸极限计算值与实验值的比较见表 4-14。从表 4-14 中所列数值可知,大部分有机物实验测得的爆炸下限值比计算值小,实验测得的爆炸上限值比计算值大。

表 4-14　石蜡烃的浓度及其爆炸极限体积分数的计算值与实验值的比较

序号	可燃气体	分子式	α	化学计量浓度		爆炸下限 L_x/%		爆炸上限 L_s/%	
				$2n$	X/%	计算值	实验值	计算值	实验值
1	甲烷	CH_4	1	4	9.5	5.2	5.0	14.3	15.0
2	乙烷	C_2H_6	2	7	5.6	3.3	3.0	10.7	12.5
3	丙烷	C_3H_8	3	10	4.0	2.2	2.1	9.5	9.5
4	丁烷	C_4H_{10}	4	13	3.1	1.7	1.5	8.5	8.5
5	异丁烷	C_4H_{10}	4	13	3.1	1.7	1.8	8.5	8.4
6	戊烷	C_5H_{12}	5	16	2.5	1.4	1.4	7.7	8.0
7	异戊烷	C_5H_{12}	5	16	2.5	1.4	1.3	7.7	7.6

②依据爆炸性混合气体完全燃烧时的浓度,确定链烷烃的爆炸下限和上限。计算公式如下:

$$L_x = 0.55X \tag{4-10}$$

$$L_s = 4.8\sqrt{X} \tag{4-11}$$

例 4-5　试求甲烷在空气中的爆炸浓度下限和上限。

解:列出燃烧反应式:

$$CH_4 + 2O_2 \longrightarrow CO_2 + 2H_2O$$

从表 4-13 中查出甲烷在空气中完全燃烧的浓度计算公式为

$$X = \frac{20.9}{0.209 + n}$$

将 1 mol 甲烷完全燃烧所需氧的摩尔数 $n=2$,代入上式得

$$X = \frac{20.9}{0.209 + 2} = 9.45$$

将 X 值代入式(4-9)和式(4-10),得

$$L_x = 0.55 \times 9.45 = 5.2\%$$

$$L_s = 4.8\sqrt{9.45} = 14.7\%$$

答:甲烷的爆炸极限为 5.2%~14.7%。

此计算公式用于链烷烃类,其计算值与实验值比较,误差不超过 10%。例如,甲烷爆炸极限的实验值为 5.0%~15%,与计算值非常接近。但用以估算 H_2,C_2H_2 以及含 N_2,CO_2 等可燃气体时,出入较大,不可应用。

4.1.5　多种可燃气体组成混合物的爆炸极限计算

由多种可燃气体组成爆炸性混合气体的爆炸极限,可根据各组分的爆炸极限进行计算。其经验公式如下:

$$L_m = \frac{100}{\dfrac{V_1}{L_1} + \dfrac{V_2}{L_2} + \dfrac{V_3}{L_3} + \dfrac{V_4}{L_4} + \cdots} \tag{4-12}$$

式中　L_m——爆炸性混合气的爆炸极限,%;

L_1, L_2, L_3, L_4——组成混合气各组分的爆炸极限,%;

V_1, V_2, V_3, V_4——各组分在混合气中的浓度,%,$V_1+V_2+V_3+V_4=100\%$。

例 4-6　某种天然气的组成如下:甲烷80%,乙烷15%,丙烷4%,丁烷1%。各组分的爆炸下限分别为5%,3.22%,2.37%和1.86%,则该天然气的爆炸下限和爆炸上限是多少?

解:将各组分的爆炸上限代入式(4-12),可求出天然气的爆炸上限。

$$L_{mx} = \frac{100}{\dfrac{V_1}{L_{1x}} + \dfrac{V_2}{L_{2x}} + \dfrac{V_3}{L_{3x}} + \dfrac{V_4}{L_{4x}}} = \frac{100}{\dfrac{80}{5} + \dfrac{15}{3.22} + \dfrac{4}{2.37} + \dfrac{1}{1.86}} = 4.37\%$$

$$L_{ms} = \frac{100}{\dfrac{V_1}{L_{1s}} + \dfrac{V_2}{L_{2s}} + \dfrac{V_3}{L_{3s}} + \dfrac{V_4}{L_{4s}}} = \frac{100}{\dfrac{80}{15} + \dfrac{15}{12.5} + \dfrac{4}{9.5} + \dfrac{1}{8.5}} = 14.14\%$$

式(4-12)用于煤气、水煤气、天然气等混合气爆炸极限的计算比较准确,而对氢与乙烯、氢与硫化氢、甲烷与硫化氢等混合气及一些含二硫化碳的混合气体,计算的误差较大。

氢气、一氧化碳、甲烷混合气爆炸极限的实测值和计算值见表4-15。

表 4-15　氢气、一氧化碳、甲烷混合气的爆炸极限

可燃气体的组成/%(体积分数)			爆炸极限/%		可燃气体的组成/%(体积分数)			爆炸极限/%	
H_2	CO	CH_4	实测值	计算值	H_2	CO	CH_4	实测值	计算值
100	0	0	4.1~75	—	0	0	100	5.6~15.1	—
75	25	0	4.7~—	4.9~—	25	0	75	4.7~—	5.1~—
50	50	0	6.05~71.8	6.2~72.2	50	0	50	6.4~—	4.75~—
25	75	0	8.2~—	8.3~—	75	0	25	4.1~—	4.4~—
10	90	0	10.8~—	10.4~—	90	0	10	4.1~—	4.2~—
0	100	0	12.5~73.0	—	33.3	33.3	33.3	5.7~26.9	6.6~32.4
0	75	25	9.5~—	9.6~—	55	15	30	4.7~—	5.0~—
0	50	50	7.7~22.8	7.75~25.0	48.5	0	51.5	—~33.6	—~24.6
0	25	75	6.4~—	6.5~					

例 4-7　某混合气体在空气中的组成和爆炸极限数据见表 4-16。

表 4-16　某混合气体在空气中的组成和爆炸极限

物质名称	体积浓度 V/%	爆炸下限 L_x	爆炸上限 L_s
己烷	0.8	1.1	7.5
甲烷	2.0	5.0	16
乙烯	0.5	2.7	36
空气	96.7		

请问,此混合气体有无爆炸危险?

解: 先算出此混合气中可燃气体的体积分数,即

$$V_{(己烷)} = \frac{0.8}{0.8 + 2.0 + 0.5} = 24\%$$

$$V_{(甲烷)} = \frac{2.0}{0.8 + 2.0 + 0.5} = 61\%$$

$$V_{(乙烷)} = \frac{0.5}{0.8 + 2.0 + 0.5} = 15\%$$

再利用式(4-12)得

$$L_{mx} = \frac{100}{\dfrac{V_1}{L_{1x}} + \dfrac{V_2}{L_{2x}} + \dfrac{V_3}{L_{3x}}} = \frac{100}{\dfrac{24}{1.1} + \dfrac{61}{5.0} + \dfrac{15}{2.7}} = 2.53\%$$

$$L_{ms} = \frac{100}{\dfrac{V_1}{L_{1s}} + \dfrac{V_2}{L_{2s}} + \dfrac{V_3}{L_{3s}}} = \frac{100}{\dfrac{24}{7.5} + \dfrac{61}{15} + \dfrac{15}{36}} = 13.6\%$$

因为该空气混合物中共含 3.3% 的可燃组分,它处于该混合可燃气体爆炸上、下限之间,所以这种混合气具有爆炸危险。

例 4-8　可燃混合气体含 C_2H_6 40%,C_4H_{10} 60%,取 1 m^3 该燃气与 19 m^3 空气混合,该混合气体遇明火是否有爆炸危险?(C_2H_6 和 C_4H_{10} 在空气中的爆炸上限分别为 12.5%,8.5%,下限为 3.0%,1.6%)

解: C_2H_6:$V_1 = 40\%$,C_4H_{10}:$V_2 = 60\%$

$$L_{mx} = \frac{100}{\dfrac{V_1}{L_{1x}} + \dfrac{V_2}{L_{2x}}} = \frac{100}{\dfrac{40}{3} + \dfrac{60}{1.6}} = 2.0\%$$

$$L_{ms} = \frac{100}{\dfrac{V_1}{L_{1s}} + \dfrac{V_2}{L_{2s}}} = \frac{100}{\dfrac{40}{12.5} + \dfrac{60}{8.5}} = 9.7\%$$

混合气中可燃气体浓度:$1/(1+19) = 5\%$

$2.0\% < 5\% < 9.7\%$

该混合气体遇火有爆炸危险。

4.1.6 含有惰性气体的多种可燃气混合物爆炸极限计算

1) 查图法

（1）比例图法

如果爆炸性混合物中含有惰性气体，如氮、二氧化碳等，计算爆炸极限时，可先求出混合物中由可燃气体和惰性气体分别组成的混合比，再从相应的比例图（图4-5和图4-6）中查出它们的爆炸极限，然后将各组的爆炸极限分别代入式（4-12）即可。

例4-9 求某混合气的爆炸极限，其组成为 CO：60%，CO_2：17%，N_2：21.5%，H_2：1.5%。

解：将混合气中的可燃气体和阻燃性气体组合为两组：

（1）CO 及 CO_2，即

$$60\%(CO)+17\%(CO_2)=77\%(CO+CO_2)$$

其中

$$\frac{CO_2}{CO}=\frac{17}{60}=0.28$$

从图4-5中（$CO+CO_2$）线上可查得该混合气的爆炸上限 $L_s=70\%$，爆炸下限 $L_x=17\%$。

（2）N_2 及 H_2，即

$$1.5\%(H_2)+21.5(N_2)=23\%(H_2+N_2)$$

其中

$$\frac{N_2}{H_2}=\frac{21.5}{1.5}=14.3$$

从图4-5中（H_2+N_2）线上可查得该混合气的爆炸上限 $L_s=76\%$，爆炸下限 $L_x=65\%$。

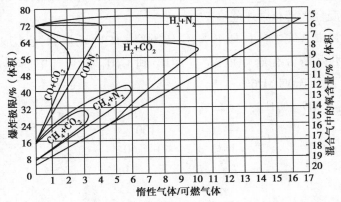

图4-5 氢气、一氧化碳、甲烷和氮气、二氧化碳混合气的爆炸极限

将以上爆炸上限和下限代入式（4-13），即可求得该混合气的爆炸极限：

$$L_s = \frac{100}{\dfrac{77}{70} + \dfrac{23}{76}} = 71.4\%$$

$$L_x = \frac{100}{\dfrac{77}{17} + \dfrac{23}{65}} = 20.5\%$$

该混合气的爆炸极限为 20.5%~71.4%。

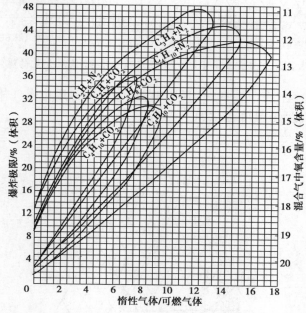

图 4-6　乙烷、丙烷、丁烷和氮气、二氧化碳混合气的爆炸极限(空气中)

（2）三角形法

由可燃气体、惰性气体和空气（或氧气）组成混合物的爆炸浓度范围可用三角坐标图表示。如图 4-7 所示为可燃气体 A、助燃气体 B 和惰性气体 C 组成的三角坐标图,在图内任何一点,表示 3 种成分的不同百分比。其读法是在点上作 3 条平行线,分别与三角形的 3 条边平行,每条平行线与相应边的交点,可读出其浓度。例如,图 4-7 中 M 点表示可燃气体（A）体积分数为 50%,助燃气体（B）体积分数为 20%,惰性气体（C）体积分数为 30%;图 4-7 中 N 点表示可燃气体（A）体积分数为 30%,助燃气体（B）体积分数为 0,惰性气体（C）体积分数为 70%。依此类推。

如图 4-8 所示为由氨、氧和氮组成的三角坐标图,图中曲线内的部分表示氨气在氨-氧-氮三元体系中的爆炸极限。图中,A 点在爆炸极限范围内,其组成的氧气体积分数为 40%,氨体积分数为 50%,氮体积分数为 10%;B 点在爆炸极限之外,不会发生爆炸,其组成的氨体积分数为 30%,氮体积分数为 70%,氧体积分数为 0。

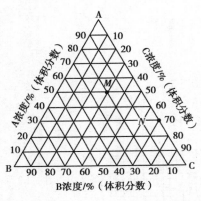
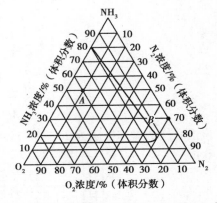

图 4-7 三成分系混合气组成三角坐标   图 4-8 氨-氧-氮混合气的爆炸极限(常温、常压)

如图 4-9 所示为 H_2, CO, C_2H_2, C_2H_4, CH_4 等生产中常用可燃气体与空气及氮气 3 种成分混合气的爆炸极限三角坐标图。

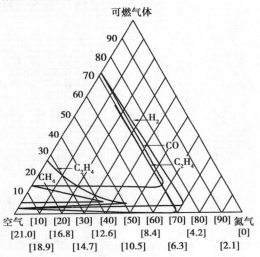

图 4-9 H_2, CO, C_2H_2, C_2H_4, CH_4 等可燃气体与空气及氮气三组分气体爆炸范围

(括号内数据为 O_2 的体积百分数)

对某些可燃气体与空气(或氧气)混合的装置,为了防止发生爆炸危险,往往需要加入氮气、二氧化碳等惰性介质,使混合气体处于爆炸范围之外,这时可利用三角坐标图来确定惰性介质的添加量。

2) 经验公式法

$$L'_m = L_m \times \frac{\left(1 + \dfrac{B}{1-B}\right) \times 100}{100 + L_m \times \dfrac{B}{1-B}} \% \tag{4-13}$$

式中 L'_m——含惰气的混合燃气爆炸极限;

L_m——混合可燃气体爆炸极限;

B——惰气体积分数。

注:混合气体的浓度极限按式(4-13)计算有时很不准确,最好通过实验来确定。

例 4-10　可燃混合气包括 10%的 H_2,30%的 CO,40%的 CH_4,20%的 N_2,请问混合气的爆炸极限是多少? 已知 H_2,CO,CH_4 的爆炸极限分别为 4% ~ 80%、12.5% ~ 80%、5% ~ 15%。

解:先求出不含惰性气体的可燃混合气中各组分的体积分数:

$$V_{H_2} = \frac{10}{10+30+40} = 12.5\%$$

$$V_{CO} = \frac{30}{10+30+40} = 37.5\%$$

$$V_{CH_4} = \frac{40}{10+30+40} = 50\%$$

再求出不含惰性气体的可燃混合气的爆炸极限:

$$L_{mx} = \frac{100}{\frac{12.5}{4}+\frac{37.5}{12.5}+\frac{50}{5}} = 6.2\%$$

$$L_{ms} = \frac{100}{\frac{12.5}{80}+\frac{37.5}{80}+\frac{50}{15}} = 25.3\%$$

最后根据式(4-13),算出含有惰性气体的混合体的爆炸极限,即

$$L'_{mx} = L_{mx} \times \frac{\left(1+\frac{B}{1-B}\right) \times 100}{100 + L_{mx} \times \frac{B}{1-B}} = 6.2 \times \frac{\left(1+\frac{0.2}{1-0.2}\right) \times 100}{100 + 6.2 \times \frac{0.2}{1-0.2}} = 7.6\%$$

$$L'_{ms} = L_{ms} \times \frac{\left(1+\frac{B}{1-B}\right) \times 100}{100 + L_{ms} \times \frac{B}{1-B}} = 25.3 \times \frac{\left(1+\frac{0.2}{1-0.2}\right) \times 100}{100 + 25.3 \times \frac{0.2}{1-0.2}} = 29.7\%$$

例 4-11　有一可燃混合气体,其成分组成包括 10%的甲烷(CH_4)、30%的乙烷(C_2H_6)、40%的丙烷(C_3H_8)、20%的氮气(N_2),请计算该混合气体的爆炸极限。

解:CH_4 的 $N = 2n = 2\alpha + 1/2\beta - \gamma = 2 + 2 - 0 = 4$

爆炸下限:$L_{1x}\% = \frac{100}{4.76(N-1)+1}\% = \frac{100}{4.76(4-1)+1}\% = 6.56\%$

爆炸上限:$L_{1s}\% = \frac{400}{4.76N+4}\% = \frac{400}{4.76 \times 4+4}\% = 17.36\%$

C_2H_6 的 $N = 2n = 2\alpha + 1/2\beta - \gamma = 2 \times 2 + 1/2 \times 6 - 0 = 7$

爆炸下限:$L_{2x}\% = \frac{100}{4.76(N-1)+1}\% = \frac{100}{4.76(7-1)+1}\% = 3.38\%$

爆炸上限:$L_{2s}\% = \frac{400}{4.76N+4}\% = \frac{400}{4.76 \times 7+4}\% = 10.72\%$

C_3H_8 的 $N = 2n = 2\alpha + 1/2\beta - \gamma = 2 \times 3 + 1/2 \times 8 - 0 = 10$

爆炸下限：$L_{3x}\% = \dfrac{100}{4.76(N-1)+1}\% = \dfrac{100}{4.76(10-1)+1}\% = 2.28\%$

爆炸上限：$L_{3s}\% = \dfrac{400}{4.76N+4}\% = \dfrac{400}{4.76 \times 10 + 4}\% = 7.75\%$

$$L_{mx} = \dfrac{100}{\dfrac{V_1}{L_{1x}} + \dfrac{V_2}{L_{2x}} + \dfrac{V_3}{L_{3x}}} = \dfrac{100}{\dfrac{12.5}{6.56} + \dfrac{37.5}{3.38} + \dfrac{50}{2.28}} = 2.86\%$$

$$L_{ms} = \dfrac{100}{\dfrac{V_1}{L_{1s}} + \dfrac{V_2}{L_{2s}} + \dfrac{V_3}{L_{3s}}} = \dfrac{100}{\dfrac{12.5}{17.36} + \dfrac{37.5}{10.72} + \dfrac{50}{7.75}} = 9.37\%$$

$$L'_{mx} = L_{mx} \times \dfrac{\left(1+\dfrac{B}{1-B}\right) \times 100}{100 + L_{mx} \times \dfrac{B}{1-B}} = 2.86 \times \dfrac{\left(1+\dfrac{0.2}{1-0.2}\right) \times 100}{100 + 2.86 \times \dfrac{0.2}{1-0.2}} = 3.55\%$$

$$L'_{ms} = L_{ms} \times \dfrac{\left(1+\dfrac{B}{1-B}\right) \times 100}{100 + L_{ms} \times \dfrac{B}{1-B}} = 9.37 \times \dfrac{\left(1+\dfrac{0.2}{1-0.2}\right) \times 100}{100 + 9.37 \times \dfrac{0.2}{1-0.2}} = 11.44\%$$

4.1.7 爆炸极限特点

可燃气体的爆炸极限范围越大越危险,下限越低越危险,上限越高越危险。综合起来,可用前面提到的爆炸危险度来衡量物质的爆炸危险性。

另外,可燃气体在爆炸极限范围内,不同浓度下的爆炸强度是不同的,如图 4-10 所示。以 CO 为例,低于爆炸下限时,不能燃烧,也不能爆炸;在爆炸上限和爆炸下限浓度点的爆炸强度是最弱的,只能轻度燃爆;高于爆炸下限后,随着可燃气体浓度增加,爆炸强度增强,到达完全反应浓度点附近时,爆炸强度最大;此后,随着可燃气体的浓度继续增加,爆炸强度却逐渐减弱,当到达爆炸上限时,爆炸强度降低到最弱,只能轻度燃爆;浓度再超过爆炸上限后,又不燃不爆了。

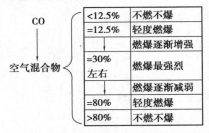

图 4-10　CO 在不同浓度下的爆炸强度

4.1.8 爆炸极限应用

人们在发现和掌握可燃物质的爆炸极限这一规律之前,认为所有可燃物质都是危

险的,防爆条例都比较严格。在认识爆炸极限规律之后,就可以将其应用在以下 5 个方面:

第一,区分可燃物质的爆炸危险程度,从而尽可能用爆炸危险性小的物质代替爆炸危险性大的物质。例如,乙炔的爆炸极限为 2.2%~81%;液化石油气组分的爆炸极限分别为丙烷 2.19%~9.5%、丁烷 1.15%~8.4%、丁烯 1.7%~9.6%,它们的爆炸极限范围比乙炔小得多,说明液化石油气的爆炸危险性比乙炔小,在气割时推广用液化石油气代替乙炔。

第二,爆炸极限可作为评定和划分可燃物质危险等级的标准。例如,可燃气体按爆炸下限(<10%或≥10%)分为一级、二级。

第三,根据爆炸极限选择防爆电机和电器。例如,生产或储存爆炸下限≥10% 的可燃气体,可选用任一防爆型电气设备;爆炸下限<10% 的可燃气体,应选用隔爆型电气设备。

第四,确定建筑物的耐火等级、层数和面积等。例如,储存爆炸下限小于 10% 的物质,库房建筑最高层次限一层,并且必须是一级、二级耐火等级。

第五,在确定安全操作规程以及研究采取各种防爆技术措施——通风、检测、置换、检修等时,必须根据可燃气体或液体的爆炸危险性的不同,采取相应的有效措施,以确保安全。

4.1.9　爆炸极限试验测定

根据中华人民共和国国家标准《空气中可燃气体爆炸极限测定方法》(GB/T 12474—2008)规定的方法,点燃可燃气体和空气混合气后未形成火焰传播,不能完全认为该混合气不会爆炸。需要按照以下程序进行燃气爆炸极限的测定和判定。

试验方法如下所述。

(1)试验原理

将可燃气体与空气按一定的比例混合,然后用电火花进行引燃。改变可燃气体浓度直至测得能发生爆炸的最低、最高浓度。

(2)试验装置

爆炸极限测定装置主要由反应管、点火装置、搅拌装置、真空泵、压力计、电磁阀等组成,如图 4-11 所示。反应管用硬质玻璃制成,管长 1 400 mm±50 mm,管内径 60 mm± 5 mm,管壁厚度不小于 2 mm,管底部装有通径不小于 25 mm 的泄压阀装置安放在可升温至 50 ℃的恒温箱内。恒温箱前后各有双层门,一层为钢化玻璃,一层为有机玻璃,用以观察试验并起保护作用。

可燃气体和空气混合气利用电火花引燃,电火花能量应大于混合气的最小点火能。放电电极距离反应管底部不小于 100 mm,并处于管横截面中心,电极间距为 3~4 mm。

注:可采用 300 VA 电压互感器作为点火电源,产生电压为 10 kV(有效值),火花持续时间宜为 0.5 s。

（3）试验步骤

①检查试验装置的密闭性。

将装置抽真空至不大于 667 Pa（5 mmHg）的真空度，然后停泵。5 min 后压力计压力降至不大于 267 Pa（2 mmHg），则认为密闭性符合要求。

②配制混合气

用分压法配制混合气，也可使用其他能准确配气的方式。

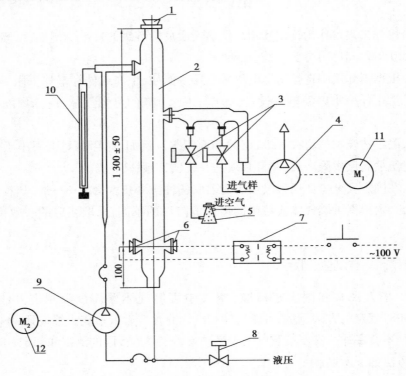

图 4-11　爆炸极限测定装置示意图

1—安全塞；2—反应管；3—电度阀；4—真空泵；5—干燥瓶；6—放电电极；7—电压互感器；
8—泄压电磁阀；9—搅拌泵；10—压力计；11—M₁ 电动机；12—M₂ 电动机

爆炸极限测定仪实体示意图如图 4-12 所示。

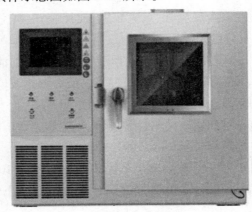

图 4-12　爆炸极限测定仪实体示意图

③搅拌

为了使反应管内可燃气在空气中均匀分布,配好气后利用无油搅拌泵搅拌 5 ~ 10 min。

④点火

停止搅拌后打开反应管底部泄压阀,然后点火,观察是否出现火焰。点火时恒温箱的玻璃门均应处于关闭状态。

用渐进法通过测试确定极限值。测定爆炸下(上)限时,如果在某浓度下未发生爆炸现象,则增大(减少)可燃气体浓度直至测得能发生爆炸的最小(大)浓度;如果在某浓度下发生爆炸现象,则减少(增大)可燃气体浓度直至测得不能发生爆炸的最大(小)浓度。测量爆炸下限时样品改变量每次不大于上次进样量的 10%,测量爆炸上限时样品改变量每次不大于上次进样量的 2%。

每次试验后要用湿度低于 30% 的清洁空气冲洗试验装置。反应管壁及点火电极如有污染应进行清洗。新组装的测定装置应进行不少于 10 次预试验,再进行正式测定。

(4)爆炸现象的判定

试验中出现以下现象均认为发生了爆炸:

①火焰非常迅速地传播至管顶。

②火焰以一定的速度缓慢传播。

③在放电电极周围出现火焰,然后熄灭,这表明爆炸极限在这个浓度附近。在这种情况下,至少重复这个试验 5 次,有一次出现火焰传播。

注:可能会出现无色火焰的情况(如氢气的火焰),可使用温度测量探针(如热电偶)。

(5)试验结果

通过试验步骤的重复性操作,测得最接近的火焰传播和不传播两点的浓度,并按下式计算爆炸极限值:

$$\varphi = \frac{1}{2}(\varphi_1 + \varphi_2) \tag{4-14}$$

式中 φ——爆炸极限;

φ_1——传播浓度;

φ_2——不传播浓度。

(6)试验报告

试验报告应包括以下内容:

①可燃气体种类及主要物理化学性质。

②试验时环境条件。

③试验时可燃气体和空气混合气的温度。

④爆炸极限值。

⑤若试验操作与本标准规定有偏离应加以说明。

⑥试验日期。

（7）重复性

同一实验室测得的重复试验结果，误差不应大于5%。

（8）再现性

不同实验室测得的重复试验结果，误差不应大于10%。

爆炸极限测定案例：

①某气矿原生气中含有甲烷、乙烷为主的混合气体。该混合气体的爆炸极限理论计算值见表4-17。

表4-17　胜利油田实地气样爆炸极限理论初步测算

序号	组分	爆炸极限%	
1	2联	混合气爆炸下限/%	混合气爆炸上限/%
		4.76	15.04
2	3联	混合气爆炸下限/%	混合气爆炸上限/%
		4.80	15.03
3	5联	混合气爆炸下限/%	混合气爆炸上限/%
		4.61	15.06

从表4-17可知，3组气样中混合气体的下限从4.61%～4.80%不等，上限从15.03%～15.06%不等。综上，理论上取表4-17中2联、3联组合气样的爆炸极限4.76%～15.04%，5联组合气样的爆炸极限4.61%～15.06%，并对这三种组合下的爆炸极限进行实验测试确定，为后续的爆炸实验奠定基础。

②用渐进法通过测试确定爆炸极限值。

测定爆炸下（上）限时，如果在某浓度下未发生爆炸现象，则增大（减少）甲烷/乙烷混合气体浓度直至测得能发生爆炸的最小（大）浓度；如果在某浓度下发生爆炸现象，则减少（增大）甲烷/乙烷混合气体浓度直至测得不能发生爆炸的最大（小）浓度。如图4-13—图4-16所示分别为探索2联、3联爆炸下限、爆炸上限和5联爆炸下限、爆炸上限时测得最接近的火焰出现和不出现两点的浓度，图中（a）（b）分别表示火焰出现浓度和火焰不出现浓度的情况。

用渐进法重复操作，测得最接近的火焰出现和不出现两点的浓度，并按下式计算爆炸极限值：

$$\varphi = \frac{1}{2}(\varphi_1 + \varphi_2) \tag{4-15}$$

式中　φ——爆炸极限；

　　　φ_1——火焰出现浓度；

　　　φ_2——火焰不出现浓度。

从图 4-13—图 4-16 可知，测试 2 联、3 联爆炸下限时，火焰出现浓度为 5.3%，火焰不出现浓度为 5.2%；测试 2 联、3 联爆炸上限时，火焰出现浓度为 15.1%，火焰不出现浓度为 15.2%；测试 5 联爆炸下限时，火焰出现浓度为 5.0%，火焰不出现浓度为 4.9%；测试 5 联爆炸上限时，火焰出现浓度为 15.2%，火焰不出现浓度为 15.3%。

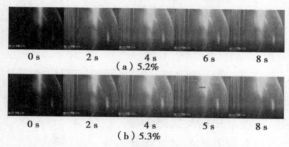

图 4-13　2 联、3 联爆炸下限火焰

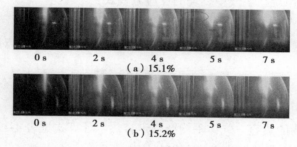

图 4-14　2 联、3 联爆炸上限火焰

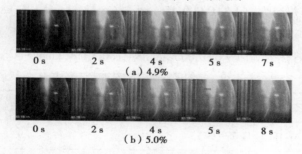

图 4-15　5 联爆炸下限火焰

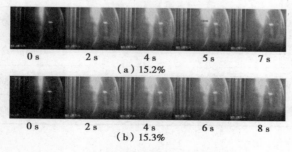

图 4-16　5 联爆炸上限火焰

根据图 4-13—图 4-16 所测得的数据,结合式(4-15)进行计算,可以得到 2 联、3 联、5 联爆炸极限,见表 4-18。

表 4-18 2 联、3 联、5 联爆炸极限测试值

爆炸极限 气样组合	爆炸下限/%	爆炸上限/%
2 联、3 联	5.25	15.15
5 联	4.95	15.25

4.2 爆炸温度

1)根据反应热计算爆炸温度

理论上的爆炸最高温度可根据反应热计算。

例 4-12 求甲烷与空气混合物的最高爆炸温度。

解:(1)先列出甲烷在空气中燃烧的反应方程式:

$$CH_4 + 2O_2 + 7.52N_2 \longrightarrow CO_2 + 2H_2O + 7.52N_2$$

式中,氮的摩尔数按空气中 $N_2 : O_2 = 79 : 21$ 的比例确定。$2O_2$ 对应的 N_2 应为

$$2 \times \frac{79}{21} = 7.52$$

由反应方程式可知,爆炸前的分子数为 10.52,爆炸后为 10.52。

(2)计算燃烧物的热容。气体平均摩尔定容热容计算式见表 4-19。

根据表中所列计算式,燃烧产物各组分的热容为

N_2 的摩尔定容热容为 $[(4.8 + 0.000\ 45t) \times 4\ 186.8]J/(kmol \cdot ℃)$

H_2O 的摩尔定容热容为 $[(4.0 + 0.002\ 15t) \times 4\ 186.8]J/(kmol \cdot ℃)$

CO_2 的摩尔定容热容为 $[(9.0 + 0.000\ 58t) \times 4\ 186.8]J/(kmol \cdot ℃)$

表 4-19 气体平均摩尔定容热容计算式

气 体	热容/$[4\ 186.8\ J \cdot (kmol \cdot ℃)^{-1}]$
单原子气体(Ar,He,金属蒸气等)	4.93
双原子气体(N_2,O_2,H_2,CO,NO 等)	$4.80 + 0.000\ 45t$
CO_2,SO_2	$9.0 + 0.000\ 58t$
H_2O,H_2S	$4.0 + 0.002\ 15t$
所有四原子气体(NH_3 及其他)	$10.00 + 0.000\ 45t$
所有五原子气体(CH_4 及其他)	$72.00 + 0.000\ 45t$

燃烧产物的总热容为

$$[7.52×(4.8+0.000\ 45t)×4\ 186.8]+[2×(4.0+0.002\ 15t)×4\ 186.8]+$$
$$[1×(9.0+0.005\ 8t)×4\ 186.8]=[(222.3+0.056\ 5t)×10^3]J/(kmol·℃)$$

燃烧产物的总热容为$[(222.3+0.056\ 5t)×10^3]J/(kmol·℃)$。这里的热容是定容热容,符合密闭容器中的爆炸情况。

(3)求爆炸最高温度。先查得甲烷的燃烧热为$0.893×10^6$ J/mol,即$0.893×10^9$ J/kmol。

因为爆炸速度极快,是在近乎绝热情况下进行的,所以全部燃烧热可近似地看作用于提高燃烧产物的温度,也就是等于燃烧产物热容与温度的乘积,即

$$0.893×10^9=[(222.3+0.056\ 5t)×10^3]·t$$

解上式得爆炸最高温度 t 为 2 474.5 ℃。

上面计算是将原始温度视为 0 ℃。爆炸最高温度非常高,虽然初始温度与正常室温有若干度的差数,但对计算结果的准确性并无显著影响。

2)根据燃烧反应方程式与气体的内能计算爆炸温度

可燃气体或蒸气的爆炸温度可利用能量守恒定律估算,即根据爆炸后各生成物内能之总和与爆炸前各种物质内能及物质的燃烧热的总和相等的规律进行计算。用公式表达为

$$\sum \mu_2 = \sum Q + \sum \mu_1 \tag{4-16}$$

式中　$\sum \mu_2$——爆炸后产物的内能之总和;

　　　$\sum \mu_1$——爆炸前物质的内能之总和;

　　　$\sum Q$——燃烧物质的燃烧热之总和。

例 4-13　已知氢气在空气中的浓度为 20%,求氢气与空气混合物的爆炸温度。爆炸混合物的最初温度为 300 K。

解:通常,空气中氧占 21%,氮占 79%,混合物中氧和氮分别占

$$氧　\frac{21}{100}×\frac{100-20}{100}=16.8\%$$

$$氮　\frac{79}{100}×\frac{100-20}{100}=63.2\%$$

气体体积之比等于其摩尔数之比,将体积百分比换算成摩尔数,即 1 mol 混合物中应有 0.2 mol 乙炔、0.168 mol 氧和 0.632 mol 氮。

从表 4-20 查得氢气、氧、氮在 300 K 时,其摩尔内能分别为 6 028.99 J/mol,6 238.33 J/mol和 6 238.33 J/mol,混合物的摩尔内能为

$$\sum \mu_1 = 0.2 × 6\ 028.99 + 0.168 × 6\ 238.33 + 0.623 × 6\ 238.33 = 6\ 196.46\ J$$

已知氢气的燃烧热为 285.8 kJ/mol,则 0.2 mol 氢气的燃烧热为

$$0.2×285.8×10^3=57\ 160\ J$$

燃烧后各生成物内能之和应为

$$\sum \mu_2 = 6\ 194.46 + 57\ 160 = 63\ 354.46\ J$$

从氢气燃烧反应式 $2H_2+O_2 \overline{\quad\quad} 2H_2O$ 可知,0.2 mol 氢气燃烧时,生成 0.2 mol 水,消耗 0.1 mol 氧。1 mol 混合物中,原有 0.168 mol 氧,燃烧后应剩下 0.168-0.1=0.068 mol 氧,氮的数量不发生变化,则燃烧产物的组成为

水:0.2 mol

氧:0.068 mol

氮:0.632 mol

假定爆炸温度为 2 400 K,由表4-20查得水、氧和氮的摩尔内能分别为 82 898.64 J/mol,63 220.68 J/mol 和 59 452.56 J/mol,则燃烧产物的内能为

$$\sum \mu_2' = 0.2 \times 82\,898.64 + 0.068 \times 63\,220.68 + 0.632 \times 59\,452.56 = 58\,452.75(J)$$

$\sum \mu_2' = 58\,452.75 < \sum \mu_2 = 63\,354.46$,说明爆炸温度高于 2 400 K,再假定爆炸温度为 2 600 K,则内能之和应为

$$\sum \mu_2'' = 0.2 \times 91\,690.92 + 0.068 \times 69\,500.88 + 0.632 \times 65\,314.08 = 64\,342.74(J)$$

$\sum \mu_2''$ 值大于 $\sum \mu_2$ 值,即 $\sum \mu_2$ 位于 $\sum \mu_2'$ 和 $\sum \mu_2''$ 之间,假设在这个温度范围内,产物的内能和温度为线性关系,则用内插法求得

$$T = 2\,400 + \frac{2\,600 - 2\,400}{64\,342.74 - 58\,452.75}(63\,354.46 - 58\,452.75) = 2\,400 + 166 = 2\,566(K)$$

以摄氏温度表示为

$$T = T - 273 = 2\,566 - 273 = 2\,293(℃)$$

表4-20　不同温度下几种气体和蒸气的摩尔内能

T/K	H_2	O_2	N_2	CO	CO_2	H_2O
200	4 061.2	4 144.93	4 144.93	4 144.93	—	—
300	6 028.99	6 238.33	6 238.33	6 238.33	6 950.09	7 494.37
400	8 122.39	8 373.60	8 289.86	8 331.73	10 048.32	10 090.19
600	12 309.19	12 937.21	12 602.27	12 631.58	17 333.35	15 114.35
800	16 537.86	17 877.64	17 082.14	17 207.75	25 581.35	21 227.08
1 000	20 850.26	23 069.27	21 855.10	22 064.44	34 541.10	27 549.14
1 400	29 935.62	33 996.82	32 029.02	32 405.83	53 591.04	39 439.66
1 800	39 690.86	45 217.44	42 705.36	43 249.64	74 106.36	57 359.16
2 000	44 798.76	51 288.30	48 273.80	48 859.96	84 573.36	65 732.76
2 200	48 985.56	57 359.16	54 009.72	54 470.27	95 040.36	74 106.36
2 400	55 265.76	63 220.68	59 452.56	60 143.38	105 507.36	82 898.64
2 600	60 708.60	69 500.88	65 314.08	65 816.50	116 893.04	91 690.92
2 800	66 570.12	75 362.40	70 756.92	71 594.28	127 278.72	100 901.88
3 000	72 012.96	81 642.60	76 618.44	77 455.80	138 164.40	110 112.84
3 200	77 874.48	88 341.48	82 479.96	83 317.32	149 050.08	119 742.48

4.3　爆炸压力

可燃性混合物爆炸产生的压力与初始压力、初始温度、浓度、组分以及容器的形状、大小等因素有关。爆炸时产生的最大压力可按压力与温度及摩尔数成正比的规律确定。根据这个规律有下列关系式：

$$\frac{p}{p_0} = \frac{T}{T_0} \times \frac{n}{m} \tag{4-17}$$

式中　p, T 和 n——爆炸后的最大压力、最高温度和气体摩尔数；

p_0, T_0 和 m——爆炸前的初始压力、初始温度和气体摩尔数。

由此可以得出爆炸压力计算公式为

$$p = \frac{T \times n}{T_0 \times m} \times p_0 \tag{4-18}$$

例 4-14　设 $P_0 = 0.1$ MPa，$T_0 = 27$ ℃，$T = 2\ 566$ K，求氢气与空气混合物的最大爆炸压力。

解：当可燃物质的浓度等于或稍高于完全反应的浓度时，爆炸产生的压力最大，计算时应采用完全反应的浓度。

先按氢气的燃烧反应式计算爆炸前后的气体摩尔数：

$$2H_2 + O_2 + 3.76N_2 = 2H_2O + 3.76N_2$$

由此可得出 $m = 6.76$，$n = 5.76$，代入式（4-18）。

$$p = \frac{2\ 566 \times 5.76 \times 0.1}{300 \times 6.76} = 0.73 \text{ MPa}$$

以上计算的爆炸温度与压力都没有考虑热损失，是按理论的空气量计算的，所得的数值都是最大值。

4.4　爆炸温度极限和闪点

爆炸温度极限及闪点主要是针对液体可燃物的燃烧特性。

可燃液体的爆炸极限有两种表示方法：一是可燃蒸气的爆炸浓度极限，有上、下限之分，以"%"（体积分数）表示；二是可燃液体的爆炸温度极限，也有上、下限之分，以"℃"表示。因为可燃蒸气的浓度是可燃液体在一定温度下形成的，所以爆炸温度极限体现着一定的爆炸浓度极限，两者之间有相对应的关系。例如，酒精的爆炸温度极限为11~40 ℃，与此相对应的爆炸浓度极限为 3.3%~18%。液体的温度可随时方便地测出，与通过取样和化验分析来测定蒸气浓度的方法相比要简便得多。

几种可燃液体的爆炸温度极限和爆炸浓度极限见表 4-21。其中，爆炸温度极限的下限值，即为液体的闪点。

表 4-21　液体的爆炸温度极限和爆炸浓度极限

液体名称	爆炸浓度极限/%	爆炸温度极限/℃
酒精	3.3~18	11~40

续表

液体名称	爆炸浓度极限/%	爆炸温度极限/℃
甲苯	1.2~7.75	1~31
松节油	0.8~62	32~53
车用汽油	0.79~5.16	−39~−8
灯用煤油	1.4~7.5	40~86
乙醚	1.85~35.5	−45~13
苯	1.5~9.5	−14~12

评价可燃液体火灾爆炸危险性的主要技术参数包括饱和蒸气压力、爆炸温度极限和闪点。此外，还有液体的其他性能，如相对密度、流动扩散性、沸点和受热膨胀性等。

1) 饱和蒸气压力

饱和蒸气是指在单位时间内从液体蒸发出来的分子数与回到液体里的分子数相等的蒸气。在密闭容器中，液体都能蒸发成饱和蒸气。饱和蒸气所具有的压力称为饱和蒸气压力，简称蒸气压力，以 p_z 表示。

可燃液体的蒸气压力越大，则蒸发速度越快，闪点越低，火灾危险性越大。蒸气压力是随着液体温度而变化的，即随着温度的升高而增加，超过沸点时的蒸气压力，能导致容器爆裂，造成火灾蔓延。表 4-22 列举了一些常见可燃液体的饱和蒸气压力。

表 4-22　几种可燃液体的饱和蒸气压力

温度/℃　P_z/P_a　液体名称	−20	−10	0	+10	+20	+30	+40	+50	+60
丙酮	—	5 160	8 443	14 705	24 531	37 330	55 902	81 168	115 510
苯	991	1 951	3 546	5 966	9 972	15 785	24 198	35 824	52 329
航空汽油	—	—	11 732	15 199	20 532	27 988	37 730	50 262	—
车用汽油	—	—	5 333	6 666	9 333	13 066	18 132	24 065	—
二硫化碳	6 463	11 199	17 996	27 064	40 237	58 262	82 260	114 217	156 040
乙醚	8 933	14 972	24 583	28 237	57 688	84 526	120 923	168 626	216 408
甲醇	836	1 796	3 576	6 773	11 822	19 998	32 464	50 889	83 326
乙醇	333	747	—	3 173	5 866	10 412	17 785	29 304	46 863
丙醇	—	—	1 627	952	1 933	3 706	6 773	11 799	18 598
丁醇	—	—	436	271	628	1 227	2 386	4 413	7 893
甲苯	232	456	901	1 693	2 973	4 960	7 906	12 399	18 598
乙酸甲酯	2 533	4 686	8 279	13 972	22 638	35 330	—	—	—
乙酸乙酯	867	1 720	3 226	5 840	9 706	15 825	24 491	37 637	55 369
乙酸丙酯	—	—	933	2 173	3 413	6 433	9 453	16 186	22 918

根据可燃液体的蒸气压力,可以求出蒸气在空气中的浓度,其计算式为

$$C = \frac{P_z}{P_H} \qquad (4\text{-}19)$$

式中　C——混合物中的蒸气浓度,%;

　　　P_z——在给定温度下的蒸气压力,Pa;

　　　P_H——混合物的压力,Pa。

如果 P_H 等于大气压力,即 101 325 Pa(760 mmHg),则可将计算式改写为

$$C = \frac{P_z}{101\ 325} \qquad (4\text{-}20)$$

例 4-15　桶装苯的温度为 20 ℃,而大气压力为 101 325 Pa。试求苯的饱和蒸气浓度。

解:从表 4-22 查得苯在 20 ℃时饱和蒸气压力 P_z 为 9 972 Pa,代入式(4-20)即得

$$C = \frac{9\ 972}{101\ 325} = 9.84\%$$

答:桶装苯在 20 ℃时的饱和蒸气浓度为 9.84%。从表 4-21 中可以查出苯的爆炸浓度极限为 1.5%~9.5%,比较例题中求得苯的蒸气浓度,说明苯在 20 ℃时无爆炸危险。

由于可燃液体的蒸气压力是随温度而变化的,因此,可以利用饱和蒸气压力来确定可燃液体在储存和使用时的安全温度和压力。

例 4-16　有一个储存甲苯的罐温度为 10 ℃,请确定是否有爆炸危险? 如有爆炸危险,请问选择什么样的储存温度比较安全?

解:先查出甲苯在 10 ℃时的蒸气压力为 1 693 Pa,代入式(4-20),则

$$C = \frac{P_z}{101\ 325} = \frac{1\ 693}{101\ 325} = 1.67\%$$

因甲苯的爆炸极限为 1.2%~7.75%,故甲苯在 10 ℃时具有爆炸危险。

消除形成爆炸浓度的温度有两种可能:一是低于闪点的温度;二是高于爆炸上限的温度。

已知甲苯的爆炸上限为 7.75%,代入下式:

$$P_z = 101\ 325C = 101\ 325 \times 7.75\% = 7\ 852.7(\text{Pa})$$

从表 4-22 查得甲苯的蒸气压力为 7 852.7 Pa 时,处于 30~40 ℃范围内,用内插法求得

$$30 + \frac{(7\ 852.7 - 4\ 960) \times 10}{7\ 906 - 4\ 960} = 30 + 10 = 40(\text{℃})$$

已知甲苯的爆炸下限为 1.2%,代入下式:

$$P_z = 101\ 325C = 101\ 325 \times 0.012 = 1\ 215.9(\text{Pa})$$

从表 4-22 查得甲苯的蒸气压力为 1 215.9 Pa 时,处于 0~10 ℃范围内,用内插法求得

$$0 + \frac{(1\ 215.9 - 901) \times 10}{1\ 693 - 901} = 0 + 4 = 4(\text{℃})$$

答:储存甲苯的安全温度应高于 40 ℃,或者低于 4 ℃。

例 4-17 某厂在车间中使用丙酮作溶剂,操作压力为 600 kPa,操作温度为 30 ℃。请问丙酮在该压力和温度下有无爆炸危险? 如有爆炸危险,选择何种操作压力比较安全?

解:先求出丙酮的蒸气浓度。从表 4-22 查得丙酮在 30 ℃时的蒸气压力为 37 330 Pa,代入式(4-18)得出丙酮在 600 kPa 下的蒸发浓度为

$$C = \frac{P_z}{P_H} = \frac{373\ 30}{600\ 000} = 6.2\%$$

丙酮的爆炸极限为 2%~13%,说明在 600 kPa 的工作压力下丙酮有爆炸危险。

如果温度不变,那么,为保证安全,操作压力可以考虑选择常压或负压。如选择常压,则浓度为

$$C = \frac{P_z}{101\ 325} = \frac{30\ 931}{101\ 325} = 30.5\%$$

如选择负压,假设真空度为 39 997 Pa,则浓度为

$$C = \frac{P_z}{P_H} = \frac{30\ 931}{101\ 325 - 39\ 997} = 50.4\%$$

显然,在常压或负压两种压力下,丙酮的蒸气浓度都超过爆炸上限,无爆炸危险。但相比之下,负压生产比较安全。

2) 爆炸温度极限

可燃液体的着火和爆炸是蒸气而不是液体本身,爆炸极限对液体燃爆危险性的影响和评价同可燃气体。

可燃液体的爆炸温度极限可以用仪器测定,也可以利用饱和蒸气压力公式,通过爆炸浓度极限进行计算。

例 4-18 已知甲醇的爆炸浓度极限为 6.0%~36.5%,大气压力为 101 325 Pa。试求其爆炸温度极限。

解:先求出甲醇在 101 325 Pa 下的饱和蒸气压力为

$$P_z = \frac{6.0 \times 101\ 325}{100} = 6\ 079.5\ (Pa)$$

从表 4-22 查得甲醇在 6 079.5 Pa 蒸气压力下,处于 0~10 ℃,利用内插法求得甲醇的爆炸温度下限为

$$\frac{(6\ 079.5 - 3\ 576) \times 10}{6\ 773 - 3\ 576} = \frac{25\ 035}{3\ 197} = 7.83\ (℃)$$

再利用式(4-20)求甲醇的爆炸温度上限为

$$P_z = \frac{36.5 \times 101\ 325}{100} = 36\ 983.625\ (Pa)$$

从表 4-22 查得甲醇在 36 983.625 Pa 蒸气压力下处于 40~50 ℃,利用内插法求得甲

醇的爆炸温度上限为

$$40+\frac{(36\ 983.625-32\ 464)\times10}{50\ 889-32\ 464}=40+\frac{45\ 196.25}{18\ 425}=42.5(℃)$$

答:在 101 325 Pa 大气压力下,甲醇的爆炸温度极限为 7.83~42.5(℃)。

3)闪点

可燃液体的闪点越低,则表示越易起火燃烧。因为在常温甚至在冬季低温时,只要遇到明火就可能发生闪燃,所以具有较大的火灾爆炸危险性。为便于闪点特性的讨论,现将几种常见可燃液体的闪点列于表 4-23。可燃液体的闪点随其浓度而变化。

两种可燃液体混合物的闪点,一般是位于原来两种液体的闪点之间,并且低于这两种可燃液体闪点的平均值。例如,车用汽油的闪点为 -36 ℃,灯用煤油的闪点为 40 ℃,如果将汽油和煤油按 1∶1 的比例混合,那么混合物的闪点应低于

$$\frac{-36+40}{2}=2(℃)$$

在易燃的溶剂中掺入四氯化碳,其闪点即提高,加入量达到一定数值后,不能闪燃。例如,在甲醇中加入 41% 的四氯化碳,则不会出现闪燃现象,这种性质在安全上可加以利用。

表 4-23　几种常见可燃液体的闪点

物质名称	闪点/℃	物质名称	闪点/℃	物质名称	闪点/℃
甲醇	7	苯	-14	醋酸丁酯	13
乙醇	11	甲苯	4	醋酸戊酯	25
乙二醇	112	氯苯	25	二硫化碳	-45
丁醇	35	石油	-21	二氯乙烷	8
戊醇	46	松节油	32	二乙胺	26
乙硫醇	-45	醋酸	40	航空汽油	-44
乙醚	-45	醋酸乙酯	1	煤油	18
丙酮	-20	甲酸甲酯	-19	车用汽油	-39
正辛烷	13	甘油	160	四氢呋喃	-14

各种可燃液体的闪点可用专门仪器测定,也可用计算法求定。可燃液体的闪点利用饱和蒸气压力进行计算时,有以下几种计算方法。

（1）利用爆炸浓度极限求闪点和爆炸温度极限

例 4-19　已知乙醇的爆炸浓度极限为 3.3%~18%,试求乙醇的闪点和爆炸温度极限。

解:乙醇在爆炸浓度下限(3.3%)时的饱和蒸气压力为

$$P_z=101\ 325\ C=101\ 325\times0.033=3\ 343.73(Pa)$$

从表 4-22 查得乙醇蒸气压力为 3 343.73 Pa 时,其温度处于 10~20 ℃,并且在 10 ℃

和 20 ℃时的蒸气压力分别为 3 173 Pa 和 5 866 Pa。可用内插法求得闪点和爆炸温度下限：

$$10+\frac{(3\ 343.73-3\ 173)\times 10}{5\ 866-3\ 173}=10+0.6=10.6(℃)$$

再通过式(4-20)求出乙醇的爆炸温度上限：

$$C=\frac{P_z}{101\ 325}$$

$$P_z = 0.18 \times 101\ 325 = 18\ 238.5\ Pa$$

从表 4-22 中查得乙醇在 18 238.5 Pa 蒸气压力时的温度约等于 40 ℃。

答：乙醇的闪点约为 10.6 ℃，其爆炸温度极限为 10.6~40 ℃。

（2）多尔恩顿公式

$$P_s=\frac{P_H}{1+(N-1)\times 4.76} \tag{4-21}$$

式中　P_s——与闪点相适应的液体饱和蒸气压力，Pa；

　　　P_H——液体蒸气与空气混合物的总压力，通常等于 101 325 Pa；

　　　N——燃烧 1 mol 液体所需氧的原子数，可通过燃烧反应式确定（常见可燃液体的 N 值见表 4-24）。

表 4-24　常见可燃性液体的 N 值

液体名称	分子量	N 值	液体名称	分子量	N 值
苯	C_6H_6	15	甲醇	CH_3OH	3
甲苯	$C_6H_5CH_3$	18	乙醇	C_2H_5OH	6
二甲苯	$C_6H_4(CH_3)_2$	20	丙醇	C_3H_7OH	9
乙苯	$C_6H_5C_2H_5$	21	丁醇	C_4H_9OH	12
丙苯	$C_6H_5C_3H_7$	24	丙酮	CH_3COCH_3	8
己烷	C_6H_{14}	19	二硫化碳	CS_2	6
庚烷	C_7H_{16}	22	乙酸乙酯	$CH_3COOC_2H_5$	10

例 4-20　试计算甲苯在 101 325 Pa 大气压下的闪点。

解：根据燃烧反应式求出 N 值：

$$C_7H_8+9O_2 =\!=\!= 7CO_2+4H_2O$$

$$N=18$$

根据式(4-21)，计算在闪燃时的饱和蒸气压：

$$P_s=\frac{P_H}{1+(N-1)\times 4.76}=\frac{101\ 325}{1+(18-1)\times 4.76}=1\ 237\ Pa$$

从表 4-22 查得甲苯在 1 237 Pa 蒸气压力下处于 0~10 ℃，用内插值法得其闪点：

$$0+\frac{(1\ 237-901)\times10}{1\ 693-901}=4.2(℃)$$

答:甲苯在 101 325 Pa 的压力下闪点为 4.2 ℃。

(3)布里诺夫公式

$$P_s=\frac{AP_H}{D_0\beta}$$

(4-22)

式中 P_s——与闪点相对应的液体饱和蒸气压,Pa;

P_H——液体蒸气与空气混合的总压力,通常等于 101 325 Pa;

A——仪器的常数;

β——燃烧 1 mol 液体所需氧的物质的量;

D_0——液体蒸气在空气中标准状态下的扩散系数。

常见液体蒸气在空气中的扩散系数(D_0)见表 4-25。

运用式(4-22)进行计算时,需先根据已知某一液体的闪点求出 A 值,再进行计算。

例 4-21 已知甲苯的闪点为 5.5 ℃,大气压为 101 325 Pa,试求苯的闪点。

解: 先根据甲苯的闪点求出 A 值。

从表 4-22 中算出甲苯在 5.5 ℃时的蒸气压力为 1 333.22 Pa。β 值等于 $N/2$,即 18/2=9。

表 4-25　常见液体蒸气在空气中的扩散系数

液体名称	在标准状况下的扩散系数	液体名称	在标准状况下的扩散系数
甲醇	0.132 5	丙醇	0.085
乙醇	0.102	丁醇	0.070 3
戊醇	0.058 9	乙酸乙酯	0.071 5
苯	0.077	乙酸丁酯	0.085
甲苯	0.007 9	二硫化碳	0.089 2
乙醚	0.778	丙酮	0.086
乙酸	0.100 4		

D_0 值为 0.070 9,代入式(4-22)得

$$A=\frac{P_sD_0\beta}{101\ 325}=\frac{1\ 333.22\times0.070\ 9\times9}{101\ 325}\approx0.008\ 4$$

再按式(4-22)求苯在闪燃时的蒸气压力:

$$P_s=\frac{AP_H}{D_0\beta}=\frac{0.008\ 4\times101\ 325}{0.077\times7.5}\approx1\ 473.8(Pa)$$

从表 4-20 查得苯在 1 473.8 Pa 蒸气压力下,闪点处于 $-20\sim-10$ ℃,用内插法求得苯的闪点为

$$-20+\frac{(1\ 473.8-991)\times10}{1\ 951\times991}\approx-15(℃)$$

答:在大气压力为 101 325 Pa 时,苯的闪点为 -15 ℃。

4)受热膨胀性

热胀冷缩是一般物质的共性,可燃液体储存于密闭容器中,受热时液体体积膨胀,蒸气压会随之增大,有可能造成容器的鼓胀,甚至引起爆炸事故。可燃液体受热后的体积膨胀值,可用下式计算

$$V_t = V_0(1 + \beta t) \tag{4-23}$$

式中　V_t,V_0——液体 t 和 0 ℃时的体积,L;

　　　t——液体受热后的温度,℃;

　　　β——体积膨胀系数,即温度升高 1 ℃时,单位体积的增量。

几种液体在 0~100 ℃的平均体积膨胀系数见表 4-26。

例 4-22　玻璃瓶装乙醚,存放在暖气片旁。试问这样放乙醚玻璃瓶有无危险(玻璃瓶体积为 30 L,并留有 5%的空间。暖气片的散热温度平均为 60 ℃)?

解:从表 4-26 查得乙醚的体积膨胀系数为 0.001 6,根据式(4-23)求出乙醚受热达到 60 ℃时的总体积:

$$V_t = V_0(1 + \beta t) = (30 - 30 \times 5\%) \times (1 + 0.001\ 6 \times 60) = 28.5 \times (1 + 0.096) = 31.235\ L$$

$$31.235 > 30$$

说明膨胀后乙醚的体积已经超过玻璃瓶的容积。同时,乙醚在 60 ℃时的蒸气压已达到 230 008 Pa。

答:乙醚玻璃瓶存放在暖气片旁有爆炸危险,应移放在其他安全地点。

表 4-26　液体在 0~100 ℃的平均体积膨胀系数

液体名称	体积膨胀系数	液体名称	体积膨胀系数
乙醚	0.001 60	戊烷	0.001 60
丙酮	0.001 40	煤油	0.000 90
苯	0.301 20	石油	0.000 70
甲苯	0.001 10	醋酸	0.001 40
二甲苯	0.000 95	氯仿	0.001 40
甲醇	0.001 40	硝基苯	0.000 83
乙醇	0.001 10	甘油	0.000 50
二硫化碳	0.001 20	苯酚	0.000 89

通过以上分析可知,尽管液体分子间的引力比气体大得多,它的体积随温度的变化比气体小得多,而压力对液体的体积影响相对于气体来说就更小了,但是,对液体具有的这种受热膨胀性质,从安全角度出发仍需加以注意并应采取必要的措施。例如,对盛

装易燃液体的容器应按规定留出足够的空间,夏天要储存于阴凉处或用淋水降温法加以保护等。

5)其他燃爆性质

(1)沸点

液体沸腾时的温度(即蒸气压等于大气压时的温度)称为沸点。沸点低的可燃液体,蒸发速度快,闪点低,容易与空气形成爆炸性混合物。可燃液体的沸点越低,其火灾和爆炸危险性越大。低沸点的液体在常温下,其蒸气数量与空气能形成爆炸性混合物。

(2)相对密度

同体积的液体和水的质量之比,称为相对密度。可燃液体的相对密度大多小于1。相对密度越小,则蒸发速度越快,闪点也越低,其火灾爆炸的危险性越大。

可燃蒸气的相对密度是其摩尔质量和空气摩尔质量之比。大多数可燃蒸气都比空气重,能沿地面飘浮,遇着火源能发生火灾和爆炸。

比水轻且不溶于水的液体着火时,不能用水扑救。比水重且不溶于水的可燃液体(如二硫化碳)可储存于水中,既能安全防火,又经济方便。

(3)流动扩散性

流动性强的可燃液体着火时,会促使火势蔓延,扩大燃烧面积。液体流动性的强弱与其黏度有关,黏度以厘泊表示。黏度越低,则液体的流动扩散性越强,反之就越差。

可燃液体的黏度与自燃点有这样的关系:黏稠液体的自燃点比较低,不黏稠液体的自燃点比较高。例如,重质油料沥青是黏稠液体,其自燃点为 280 ℃;苯是不黏稠透明液体,自燃点为 580 ℃。黏稠液体的自燃点比较低是由于其分子间隔小,蓄热条件好。

(4)带电性

大部分可燃液体是高电阻率的电介质(电阻率为 10~15 Ω·cm),具有带电能力,如醚类、酮类、酯类、芳香烃类、石油及其产品等。有带电能力的液体在灌注、运输和流动过程中,都有因摩擦产生静电放电而发生火灾的危险。

醇类、醛类和羧酸类不是电介质,电阻率低,一般都没有带电能力,其静电火灾危险性较小。

(5)分子量

同一类有机化合物中,一般是分子量越小,沸点越低,闪点也越低,火灾爆炸危险性也越大。分子量大的可燃液体,其自燃点较低,易受热自燃,如甲醇、乙醇(表4-27)。

表 4-27 几种醇类同系物分子量与闪点和自燃点的关系

醇类同系物	分子式	分子量	沸点/℃	闪点/℃	自燃点/℃	热值/(kJ·kg^{-1})
甲醇	CH_3OH	32	64.7	7	445	23 865
乙醇	C_2H_5OH	46	78.4	11	414	30 991
丙醇	C_3H_7OH	60	97.8	23.5	404	34 792

不饱和有机化合物比饱和有机化合物的火灾危险性大,如乙炔>乙烯>乙烷。

4.5 爆炸温度场传播特性

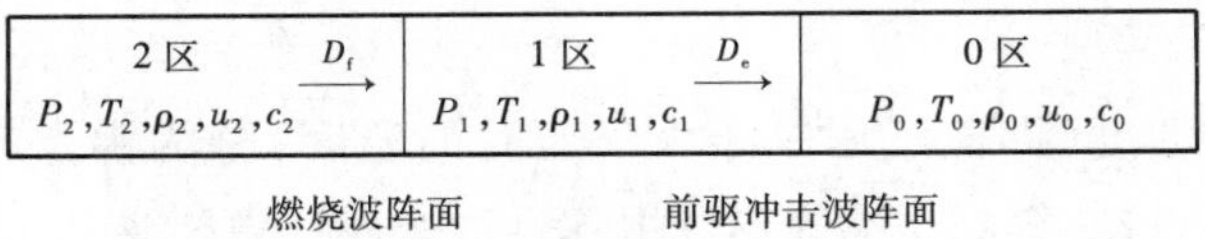

2 区 P_2,T_2,ρ_2,u_2,c_2	$\xrightarrow{D_f}$	1 区 P_1,T_1,ρ_1,u_1,c_1	$\xrightarrow{D_e}$	0 区 P_0,T_0,ρ_0,u_0,c_0

燃烧波阵面   前驱冲击波阵面

图 4-17 爆炸两波三区流场

P_0—0 区压强;T_0—0 区温度;ρ_0—0 区密度;u_0—0 区介质速度;c_0—0 区音速;P_1—1 区压强;T_1—1 区温度;ρ_1—1 区密度;u_1—1 区介质速度;c_1—1 区音速;P_2—2 区压强;T_2—2 区温度;ρ_2—2 区密度;u_2—2 区介质速度;c_2—2 区音速;D_f—火焰波速度;D_e—前驱冲击波速度

爆炸大多数情形下属于爆燃现象,本书主要探讨爆燃后空气温度的时空分布规律。爆燃情形下,火焰波速度 D_f 小于前驱冲击波速度 D_e,能够呈现出相对较为明显的两波三区的现象,如图 4-17 所示。但是前驱冲击波是一个压力波,温度不会明显升高,且 1 区的长度较长,可假设 0 区和 1 区的 T,P,ρ,C 参数近似相同。本书阐述的重点是爆源邻近区域内空气温度的分布及衰减规律,只考虑 1,2 区的情况。爆燃产生的超压并不很高,冲击波传播过程中必然衰减,其马赫数 M_s 并不满足远远大于 1,把一维平面冲击波按弱冲击波状态($c_1{}^2/D_e^2\to1$)进行假定,并假定矿井巷道气体为理想气体。

由理想气体状态方程 $P=R\rho T$,有 $P_1=R\rho_1 T_1$,$P_2=R\rho_2 T_2$,从而

$$T_2 = T_1\frac{\rho_1}{\rho_2}\frac{P_2}{P_1} = T_1\frac{\rho_1}{\rho_2}\frac{\Delta P + P_1}{P_1} = T_1\frac{\rho_1}{\rho_2}\left(1+\frac{\Delta P}{P_1}\right) \tag{4-24}$$

根据相关文献和空气冲击波的运动遵循动力学原理、功能原理,有以下公式成立:

$$\frac{\rho_2}{\rho_1} = \frac{(k-1)P_1+(k+1)P_2}{(k-1)P_2+(k+1)P_1} \tag{4-25}$$

经过公式变换,式(4-25)可以写为

$$\frac{P_2}{P_1} = \frac{(k+1)\rho_2-(k-1)\rho_1}{(k+1)\rho_1+(k-1)\rho_2} \tag{4-26}$$

有

$$\frac{\rho_1}{\rho_2} = \frac{2kP_1+(k-1)\Delta P}{2kP_1+(k+1)\Delta P} = \frac{1+\frac{k-1}{2k}\cdot\frac{\Delta P}{P_1}}{1+\frac{k+1}{2k}\cdot\frac{\Delta P}{P_1}} \tag{4-27}$$

将式(4-27)代入式(4-24),有

$$T_2 = T_1\frac{\rho_1}{\rho_2}\left(1+\frac{\Delta P}{P_1}\right) = T_1\left(1+\frac{\Delta P}{P_1}\right)\frac{1+\frac{k-1}{2k}\cdot\frac{\Delta P}{P_1}}{1+\frac{k+1}{2k}\cdot\frac{\Delta P}{P_1}} \tag{4-28}$$

式(4-28)中,$T_1 = 298$ K;k 为绝热系数,通常取值 1.4;$P_1 = 101\ 325$ Pa;ΔP 未知。要想求出火焰波面后的温度 T_2 就必须先对爆炸的超压值 ΔP 进行求解。

4.6　爆炸压力场传播特性

本书主要探讨爆燃情形下的爆炸超压,根据相关参考文献可知

$$P_2 = P_1 + \frac{2\rho_1 D_e^2}{k+1}\left(1 - \frac{c_1^2}{D_e^2}\right), u_2 = \frac{2D_e}{k+1}\left(1 - \frac{c_1^2}{D_e^2}\right), \rho_2 = \frac{(k+1)\rho_1}{k - (1 - c_1^2 D_e^{-2})} \quad (4\text{-}29)$$

弱冲击波条件下,$D_e = C_e x^{\beta-1}$,C_e 是待求常数。因为冲击波传播速度很快,近似认为爆炸产生的热量未能及时扩散,所以冲击波的传播过程可视为一个绝热过程。冲击波对气体介质所做的功等于波面内气体的动能 E_N 和内能 E_K 之和。一定浓度和积聚体积的物质爆炸后,释放出的总能量可表示为

$$E = E_N + E_K = \frac{1}{k-1}\beta P_2 + \frac{1}{2}Mu_1^2 = \frac{1}{k-1}\beta P_2 + \frac{1}{2}Sx\rho_1 u_1^2 \quad (4\text{-}30)$$

爆炸冲击波传播过程中必定存在和巷道围岩等物质的热交换(即有能量损失),从而式(4-30)在初始阶段热量损失少而计算几乎不会有误差,但是随着冲击波传播距离 x 的增加,能量损失会逐渐增多,从而使这一计算公式的计算值会低于实际值。为此,对式(4-30)进行适当处理,假定 P_2,u_1,S,β,k,ρ_1 都为常量,x 为变量,从而 E 可以表示为 x 的函数,然后通过调高 x 的指数来达到减小其计算误差的问题。结合相关实验数据和理论计算,设定 x 的指数为 1.2,E 改写为

$$E = E_N + E_K = \frac{1}{k-1}\beta P_2 + \frac{1}{2}Mu_1^2 = \frac{1}{k-1}\beta P_2 + \frac{1}{2}Sx^{1.2}\rho_1 u_1^2 \quad (4\text{-}31)$$

对强度不大的冲击波,可以进行弱冲击波近似,弱冲击波近似可引起误差,弱冲击波二阶近似关系式可表示为

$$P_2 = P_1 + \rho_1 c_1(u_2 - u_1) + \frac{k+1}{4}\rho_1(u_2 - u_1)^2 \quad (4\text{-}32)$$

把式(4-29)和式(4-32)代入式(4-31)可得

$$E = S\rho_1\left[\frac{\beta}{k(k-1)}\frac{c_1^2}{D_e^2} + \frac{2\beta}{(k+1)(k-1)}\frac{c_1}{D_e}\left(1 - \frac{c_1^2}{D_e^2}\right) + \frac{k\beta + 2k + \beta - 2}{(k+1)^2(k-1)}\left(1 - \frac{c_1^2}{D_e^2}\right)^2\right]C_e^2 x^{2\beta-0.8}$$

$$(4\text{-}33)$$

其中,$E = \frac{\beta S\rho_1}{k(k-1)}C_e^2 x^{2\beta-0.8}$,$E$ 为常数与 x 无关(x 为距点火源的距离),从而 $\beta = 0.4$,有

$$C_e = \left[\frac{k(k-1)E_0}{S\rho_1}\right]^{0.5}, 得\ D_e = \left[\frac{k(k-1)E_0}{S\rho_1}\right]^{0.5}x^{-0.6} \quad (4\text{-}34)$$

将 D_e 代入弱冲击波基本关系式,从而冲击波超压距点火源距离的衰减公式可表示为

$$\Delta P = \frac{4kP_1}{(k+1)c_1}\left[\frac{k(k-1)E}{S\rho_1}\right]^{0.5}x^{-0.6} \tag{4-35}$$

4.7 爆炸破坏准则

爆炸冲击波是由压缩波叠加形成的,是波阵面以突进形式在介质中传播的压缩波。容器破裂时,器内的高压气体大量冲出,使它周围的空气受到冲击波而发生扰动,使其状态(压力、密度、温度等)发生突跃变化,其传播速度大于扰动介质的声速,这种扰动在空气中的传播就成为冲击波。在离爆破中心一定距离的地方,空气压力会随时间发生迅速而悬殊的变化。开始时,压力突然升高,产生一个很大的正压力,接着迅速衰减,在很短时间内正压降至负压。如此反复循环数次,压力渐次衰减下去。开始时产生的最大正压力,即是冲击波波阵面上的超压 ΔP。多数情况下,冲击波的伤害、破坏作用是由超压引起的。超压 ΔP 可以达到数个甚至数十个大气压。

爆炸破坏准则主要指冲击波伤害-破坏准则,包括超压准则、冲量准则、超压-冲量准则等。

1) 超压准则

超压准则认为,爆炸波是否对目标造成伤害由爆炸波超压唯一决定,只有当爆炸波超压大于或等于某一临界值时,才会对目标造成一定的伤害。否则,爆炸波不会对目标造成伤害。研究表明超压准则并不是对任何情况都适用。它有严格的适用范围,即爆炸波正相持续时间必须满足以下条件:

$$\omega T > 40 \tag{4-36}$$

式中 ω——目标响应角频率,1/s;

   T——爆炸波持续时间,s。

根据超压准则所确定的人员伤害程度及建筑物破坏程度见表4-28和表4-29。

①爆炸冲击波对人员的伤害,采用表4-28中的伤害准则。

②爆炸冲击波对建筑物的破坏,采用表4-29中的破坏准则。

表4-28 冲击波对人的伤害效应

冲击波超压 ΔP/MPa	伤害效应
>0.1	死亡(大部分人员会死亡)
0.05~0.1	重伤(内脏严重损伤或死亡)
0.03~0.05	听觉器官损伤或骨折
0.02~0.03	轻伤(人体受到轻微损伤)
<0.02	能保证人员安全

表 4-29　冲击波对建筑物的破坏效应

超压 ΔP/MPa	建筑物被破坏的程度
>0.2	钢架桥位移
0.1~0.2	防震建筑物破坏或严重破坏
0.05~0.1	钢骨架或轻型钢筋混凝土建筑物破坏
0.03~0.05	不含混凝土厚 0.2~0.3 m 的砖板因剪切或弯曲而破裂,房屋几乎完全破坏
0.015~0.03	砖砌房屋 50% 被破坏,无框架、自约束的钢板建筑完全破坏,油罐破裂
0.007~0.015	房屋的一部分完全破坏,无法继续居住
0.002~0.07	房屋结构受到轻微破坏,大小窗玻璃经常震碎
0.001	玻璃开始破裂

2) 冲量准则

冲量准则认为,只有当作用于目标的爆炸波冲量达到某一临界值时,才会引起目标相应等级的伤害。由于该准则同时考虑了爆炸波超压、持续时间和波形,因此比超压准则更全面。

冲量准则的适用范围为

$$\omega T \leqslant 40 \tag{4-37}$$

3) 超压-冲量准则(房屋破坏)

超压-冲量准则主要描述对房屋的破坏,跟冲击波超压冲量和房屋破坏的临界超压冲量有关:

$$(\Delta P_s - \Delta P_{s,cr}) \times (i_s - i_{s,cr}) = C \tag{4-38}$$

式中　ΔP_s,$\Delta P_{s,cr}$——爆炸波超压和房屋破坏的临界超压,Pa;

i_s,$i_{s,cr}$——爆炸波冲量和房屋破坏的临界冲量,Pa·s;

C——常数,与房屋破坏等级有关,Pa^2·s。

4.8　气体爆炸特性参数测试平台简介

如图 4-18 所示为一种常规的燃气、粉尘爆炸可视化测试平台。主要包括爆炸管道、配气系统、压力采集系统、高速摄像系统、点火系统等。爆炸管道尺寸为 100 mm×100 mm× 1 000 mm,由有机玻璃 PMMA 制成,便于清晰拍摄管道内火焰运动变化过程。配气系统由甲烷气瓶、空气气瓶和两个高灵敏度质量流量控制计构成。压力采集系统由两个压力传感器和数据采集系统组成,压力传感器 P_1,P_2 分别安装于 175 mm,1 000 mm 处,自动触发采集。采用 Phantom710 L 高速摄像机记录火焰动态变化过程。点火系统由点火头、高频脉冲点火器以及点火控制器组成。

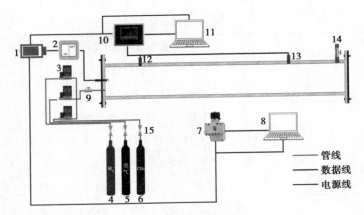

图 4-18 可视化爆炸测试平台

1—电源;2—控制开关;3—气体流量计;4—氢气气瓶;5—空气气瓶;6—甲烷气瓶;7—高速摄像机;
8,11—计算机;9,14—气动阀门;10—压力采集系统;12,13—压力传感器;15—减压阀

4.8.1 预混气体配气系统

预混气体配气系统由氢气气瓶、甲烷气瓶、空气气瓶和气体质量流量计及气动配件组成。气体由气瓶经过减压阀,再经气体流量计进行混合。流量计如图 4-19 所示,为美国 ALICAT 20 系列标准型质量流量计,可快速响应并有效抑制压力波动。通过分压法计算氢气、甲烷和空气在管道内各子体积分数。采用 4 倍体积法将预混气体通入爆炸管道内,以排除管道内多余杂质气体,保证实验的准确性。通气完成后,将图 4-18 中的 9 和 14 阀门关闭。

图 4-19 气体质量流量计

流量计采用体积流量计算为

$$\phi = \frac{v_f t}{V_t} \tag{4-39}$$

式中 ϕ——气体体积分数,%;

v_f——流量计流速,L/min;

t——通气时间,min;

V_t——管道体积,L。

4.8.2 高压点火系统

触发气体爆炸主要有 3 种点火方式,分别为化学引火药头、高压电极释放点火花点火和火花塞。化学引火药头主要用于炸药爆轰触发,具有较强的点火能量,在实验室中使用较少。火花塞的有效放电次数随着使用次数的增加而降低,需要频繁更换。电火花式热量非常高的快速作用的点火源,电火花的放电时间为 $10^{-8} \sim 10^{-7}$ s,在放电末期传给气体的能量高度集中,能够建立中心温度极高的梯度温度分布情形。此种温度分布扩展为最小火焰的温度分布后,火焰得以进行稳定传播,而中心处温度降低到与火焰温

度值相等。本实验采用高压电火花的方式触发预混气体爆炸。通过高压脉冲装置,对输入电压进行升压,在接通电源时,在电极两端的金属导线处释放高压电火花,火花瞬间建立一个很高温度的小容积区域,在点火容积内温度因热量瞬间集聚而迅速向未燃气体流动,从而引燃预混气体。如图 4-20 所示为简化电火花点火原理图。

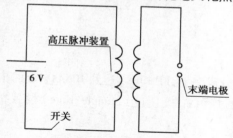

图 4-20　点火系统原理图

影响电火花点火的因素主要有:

①电火花是否有足够的能量来点燃一定尺寸的可燃混合气体。

②足够能量的火球能否稳定地向外界传播而不熄灭。

对高压电火花点火能力的评判标准,主要由点火能决定,点火能大小可计算为

$$E = \frac{1}{2}CU^2 \tag{4-40}$$

式中　　E——点火能,J;

　　　　C——电容,F;

　　　　U——电压,V。

$$C = \frac{\varepsilon S}{d} \tag{4-41}$$

式中　　ε——相对介电常数,取 1.0;

　　　　S——电极正对面积,m^2;

　　　　d——电极间距离,m。

电极处金属铂丝直径为 2 mm,距离 10 mm,电极输出电压为 20 kV,计算得出点火能为 60 mJ。

氢气与甲烷的最小点火能(MIE)见表 4-30。

表 4-30　氢气、甲烷最小点火能

	体积分数/%			
氢气	7	10	90	64
MIE/mJ	0.58	0.16	0.25	0.65
甲烷	7.5	9.5	10	12.5
MIE/mJ	0.41	0.33	0.43	6.41

注:$P=100$ kPa,$T=300$ K,氧气浓度为 21%。

4.8.3　高速摄像采集系统

实验中高速摄像机采用美国 Vision Research 公司的 Phantom® VEO 710 高速摄像

机,如图 4-21 所示。VEO 710 采用 1 280 px×800 px CMOS 传感器进行高速拍摄,具有超高的灵敏度。通过 Gb 以太网将高速摄像机与计算机连接,在 Phantom 摄像机控制软件(PCC)中对拍摄参数进行设置。同时,可以在 PCC 中对图像进行以下基本测量:

①距离。

②速度。

③加速度。

④角度和角速度。

在 1 024 px×768 px 分辨率下,FPS 可以达到 10 000 Hz 的拍摄速度。为保证清晰地捕捉爆炸火焰动态传播过程,拍摄速度(Sample Rate)设置为 10 000 Hz,曝光时间(ExposureTime)为 99 μs。

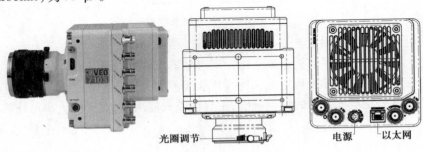

光圈调节 　　　　　电源　　以太网

图 4-21　高速摄像机

4.8.4　高频压力采集系统

实验中的高频压力传感器采用美国 PCB Piezotronics 公司生产的 High frequency ICP® 压力传感器,型号为 113B28,可对气体爆炸产生的冲击波作出快速响应,测量范围 344.7 kPa,可用超量程 689.4 kPa,最大耐压 6 895 kPa,响应时间 ≤1 μs,线性度误差为 0.1%。压力采集器为泰测科技生产的 Blast-PRO 型冲击测试仪,如图 4-22 所示。Blast-PRO 型冲击测试仪可对气体爆炸的动态冲击波信号进行自动采集并记录,最大采样速率 4 MHz。实验中,压力传感器固定于点火位置和管道壁面,点火点的压力传感器可以在点火瞬间接收空间内压力的动态变化并开始记录数据。

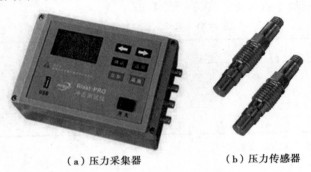

(a)压力采集器　　　　　　　(b)压力传感器

图 4-22　压力采集系统

复习思考题

1.影响可燃气体混合物爆炸极限的因素有哪些？各种因素是如何影响的？

2.爆炸极限的经验计算方法有哪些,各自的适用范围是什么？

3.爆炸极限的特点和应用有哪些？爆炸极限实验测定的步骤和判定依据？

4.可燃气体混合物在爆炸下限和爆炸上限的爆炸现象特点是什么？

5.可燃气体在空气中随着浓度的增大,爆炸效应如何变化？

6.爆炸温度和爆炸温度极限有何区别？

7.可燃液体的饱和蒸汽压对其爆炸有何影响？

8.如何利用可燃液体的饱和蒸汽压,相互换算其爆炸浓度极限和温度极限？

9.可燃液体的闪点与其爆炸浓度极限的下限有何关联？

第5章
火灾防控技术设计

5.1 火灾基础知识

5.1.1 火灾定义及分类

1) 火灾定义

广义而言,凡是超出有效范围的燃烧都称为火灾。火灾是工伤事故类别中的一类事故。在消防工作中有火灾和火警之分,两者都是超出有效范围的燃烧,当人员和财产损失较小时登记为火警。以下情况列入火灾的统计范围:

①民用爆炸物品爆炸引起的火灾。

②易燃可燃液体、可燃气体、蒸气、粉尘以及其他化学易燃易爆物品爆炸和爆炸引起的火灾(其中地下矿井部分发生的爆炸,不列入火灾统计范围)。

③破坏性试验中引起非试验体燃烧的事故。

④机电设备内部故障导致外部明火燃烧需要组织扑灭的事故,或者引起其他物件燃烧的事故。

⑤车辆、船舶、飞机以及其他交通工具发生的燃烧事故,或者由此引起的其他物件燃烧的事故(飞机飞行事故导致本身燃烧的除外)。

2) 火灾分类

根据《火灾分类》(GB/T 4968—2008),按照物质燃烧的特征,可把火灾分为以下几类:

A 类火灾:固体物质火灾。这种物质往往具有有机物的性质,一般在燃烧时能产生灼热的余烬,如木材、棉、毛、麻、纸张火灾等。

B 类火灾:液体火灾和可以熔化的固体物质火灾,如汽油、煤油、柴油、原油,甲醇、乙醇、沥青、石蜡火灾等。

C 类火灾:气体火灾,如煤气、天然气、甲烷、乙烷、丙烷、氢气火灾等。

D 类火灾:金属火灾,如钾、钠、镁、钛、锆、锂、铝镁合金火灾等。

E 类火灾:带电火灾,物体带电燃烧的火灾。

F 类火灾:烹饪器具内的烹饪物(如动植物油脂)火灾。

上述分类方法对防火和灭火,特别是对选用灭火剂有指导意义。公安部办公厅(公消〔2007〕234 号)《关于调整火灾等级标准的通知》根据国务院令第 493 号《生产安全事故报告和调查处理条例》(自 2007 年 6 月 1 日起施行)对火灾等级标准调整为以下 4 类:

①特别重大火灾:造成 30 人以上死亡,或者 100 人以上重伤,或者 1 亿元以上直接财产损失的火灾。

②重大火灾:造成 10 人以上 30 人以下死亡,或者 50 人以上 100 人以下重伤,或者 5 000 万元以上 1 亿元以下直接财产损失的火灾。

③较大火灾:造成 3 人以上 10 人以下死亡,或者 10 人以上 50 人以下重伤,或者 1 000万元以上 5 000 万元以下直接财产损失的火灾。

④一般火灾:造成 3 人以下死亡,或者 10 人以下重伤,或者 1 000 万元以下直接财产损失的火灾。

5.1.2　火灾发生发展过程

1) 火灾的发生

火灾是一种失去人为控制的燃烧过程。产生火灾的基本要素是可燃物、助燃物和点火源。液体和固体是凝聚态物质,难与空气均匀混合,它们燃烧的基本过程是当外部提供一定的能量时,液体或固体先蒸发成蒸气或分解析出可燃气体(如 CO,H_2 等),较大的分子团、灰烬和未燃烧的物质颗粒悬浮在空气中,粒子直径一般在 0.01 μm 左右,这些悬浮物统称为气溶胶。几乎在产生气溶胶的同时,产生粒子直径为 $0.01 \sim 10$ μm 的液体或固体微粒,称为烟雾。气相形式的可燃物与空气混合,在较强火源作用下产生预混燃烧。着火后,燃烧火焰产生的热量使液体或固体的表面继续释放出可燃气体,并形成扩散燃烧。同时,发出含有红外线或紫外线的火焰,散发出大量热量。大量热量通过可燃物的直接燃烧、热传导、热辐射和热对流,使火从起火部位向周围蔓延,这就是常说的火蔓延,火蔓延导致火势的扩大,形成火灾。

气溶胶、烟雾、火焰和热量都称为火灾参量,通过对这些参量的测定便可确定是否存在火灾。

2) 火灾的发展

为了说明火灾的发展过程,在此仅介绍建筑室内火灾的发展过程。在某防火分区或建筑物空间,可燃物在刚刚着火,火源范围很小时,建筑物空间相对于火源而言,一般都比较大,空气供应充足,燃烧状况基本类似于敞开空间。随着火源范围扩大,火焰在最初着火可燃物上燃烧,或引起附近可燃物。当防火分区(室内)的墙壁、屋顶开始影响燃烧的继续发展时,一般就完成了一个发展阶段,即火灾的初期。火灾的发展一般经历 3 个时间区间,如图 5-1 所示。

根据室内火灾温度随时间变化的特点,可以将火灾发展过程分为 4 个阶段,即火灾初起阶段(图中 OA 段)、火灾发展阶段(AB 段)、火灾猛烈阶段(BC 段)、火灾熄灭阶段(C 点以后)。

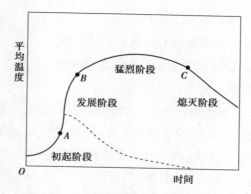

图 5-1　火灾发展温度时间曲线

（1）火灾初起阶段

室内发生火灾后，最初只是起火部位及其周围可燃物着火燃烧。这时的火灾如同在敞开的空间里进行一样。在火灾局部燃烧形成后，可能会出现下列 3 种情况之一：

①最初着火的可燃物质燃烧完，而未延及其他可燃物质。尤其是初始着火的可燃物质处在隔离的情况下。

②如果通风不足，则火灾可能自行熄灭，或受到通风供氧条件的支配，以很慢的燃烧速度继续燃烧。

③如果存在足够的可燃物质，而且具有良好的通风条件，则火灾迅速发展到整个房间，使房间中的可燃物（家具、衣物、可燃装修等）卷入燃烧之中，从而使室内火灾进入全面发展的猛烈燃烧阶段。

火灾初起阶段的特点：起火点处的局部温度较高，室内各点的温度不平衡；受可燃物燃烧性能、分布、通风、散热等条件的影响，燃烧的发展大多比较缓慢，有可能中途自行熄灭，燃烧的发展不稳定；火灾初起阶段的燃烧面积不大；火灾初起阶段的持续时间长短不定。

火灾初起时，燃烧释放的热量通过热交换，提高房间内各种物体的温度，使可燃物受热分解放出可燃气体和热，进入无焰燃烧的过程。在短时间内分解出的可燃气体与空气混合形成爆炸性的气体。明火点燃，热分解的可燃气体流向起火点，遇火点燃；或者是起火点的热烟带来的火星，飞到堆集可燃物的部位，把已进入无焰燃烧的可燃物点燃。火灾初起，在氧气不足的条件下，燃烧呈阴燃状态，室内可燃物均处于无焰燃烧阶段，房间内积聚了温度较高、浓度较大、数量较多的可燃气体与空气的混合物。一旦开门或者窗玻璃破裂，由室外向起火房间输入大量的新鲜空气，室内的气体混合物便会迅速自燃，在整个起火房间内出现熊熊火焰，这个火焰可在室内全面点燃存在的一切可燃物，使初起火灾迅速发展成火灾发展的第二阶段。

初起火灾的持续时间，既火灾轰燃之前的时间，对建筑物内的人员疏散、重要物资的抢救具有重要意义。若建筑物火灾经诱发成长，一旦达到轰燃，则该分区内未逃离火场的人员生命将受到威胁，国内外研究人员提出以下公式：

$$t_{\mathrm{p}} + t_{\mathrm{a}} + t_{\mathrm{rs}} \leqslant t_{\mathrm{u}} \tag{5-1}$$

式中　t_p——从着火到发现火灾经历的时间；

　　　　t_a——从发现火灾到开始疏散之间所耽误的时间；

　　　　t_{rs}——人员或财产转移到安全地点所需要的时间；

　　　　t_u——火灾现场发现人的不能忍受条件的时间。

现在利用自动火灾报警器可以减少 t_p，而且大多数情况下效果比较明显。但在场人员能否安全疏散取决于火灾发展速度的大小，即取决于 t_u。这段时间延长得越长就会有更长的时间发现和扑灭火灾，并可以使人员安全疏散。

从防火的角度来看，建筑物耐火性能好，可燃物少，则火灾初期燃烧缓慢，甚至会出现窒息灭火，有"火警"而无火灾的结果。从灭火的角度来看，火灾初期燃烧面积小，只要用少量的水就可以把火扑灭，是扑救火灾的最好时机，为了早发现并及时扑灭初期火灾，对重要建筑物最好安装自动报警和自动灭火设备。

（2）火灾发展阶段

在火灾初起阶段后期，火灾范围迅速扩大，除室内的家具、衣物等卷入燃烧之外，建筑物的可燃装修材料由局部燃烧迅速扩大，室内温度上升很快，当达到室内固体可燃物全表面燃烧的温度时，被高温烘烤分解、挥发出的可燃气体便会使整个房间都充满火焰。

（3）火灾猛烈阶段

室内火灾经历轰燃后，整个房间立即被火焰包围，室内可燃物的外露表面全部燃烧起来。轰燃之际门、窗、玻璃已经破坏，为火灾提供了比较稳定的、充分的通风条件，在此阶段燃烧发展到最大值，并且可产生高达 1 100~1 200 ℃的高温。在此高温下，房间的顶棚及墙壁的表面抹灰层发生脱落，混凝土预制楼板、梁、柱等结构发生爆裂剥落的破坏现象，在高温作用下，甚至发生断裂破坏。在此阶段，铝制品的窗框被熔化，钢窗整体向内弯曲，无水幕保护的防火卷帘向加热侧发生弯曲。火灾猛烈燃烧阶段，随着可燃物的消耗，其分解物逐渐减少，火势逐渐衰退，室内靠近顶棚处能见度逐渐提高，只有地板上堆积的残留可燃物如大截面的木材、堆放的书籍、棉织品等将持续燃烧。

为了减少火灾损失，针对火灾猛烈阶段的特点，在建筑防火设计中采取的主要措施有：在建筑物内设置防火分隔物，把火灾控制在局部区域内，防止火灾向其他区域扩散蔓延；选用耐火极限较高的建筑构件作为建筑物的承重体系，确保建筑物发生火灾时不坍塌，为火灾时人员的安全疏散、火灾扑救及火灾后建筑物的修复使用创造条件。

（4）火灾熄灭阶段

在火灾熄灭阶段，室内可供燃烧的物质减少，温度开始下降。但从火灾整个过程来看，火灾中期后半段和末期前半段的温度最高，火势发展最猛烈，热辐射也最强，使建筑物遭受破坏的可能性会更大，这是火灾向周围建筑物蔓延的最危险时刻。

①火灾熄灭阶段之初，仍要注意堵塞包围，防止火势蔓延的必要，切不可疏忽大意。

②注意建筑结构因经受高温作用和灭火射水等作用，而出现裂缝、下沉、倾斜或倒塌破坏的可能，注意保障灭火中的人身安全。

上述 4 个火灾发展阶段,是根据火灾温度曲线的拐点,即室内火灾温度变化的转折点为客观规律划分的。火灾发展的一个阶段的出现,取决于室内燃烧的面积、火灾的温度和燃烧速度的综合作用,它并不是某一单独参数的指标。

5.1.3　火灾原因及危害

1）火灾原因分类

发生火灾的原因可分为以下几类:

①放火:有敌对分子放火,刑事放火,精神病患者和智力障碍人士放火、自焚等。

②违反电气安装安全规定:导线选用、安装不当,变电设备安装不符合规定,滥用不合格的熔断器,未安装避雷设备或安装不当,未安装排除静电设备或安装不当等。

③违反电气使用安全规定:短路、过负载、接触不良及其他。

④违反安全操作规程:焊割、烘烤、熬炼、化工生产、储存运输及其他。

⑤吸烟。

⑥用火不慎。

⑦玩火。

⑧自燃。

⑨自然原因:如雷击、风灾、地震及其他原因。

⑩其他原因及原因不明的。

建筑火灾中,对人的生命和财产的主要威胁来自燃烧过程的热能和非热能效应,如图 5-2 所示。

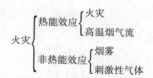

图 5-2　火灾的热能和非热能效应

经验表明,所有与建筑物火灾有关的人员死亡中,约 3/4 直接与燃烧产物有关,燃烧热伤害所导致的人员伤亡约占死亡总人数的 1/4。

2）火灾的危害

火灾总是伴随浓烟滚滚,产生大量对人有毒有害的烟气,如 CO,CO_2,HCN,HCl,H_2S。随着近代石油化学工业的发展,合成高分子材料品种和数量的增多,这个问题变得越来越突出。各种高分子材料作为建筑材料和装饰材料广泛应用于建筑物中,虽然它们具有质轻、美观、施工方便等许多优点,但它们绝大多数为易燃材料,一旦发生火灾会产生大量的烟和毒性气体,而这些烟和毒气对人体是有极大危害的。

烟气往往是一种被低估的危害。许多国家进行过很多宣传教育活动来呼吁人们注意火灾的危害。这些活动往往集中在告知人们如何防火,在发生火灾时做些什么,如何逃离、如何扑灭小火而不使自己处于火灾危险之中,在大多数国家,只有比较少的人知道在火灾中烟所起的危害作用。

建筑物火灾中,燃烧物质一般都是含碳高分子化合物或有机物,这些物质在燃烧不充分的情况下,极易产生 CO 气体。空气中含有 0.05% 的 CO,人体就有危险。CO 在肺中与血液中的血红蛋白结合从而阻碍血液向体内供氧,导致人 CO 中毒。空气中 CO 含量对人体的危害见表 5-1。

表 5-1 空气中 CO 含量对人体的危害

CO 含量/%	对人体危害	CO 含量/%	对人体危害
0.05	轻微中毒、喘息、心脏急跳	0.2~0.3	有生命危险的中毒、失去感觉、发生痉挛
0.05~0.1	重中毒、失去自由能力	0.5~1	5 min 人体致死浓度

同时,火灾中产生的有毒气体,除 CO 外,还有 HCl,HCN,丙烯醛以及没有燃烧的碳氢化合物(UCL)。火灾中由聚合物分解释放的 HCl 已引起广泛重视,目前在大部分模型中,HCl 通常被认为是一种随着其他燃烧产物一起扩散的不会损失的气体。研究表明:HCl 在火灾中不会停留很长时间,其原因是 HCl 和大多数建筑物的材料反应十分迅速,如水泥板、石膏等,在火灾中测得的 HCl 最高浓度通常比计算得出的材料燃烧释放的 HCl 的值要小得多,并且 HCl 很快从最高值下降,直到完全消失。

3) 火灾热辐射对人的伤害

火灾时产生的热能以热射线的方式传播,而热射线在均匀介质中是以电磁波的形式向四周传播的。辐射热量的物体,其单位表面上发射出的热量与媒介状态无关,而是与物体的热力学温度和面积成正比,即燃烧物体温度越高、面积越大,辐射强度及热辐射越大。而接受热辐射的物体,其受热量和两者间距离的平方成反比,即距离越近,受热量越多;距离越远,受热量越少。

火灾发生时,放射物表面(火焰)的温度通常都在 1 000 ℃ 以上。而一般可燃物质在空气中的自燃点始终低于 800 ℃(如木材为 200~300 ℃,煤油为 240~290 ℃,石油沥青为 270~300 ℃),受到火焰的灼烤可能会燃起来,曾经发生过距离火灾现场 200 m 的建筑物,受热辐射的作用而发生火灾。

4) 贫氧量对人的伤害

发生火灾时,可燃烧物质燃烧要消耗空气中大量的氧。若火灾发生在室内,火灾发展到全盛时期后,室内空气中的氧浓度非常低,在某些时候某些特定区域几乎接近 0%。空气中的氧浓度降低会给人体造成很大的危害。其氧浓度降低对人体的危害见表 5-2。

表 5-2 空气中氧浓度降低对人体的危害

氧的浓度/%	对人体的危害	氧的浓度/%	对人体的危害
16~12	呼吸和脉搏数加快	10~6	意识不清、引起痉挛、6~8 min 死亡
14~9	判断力下降、全身虚脱、发晕	0	5 min 致死浓度

5.2　火灾烟气特性

5.2.1　烟气成分

烟气是物质在燃烧反应过程中生成的含有气态、液态和固态物质与空气的混合物。烟是由热解或燃烧作用所产生的悬浮在气体中的可见的固体或液体微粒,含有烟的气体称为烟气,火灾中所产生的烟气称为火灾烟气。

燃烧产物温度高、比重小,在浮力作用下向上流动,火源底部形成负压区,周围大量冷空气从火焰底部涌入,提供了继续燃烧需要的氧气,并在燃烧热的作用下上升,与热解产物、燃烧产物共同构成了火灾烟气。烟气的成分和数量取决于可燃物的化学组成和燃烧反应条件(温度、压力和助燃物的数量等)。可燃物多为有机物,还有少量金属。有机物的化学成分主要有碳(C)、氢(H)、氧(O)、氮(N),此外还含有硫(S)、磷(P)和卤素(F,Cl,Br,I)等元素。其燃烧产物主要有一氧化碳、二氧化碳、水蒸气、二氧化硫和五氧化二磷等,在不完全燃烧状态下会生成大量的中间产物,尤其是一些高分子合成材料。在火场温度达到不同的程度时会生成不同的中间产物,其中间产物的种类非常多,常见的有硫化氢、氨气、氰化氢、苯、甲醛、氯化氢、氯气和光气等,有些产物还不为人们所知。此外,烟气中还含有数量相当可观的游离基,气浓度甚至可达一氧化碳的 3 倍多。

总体而言,火灾烟气是由以下 3 类物质组成的具有较高温度的混合物,即:①气相燃烧产物;②未燃烧的可燃蒸气和卷吸混入的大量空气;③未完全燃烧的液、固相分解物和冷凝物微小颗粒。火灾烟气中含有众多的有毒成分、有害成分、腐蚀性成分以及颗粒物等,加之火灾环境高温缺氧,必然对人民群众生命财产安全和生态环境造成很大的危害。

5.2.2　烟气温度

火灾烟气的高温对人和物都可产生不良影响,目前对人员暴露在高温下忍受时间极限的研究比较缺乏。工业卫生文献上给出过一定暴露时间下(代表时间为 8 h)的热胁强(HeatStree)数据,对人对高温的忍耐性未能提出多少建议。曾有试验表明,身着衣服、静止不动的成年男子在温度为 100 ℃ 的环境下待 30 min 后便觉得无法忍受;而在75 ℃ 的环境下可坚持 60 min。不过这些试验温度数值似乎偏高了。扎波(Zapp)指出,在空气温度高达 100 ℃ 极特殊的条件下(如静止的空气),一般人只能忍受几分钟;一些人无法呼吸温度高于 65 ℃ 的空气。对健康的着装成年男子,克拉尼(Cranee)推荐温度与极限忍受时间的关系式为

$$t = \frac{4.1 \times 10^8}{\left[(T - B_2) / B_1 \right]^{3.61}} \tag{5-2}$$

式中　t——极限忍受时间,min;

T——空气温度，℃；

B_1——常数 1.0；

B_2——常数 0。

这一关系式并未考虑空气湿度的影响，当湿度增大时人的极限忍受时间会降低。衣服的透气性和隔热程度对忍受温度升高有重要影响。目前在火灾危险性评估中推荐数据为短时间脸部暴露的安全温度范围为 65~100 ℃。

5.2.3　烟气毒性量化分析

1)烟气毒性分析的两种途径

关于烟气毒性伤害增长的问题主要有两种解释。这两种不同的解释导致了关于烟气毒性分析的两种差异明显的观点。

一种观点认为现代合成材料燃烧产生的烟气中包含着以前从未出现的新的有毒成分。在某些情况下，这些有毒成分或许剂量很小但毒害作用却很大。这种毒害作用可通过简单的小尺寸毒性测试试验来探测和分析，并据此制订相应的标准。从某种意义上说，通过这种方法发现了两种材料，即含有磷光物质阻燃剂的聚氨酯软泡沫和聚四氟乙烯（PTFE），在一些试验条件下会释放剧毒物质的产物。由这种观点派生出了以材料特性为基础的、相当简化的材料毒性测试和分析方法，它将材料的毒性按啮齿动物 LC50 标准分类，即浸没在烟气中的啮齿动物被致死 50% 时，以相对每升空气材料的质量（mg）来表示燃烧产物浓度。根据这种观点，设计人员在进行相关设计时应该采用那些已被毒性测试证明，同时被其他类型小尺寸火灾测试证明是毒性很小的材料。

另一种观点认为火灾中的基本有毒产物总是一样的。但是，在许多现代火灾过程中，火的增长速率及基本有毒产物的释放速率较以前大大地增大。与定性确定毒性产物的做法相比，减少火灾中毒性伤害的最好方法是对诸如着火、火蔓延、烟气释放等过程加以有效控制，这种观点在美国已被广泛接受。它通过以下途径来估算烟气毒性，即首先确定离开可燃材料表面的主要有毒产物的成分，然后在全尺寸火灾测试中画出这几种基本有毒成分的浓度—时间曲线，在此基础上，再估算造成伤亡的时间。根据这种观点，小尺寸测试的作用在于通过以动物试验为基础的火灾产物的化学分析，证明可燃材料燃烧所产生的毒性的确来源于那些基本的有毒火灾产物，并且验明那些其他毒性作用发生的情况。这种分法的优势在于它能使防火设计人员在实施设计时能充分考虑防火的系统性（如宾馆卧室或飞机机舱），并且通过对小尺寸或全尺寸试验的燃烧产物进行简单的化学分析而估算出烟气毒性所造成的伤害。然而，其问题在于它是以毒性产物的效果和作用所作的一些简化（甚至可能是错误）假设为基础。

实际上，在烟气毒性测试和分析中，既需要以材料为着眼点的小尺寸毒性测试，又需要以几种基本的火灾毒性产物为着眼点的浓度—时间分布。目前，根据基本的火灾毒性产物估算其危害以及如何进行小尺寸毒性测试和如何证实及运用小尺寸测试结果等方面的研究取得了很大进展，但仍然不够，如果要得到能够实际应用的数据，则还需要更为定量的研究和测试标准。

2)火灾预测毒性的表达方法及其模式

一般采用 LC50 作为烟气毒性的衡量标准。其定义为:某种气体能导致 50% 的动物死亡的浓度(mg/L 或其他浓度单位)。需要指出的是,该参数并不是材料特有的毒性,它与测试动物、测试仪器、材料燃烧所产生的毒性,尤其是动物在烟雾中暴露的时间长短有关。一般情况下,LC50 值的大小和暴露时间成反比,通常在试验中取暴露时间为 30 min 以及随后的 14 d 观察期。

为了降低测试试验所需要的花费和动物的使用数量,美国国家标准与技术研究院(National Institute of Standards and Technology,NIST)用该模型预测火灾中烟气毒性的大小,并假定如下:火灾中大多数的燃烧毒性是由为数不多的 N 种气体组成,这几种气体分别为 CO,CO_2,HCN,HCl 和 HBr 以及考虑缺氧所产生的后果,一般用剂量的有效分数 FED 来描述 N 种气体模型中气体整体毒性的大小,其公式为

$$FED = \sum \frac{\int_0^T C_i \, dt}{LC_{50(i)}} \tag{5-3}$$

式中　C_i——第 i 种气体的浓度;

　　$LC_{50(i)}$——该种气体的致死浓度和气体产生的时间的乘积。

通常式(5-3)可以简化为

$$FED = \sum \frac{C_{vi}}{LC_{50(i)}} \tag{5-4}$$

基于 NIST 研究的主要气体毒性和它们之间的相互影响,N 种气体通用模型通常可以用以下公式表示为

$$FED = \frac{mC_{CO}}{C_{CO_2} - b} + \frac{C_{HCN}}{LC_{50(HCN)}} + \frac{21 - C_{O_2}}{21 - LC_{50(O_2)}} + \frac{C_{HCl}}{LC_{50(HCl)}} + \frac{C_{HBr}}{LC_{50(HBr)}} \tag{5-5}$$

在目前的公式中,CO 和 CO_2 之间的作用是非线性的,经验值 m 和 b 分别由试验计算确定:

①$C_{CO_2} \leqslant 5\%$ 时,$m = -18$,$b = 122\ 000$;

②$C_{CO_2} > 5\%$ 时,$m = 23$,$b = -386\ 000$;

③对 O_2,主要考虑其消耗所引起的毒性作用,这样,上式中的 O_2 的形式就是 $21 - CO_2$,其中 O_2 的 30 min 的 LC_{50} 的值是 5.4%;

④线性项中的 HCN,HCl,HBr 的 LC_{50} 的体积分数值分别为 150×10^{-6},$3\ 800 \times 10^{-6}$,$3\ 000 \times 10^{-6}$。

通过研究发现:如果式(5-3)或式(5-4)中的值等于 1,测试的动物有部分死亡;如果测试的值小于 0.8,则不会有动物死亡;如果测试的值大于 1.3,则测试的动物将全部死亡。实际上,式(5-5)只考虑各种气体单独作用时对动物的影响,而在实际过程中,火灾烟气的成分是多种多样的,它们的作用一定会相互影响。有时几种气体的共同作用会增加毒性,如 NO_2 和 CO 的共同作用,就会显著增加 CO 的毒性;有时某些气体的共同作用可能降低毒性,如 NO_2 和 HCN 两种气体混合在一起,则 HCN 的毒性会大大降低(当有 200 mg/L 的 NO_2 存在时,则 HCN 的 LC_{50} 增加到 480 mg/L,是 HCN 单独存在的 2.4

倍）。如果将两种以上的气体混合在一起，其后果将更加复杂。

3）几种主要火灾烟气组分的危害

一般认为，火灾中产生毒害的气体有一氧化碳、氢氰酸、二氧化碳、丙烯醛、氯化氢、氧化氮、混合的燃烧生成气体。这些有毒气体通常可分为以下3类：窒息物或可产生麻醉的毒物；刺激物、感觉刺激物或肺刺激物；具有其他或特殊异常毒性的毒物。

通过对大量火灾案例的分析研究和对死者的解剖分析可知，CO是烟气中致人死亡的主要杀手。此外，CO_2的刺激作用及多种有毒气体的混合效应，如CO与CO_2的混合，可以加深呼吸的程度，并促使呼吸加快，增强CO与血红蛋白的结合，使毒性效应更深。

（1）一氧化碳

CO在火灾烟气中是最主要的致死性气体，是唯一被证实造成大量火灾死亡的气体。由CO致死的人数约占烟毒致死人数的40%以上，已经引起世界各国的足够关注。在建筑火灾中对CO的研究表明，CO的毒性并不是材料本身的特性，在全尺寸火灾产生轰燃时，大多数材料的产生速率（材料每损失1 kg产生的CO气体质量）是一样的。试验表明，轰燃后产生CO的量几乎只依赖于燃料与空气的比例，而与燃料的化学组成成分关系较小，轰燃后火灾中大概1 g燃料会产生0.2 g的CO。

着火场所中的空气成分，在燃烧之前几乎不变化，但在燃烧之后则有急剧的变化。火灾房间产生的CO的浓度，由可燃物性质、数量、堆积情况和房间的开口条件不同而有显著差别，主要取决于可燃物热分解和氧化反应的速度变化。当温度升高、分解加快时，若O_2供应不足，则产生大量的CO，对人员疏散不允许超过0.2%，一般房间在开始爆炸后CO的浓度急剧增加，可达到4%~5%，在燃烧发生之前撤离人员是安全的。此外，CO吸入人体后，会和血液中的血红蛋白结合，从而使血红蛋白失去携带氧的功能，致使身体缺氧失去知觉乃至死亡。

美国《消防手册》（第17版）指出，碳氧血红蛋白（Carboxyhemoglobin，COHb）饱和水平（即COHb在血液中所占数量比例）高于大约30%便对多数人构成潜在危险，达到约50%便很可能对多数人是致命的。COHb饱和度50%定义为潜在致死临界值。当其浓度足够高（大约60%）时，死因通常判定为CO中毒；当其浓度低于50%时，死因往往判定为除CO毒性效应之外的缺氧、休克或烧死或其他毒性气体（如HCN）致死。表5-3总结了不同COHb饱和水平下的病理症状。

表5-3 COHb饱和度效应

COHb饱和度/%	症状	COHb饱和度/%	症状
0~10	无	30~40	重头痛，虚弱，头晕，视力减弱，恶心，呕吐，虚脱
10~20	前额皱紧，皮下脉管肿胀	40~50	重头痛，虚弱，头晕，视力减弱，恶心，呕吐，虚脱，呼吸频率加快，脉动速率加大，窒息
20~30	头痛，太阳穴血管搏动	50~60	重头痛，虚弱，头晕，视力减弱，恶心，呕吐，虚脱，昏迷，痉挛，呼吸不畅

COHb 饱和度/%	症状	COHb 饱和度/%	症状
60~70	昏迷,痉挛,气息微弱,可能死亡	80~90	在一小时内死亡
70~80	呼吸速率减慢直至停止,在数小时内死亡	90~100	在几分钟内死亡

（2）氢化氰（HCN）

HCN 是由含碳材料燃烧生成的,这类材料包括天然材料和合成材料,如羊毛、丝绸、尼龙、聚氨酯、丙烯腈二聚物以及尿素树脂。它是一种毒性作用极快的物质,毒性约是 CO 的 20 倍,它基本上不与血红蛋白结合,但却可以抑制细胞利用氧气（组织中毒性缺氧）及人体中酶的生成,阻止正常的细胞代谢。单一 HCN 浓度及中毒症状见表 5-4。

表 5-4　HCN 浓度与中毒症状

暴露浓度/(mg·L^{-1})	暴露时间/min	症状	暴露浓度/(mg·L^{-1})	暴露时间/min	症状
18~36	>120	轻度症状	135	30	致死
45~54	30~60	损害不大	181	10	致死
110~125	30~60	有生命危险或致死	270	<5	立即死亡

（3）二氧化碳

火灾中通常产生大量 CO_2,CO_2 虽然在可探测的水平上毒性不太大,但中等浓度却可增加呼吸的速率和深度,从而增加每分钟呼吸量（RMV）。这可导致吸入毒物和刺激物的速率加快,使整个燃烧生成的气体环境更加危险。2% 的 CO_2 可使呼吸速率和深度增加约 50%。如果吸入 4% 的 CO_2,RMV 大约增加 1 倍,但个人几乎意识不到这种效应。进一步增加 CO_2 含量（如从 4% 增加到 10%）会使 RMV 相应增加。当 CO_2 含量达到 10% 时,RMV 可能是静止时的 8~10 倍。此时,试验对象还可能有眩晕、昏迷和头痛等症状。

（4）丙烯醛

丙烯醛是一种特别强烈的感觉和肺刺激物。现已证明,它存在于许多燃烧生成的气体中,丙烯醛既可由各种纤维材料阴燃产生,又可由聚乙烯热解生成。丙烯醛极具刺激性,其浓度低至百万分之几时仍可刺激眼睛,甚至有可能造成生理失能。令人惊奇的是,对灵长目动物的研究表明 2 780 mg/L 浓度下暴露 5 min 并没有造成身体失能。然而,由较低浓度引起的肺病并发症却在暴露半小时后造成了死亡。

（5）氯化氢

HCl 是含氯材料燃烧后的产物。PVC 是值得注意的含氯材料之一。HCl 是强烈的感觉刺激物,也是烈性的肺刺激物。其浓度低于 75 mg/L 时就对眼睛和上呼吸道极具刺激,这意味着对行为造成了障碍。但人们发现,灵长目动物在高达 17 000 mg/L 浓度下暴露 5 min 却没有发生身体失能。据报道,该毒物在剂量尚未达到造成身体失能的水平上曾导致过暴露后死亡。但到目前为止,人们尚未利用实际的 PVC 烟雾进行过比较研究。

(6)氮氧化物(NO_x)

NO_2 和 NO 构成 NO_x 的混合物,NO_x 来自含氮材料的氧化。HCN 经高温燃烧后可产生 NO_x。有些研究是在烟雾毒性试验法条件下把老鼠暴露于 NO_x 中。研究表明,与 HCN 相比,NO_2 具有致命的毒性效力。NO 的毒性效力大约只是 NO_2 的 1/5。与 HCN 相比,NO_x 的毒性主要在于其作为肺刺激物的性质,使老鼠致死的是暴露后死亡,通常发生在一天之内。虽然有研究报告说,从含氮材料产生的 NO_x 远比 HCN 少(从毒理学上说,NO_x 不如 HCN 重要),但文献中不乏相互矛盾的证据。NO_x 在燃烧毒理学的作用需要进一步研究。

(7)混合的燃烧生成气体

虽然各种单一的燃烧生成的气体毒物都可以通过不同的机理产生截然不同的生理效应,但当其混合时,每一种毒物都可能在被暴露对象身上产生某种程度的损害。应该预料到,不同程度的部分损害状况对失能或死亡所起的促进作用可能是近似相加性的。这已由许多利用啮齿动物进行的研究所证明,而且是评价毒性危险的关键要素。

表 5-5 列出了若干有毒气体的毒性增大序列。表 5-5 中的估计值 LC_{50}(mg/L)表示在给定时间内这种浓度气体能导致暴露者 50% 死亡。多种有毒气体的共同存在可能加强毒性。

表 5-5 若干有毒气体的毒性增大序列

气体种类		假定 LC_{50}/(mg·L^{-1})		气体种类		假定 LC_{50}/(mg·L^{-1})	
符号	中文名	5 min	30 min	符号	中文名	5 min	30 min
CO_2	二氧化碳	>150 000	>150 000	HF	氟化氢	10 000	2 000
$C_2H_4O_2$	乙醛		20 000	COF_2	氟化羰		750
$C_2H_4O_2$	醋酸		11 000	NO_2	二氧化氮	5 000	500
NH_3	氨	20 000	9 000	C_3H_5O	丙烯醛	750	300
HCl	氯化氢	16 000	3 700	CH_2O	甲醛		250
CO	一氧化碳		3 000	SO_2	二氧化硫		500
HBr	溴化氢		3 000	HCN	氰化氢	280	135
NO	一氧化氮	10 000	2 500	$C_9H_6O_2N_2$	醋酸		约 100
COS	硫化羰		2 000	$COCl_2$	氯化羰	50	90
H_2S	硫化氢		2 000	C_4F_8	八氟化四碳	28	6
C_3H_4N	氢丙烯		2 000				

4）轰燃前火灾毒性评估

式（5-3）—式（5-5）是针对轰燃后的火灾,实际上,轰燃前的火灾所产生的烟气对人也有影响,其燃烧产物的浓度可以通过下式计算为

$$C = \frac{[m][A]}{V} \tag{5-6}$$

式中　C——产物的浓度,kg/m^3；

$[m]$——质量损失率,$kg/(s \cdot m^2)$；

$[A]$——火焰覆盖的燃料面积,m^2；

V——房间内的通风流速,m^3/s。

对某一燃烧产物,此规则通常满足以下公式:

$$C(t)t = 常数 \tag{5-7}$$

如果用致命浓度表示,则得

$$LC_{50}(t)t = 常数 \tag{5-8}$$

综合考虑式（5-6）、式（5-8）,有

$$FED = \frac{m_{90} - m_{10}}{VLC_{50}} \tag{5-9}$$

式中　m_{90}, m_{10}——分别为可燃物质量消耗90%和10%时的质量损失；

t_{90}, t_{10}——分别为相应的时间。

火焰面积 A 与点火时间成反比,t 为点火时间。

由以上公式联立,得到毒性危害关系为

$$毒性危害 = \frac{MLR}{tLC_{50}} \tag{5-10}$$

5）有毒气体下人的忍耐时间研究

前文已述,火灾中的有毒物质主要为 CO,HCl,HCN,丙烯以及没有燃烧的碳氢化合物。火灾的毒性物是 CO,其他物质的产生量少,可以忽略不计。如果考虑别的有害气体,可以将它们转化为可燃物相应的 CO 浓度或按照相关的公式计算。

根据实际的火灾报告,发生火灾时,人在死亡前,已经吸入有毒气体而失去行动能力,致使人失去行动能力的气体毒性界限是考虑人员安全疏散的决定因素。在以 CO 作为火灾发生时的标准有毒气体时,失去行动能力的 CO 限量应为致死量的 1/2,为此,根据如图 5-3 所示可以拟合失去行动能力的时间与 CO 浓度的关系如下:

$$t_1 = 160.06e^{-3.96\rho} - 11.14 \tag{5-11}$$

式中　t_1——CO 条件下的极限忍受时间,min；

ρ——CO 的浓度,%。

对最短路线,如果包含有多条走道,可以用各条走道中的 CO 平均浓度代入式（5-11）计算。

5.2.4　烟气流动

为了有效减少烟气危害,应当了解烟气的运动特性。本部分内容仅讨论建筑物内

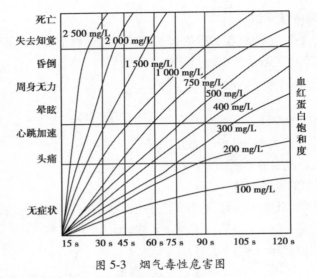

图 5-3 烟气毒性危害图

烟气运动的有效流通面积、主要驱动力的确定方法。

1) 烟气运动的有效流通面积

有效流通面积是指某一种流体在一定压差作用下流过系统的总的当量流通面积。与电路系统的电阻类似,烟气流动系统的路径有并联、串联及混联(串联与并联相结合)等形式。

(1)并联流动

如图 5-4 所示的加压空间有 3 个并联出口,每个出口的压差 Δp 都相同,总流量为 Q_T 三个出口的流量之和:

$$Q_T = Q_1 + Q_2 + Q_3 \tag{5-12}$$

根据 Q_T,可用下式确定这种情况下的有效流通面积 A_e:

$$Q_T = CA_e(2\Delta p/\rho)^{\frac{1}{2}} \tag{5-13}$$

式中　C——流通系数;

　　　A_e——有效流通面积,m^2;

　　　Δp——出口两侧的压差,Pa;

　　　ρ——流动介质的密度,kg/m^3。通过 A_1 的流量为

$$Q_1 = CA_1(2\Delta p/\rho)^{\frac{1}{2}} \tag{5-14}$$

同理可得 Q_2,Q_3 的表达式。将 Q_1,Q_2,Q_3 代入方程式(5-12),可得

$$Q_T = (A_1 + A_2 + A_3)(2\Delta p/\rho)^{\frac{1}{2}} \tag{5-15}$$

有

$$A_e = A_1 + A_2 + A_3 \tag{5-16}$$

若独立的并行出口有 n 个,则有效流通面积就是各出口的流动面积之和,即

$$A_e = \sum_{i=1}^{n} A_i \tag{5-17}$$

(2)串联流动

如图 5-5 所示的加压空间有 3 个串联出口。通过每个出口的体积流率 Q 是相同的,

从加压空间到外界的总压差 Δp_t 是经过 3 个出口的压差 Δp_1，Δp_2，Δp_3 之和，即

$$\Delta p_t = \Delta p_1 + \Delta p_2 + \Delta p_3 \tag{5-18}$$

串联流动的有效流通面积是基于流量 Q 和总压差 ΔQ_t 的流动面积，Q 可以写为

$$Q = CA_e(2\Delta p_t/\rho)^{\frac{1}{2}} \tag{5-19}$$

写成求 Δp_t 的形式为

$$\Delta p_t = \frac{\rho}{2}\left[\frac{Q}{CA_e}\right]^2 \tag{5-20}$$

经过 A_1 时的压差可表示为

$$\Delta p_1 = \frac{\rho}{2}\left[\frac{Q}{CA_e}\right]^2 \tag{5-21}$$

同样可得到 Δp_2，Δp_3 的表达式。将它们代入式(5-18)，得

$$A_e = \left[\frac{1}{A_1^2} + \frac{1}{A_2^2} + \frac{1}{A_3^2}\right]^{-\frac{1}{2}} \tag{5-22}$$

以此类推，可以得到 n 个出口串联时的有效流通面积为

$$A_e = \left[\sum_{i=1}^{n}\left(\frac{1}{A_i^2}\right)\right]^{-\frac{1}{2}} \tag{5-23}$$

在烟气控制系统中，两个串联出口较为常见，其有效流通面积常写为

$$A_e = \frac{A_1 A_2}{\sqrt{A_1^2 + A_2^2}} \tag{5-24}$$

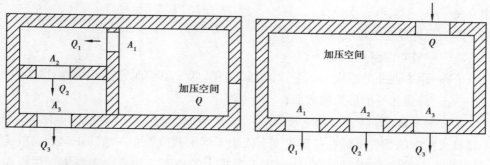

图 5-4　并联出口　　　　　　　　图 5-5　串联出口

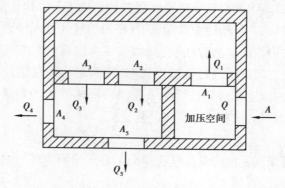

图 5-6　混联出口

（3）混联流动

如图 5-6 所示为一并、串混联系统。可见 A_1 与 A_2 并联，组合有效流通面积为

$$A_{23e} = A_2 + A_3 \tag{5-25}$$

A_4, A_5 也是并联，其有效流通面积为

$$A_{45e} = A_4 + A_5 \tag{5-26}$$

这两个有效流通面积与 A_1 串联，系统的总有效流通面积为

$$A_e = \left[\frac{1}{A_1^2} + \frac{1}{A_{23e}^2} + \frac{1}{A_{45e}^2} \right]^{-\frac{1}{2}} \tag{5-27}$$

2）烟气流动驱动力

烟气流动驱动力包括室内外温差引起的烟囱效应、燃气的浮力和膨胀力、风的影响、通风系统风机的影响、电梯的活塞效应等。

（1）烟囱效应

当外界温度较低时，在诸如楼梯井、电梯井、垃圾井、机械管道、邮件滑运槽等建筑物中的竖井内，空气通常自然向上运动，这一现象称为烟囱效应。与外界空气相比，建筑物内的空气温度较高、密度较低且具有一定的浮力，浮力作用会使其在竖井内上升。在外界温度较低和竖井较高的情况下，烟囱效应同样会发生。

相反，当外界温度较高时，则在建筑物中的竖井内存在向下的空气流动，这种现象称为逆向烟囱效应。在标准大气压下，由正逆向烟囱效应所产生的压差为

$$\Delta p = K_s \left(\frac{1}{T_0} - \frac{1}{T_1} \right) h \tag{5-28}$$

式中　Δp——压差，Pa；

　　　T_0——外界空气温度，K；

　　　T_1——竖井内空气温度，K；

　　　h——距中性面的距离，m，高于中性面为正，低于中性面为负，中性面即为内、外静压相等的建筑横放面；

　　　K_s——系数，$K_s = 3\ 460\ \text{Pa} \cdot \text{K/m}$。

建筑火灾中的烟气蔓延在一定程度上依赖于烟囱效应。在一幢受正向烟囱效应影响的建筑中，空气流动能够使烟气从小区上升很大的高度。如果火灾发生在中性面以下的区域，则烟气与建筑内部空气一道窜入竖井并迅速上升。由于烟囱温度较高，其浮力大大强化了上升流动，一旦超过中性面，烟气将窜出竖井进入楼道。

如果火灾发生在中性面以上的楼层，则烟气将由建筑内的空气流携带从建筑外表的开口流出。若楼层之间的烟气蔓延可以忽略，则除着火楼层以外的其他楼层均保持相对无烟，直到火区的烟生成量超过烟囱效应流动所能排放的烟量。若楼层之间的烟气蔓延非常严重，则烟气会从着火楼层向上蔓延。

（2）浮力作用

火区产生的高温烟气密度降低而具有浮力。着火房间与环境之间的差压可用与式（5-29）相同的形式来表示，即

$$\Delta p = K_s \left(\frac{1}{T_0} - \frac{1}{T_F} \right) h \qquad (5\text{-}29)$$

式中 Δp——压差，Pa；

T_F, T_0——分别为着火房间及其周围环境的温度，K。

对高度较高的着火房间，由于中性面以上的高度 h 较大，因此可能产生很大的压差。若着火房间顶棚上有开口，则浮力作用产生的压力会使烟气经此开口向上面的楼层蔓延。同时浮力作用产生的压力会使烟气从墙壁上的任何开口及缝隙或是门缝中泄漏。当烟气离开火区后，热损失与冷空气混合，其温度会有所降低，浮力的作用及其影响会随着与火区之间距离的增大而逐渐减小。

（3）气体热膨胀作用

除浮力作用外，火区释放的能量可以通过气体热膨胀作用而使烟气运动。考虑一间仅有一个通向建筑内部开口的着火房间，建筑内部的空气会流入该着火房间，同时热烟气会从该着火房间流出，忽略燃烧热解过程产生的质量流率（它相对于空气流率很小），则流出与流入的体积流量比可简单地表示为温度之比，即

$$\frac{W_{out}}{W_{in}} = \frac{T_{out}}{T_{in}} \qquad (5\text{-}30)$$

式中 W_{out}, W_{in}——分别为着火房间流出烟气的体积流量和流入着火房间空气的体积流量，m^2/s；

T_{out}, T_{in}——分别为相应的烟气和空气的平均温度，K。

对有多个门或窗敞开的着火房间，气体膨胀产生的内、外压差可以忽略，而对密闭性较好的着火房间，气体膨胀作用产生的压差则可能非常重要。

（4）外部风作用

在许多情况下，外部风可能对建筑内部的烟气蔓延产生明显影响。风作用于某一表面上的压力可表示为

$$P_w = \frac{C_w \rho_\infty v^2}{2} \qquad (5\text{-}31)$$

式中 C_w——无量纲压力系数；

ρ_∞——环境空气密度；

v——风速。

若环境空气密度取 1.20 kg/m^2，则式（5-31）可改写为

$$P_w = C_w K_w v^2 \qquad (5\text{-}32)$$

式中 P_w——风压，Pa；

v——风速，m/s；

K_w——系数，$K_w = 0.600$ Pa·s/m^2；无量纲压力系数 C_w 的取值范围为 $-0.8 \sim 0.8$，对迎风墙面其值为正，而对背风墙面其值为负，且其与建筑的几何形状有关，同时随墙表面上的位置不同而变化。

在发生建筑火灾时，经常出现着火房间窗玻璃破碎的情况。如果破碎的窗户处于建筑的背风侧，则外部风作用产生的负压会将烟气从着火房间中抽出，这可以大大缓解

烟气在建筑内部的蔓延。而如果破碎的窗户处于建筑的迎风侧,则外部风将驱动烟气在着火楼层内迅速蔓延,甚至蔓延到其他楼层。这种情况下外部风作用产生的压力可能会很大,而且可以轻易地驱动整个建筑内的气体流动。

5.3 特殊燃烧形式

各类火灾在其发生、发展和蔓延过程中,出现一些关键性的特殊燃烧形式,它对火灾进程具有重要作用。例如,建筑火灾中的阴燃、轰燃、回燃、蛙跳等;油池火灾的沸溢、喷溅、流淌等;森林火灾中的阴燃、树冠火、火旋风、对流柱等。

5.3.1 阴燃

阴燃是多种固体物质中发生的持续、油烟、无气相火焰的缓慢燃烧现象,并伴随着局部温度升高,阴燃在一定条件下,可以转变为有焰燃烧。阴燃在建筑火灾和森林火灾初起阶段的前期常常有发生。

阴燃是固体材料特有的燃烧形式,各种材料能否形成阴燃,取决于自身的物理化学性质和所处的外部环境。固体材料能够发生阴燃的自身条件是材料受热分解后能够产生刚性结构的多孔炭,这种炭具备多孔蓄热并使燃烧持续下去。很多固体材料如纸张、锯末、纤维织物、纤维板、乳胶、橡胶和华孔热固性塑料等都能发生阴燃,而有些物质的粉末分散于能阴燃的固体上时,可抑制阴燃发生,如 S,$CaCl$,$ZnCl_2$ 等。

当固体物质处于空气不流通情况下,且具有供热强度适宜的热源时就具备了发生阴燃的环境,如固体堆垛内部的阴燃、处于密封性较好的室内固体阴燃。若供热强度过小,固体无法着火;若供热强度过大,固体则发生有焰燃烧。

常见引起阴燃的热源:①自燃热源,如固体堆垛内的阴燃大多是自燃结果,待阴燃缓慢向外传播至堆垛表面时,就转为有焰燃烧。②一种阴燃引起另一种阴燃,如香烟阴燃引起地毯、被褥、木屑、植被等阴燃,并进一步引发火灾。③有焰燃烧熄灭后的阴燃,如固体堆垛有焰燃烧的外部火焰被水扑灭后,内部仍处于炽热状态,而可能发生阴燃,经过一段时间,外部水分蒸发,阴燃向外发展至堆垛表面时,就会发生死灰复燃现象。

阴燃传播:以柱状纤维素棒沿水平方向的阴燃为例(图 5-7)说明阴燃的传播。

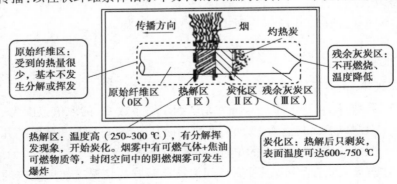

图 5-7 纤维素棒沿水平方向阴燃示意图

当给纤维素棒的右端适当加热时,就开始发生阴燃,并向左端传播。阴燃结构共分为 4 个区:

①原始纤维素区(0 区)。通过传导少量加热,但未发生受热分解。

②热解区(Ⅰ区)。区内温度急剧升高,并从原始材料中挥发出烟,纤维素变色,并开始炭化,此时温度为 250~300 ℃。应该说明的是,使用的固体材料相同,在阴燃中产生的烟与在有焰燃烧中产生的烟大不相同;阴燃一般不发生明显氧化,其烟中含有可燃气体,以及冷凝成悬浮粒子的高沸点液体和焦油等,是可以燃烧的;在密闭空间内,阴燃聚集能够形成可燃或可爆性混合气体;曾发生过乳胶垫阴燃而导致烟雾爆炸的事故。

③炭化区(Ⅱ区)。该区中由热解产物(烟)挥发后剩下的炭,在其表面发生氧化并放热,纤维素材料的温度升高至最大值(可达 600~750 ℃)。

④残余灰炭区(Ⅲ区)。在该区中,灼热燃烧不再进行,温度开始降低。实际上,阴燃传播各区间并无明显界限,而应该是连续的。

阴燃向有焰燃烧转变,有以下几种条件:①阴燃从堆垛内部传播到外部时,不再缺氧,可转变为有焰燃烧。②密闭空间内,因供氧不足,固体材料发生阴燃,并产生大量不完全燃烧产物充满空间,当突然打开空间某些部位时,新鲜空气进入,在空间内形成可燃混合气体,进而发生有焰燃烧或导致爆炸。这种由阴燃向爆燃的突发性转变十分危险。

案例分析:2020 年 1 月 1 日 17 时左右,某市某花园 A4 幢发生火灾。应急、消防、公安等救援力量迅速赶赴现场疏散人群和灭火救援,明火于 2020 年 1 月 1 日 19 时 20 分扑灭。

经调查,起火原因系住户杨某弹烟灰引燃棉被未完全扑灭,棉被复燃引燃外墙雨棚。起火房间被租给一家餐厅作为员工宿舍。事发当天,餐厅 16 岁的员工杨某未上班,其在打游戏的过程中将烟灰弹到棉被上引燃棉被。杨某接了一些水淋在棉被上,然后把棉被放到阳台。杨某出门后,棉被复燃,阳台有烟冒出,10 min 后居民楼外墙雨棚出现明火。事发当天重庆无风,火灾很快从某花园小区 A4 幢第 2 层一居民房阳台起火,火苗成立体状燃烧,引燃外墙保温层及雨棚,蔓延至第 30 层阳台并窜至部分居民房屋内。

5.3.2　回燃

建筑火灾发生一段时间后,多种原因可能造成室内缺氧,烟气中逐渐积累大量可燃气体,当房屋门窗突然破裂空气大量进入时,在烟气层下表面附近发生的非均匀预混气体燃烧现象称为烟气回燃。发生烟气回燃有以下两种情况:

①当建筑物的门窗关闭条件下发生火灾时,或者是门窗虽未关闭严密,但室内存有大量可燃气体,燃烧过程中出现氧气供应严重不足,从而形成烟气层中含有大量可燃气体组分,此时,一旦突然形成通风缺口,如门窗破裂、救灾人员闯入,使大量新鲜空气突然进入,将使可燃烟气获得充分氧气,燃烧强度显著增大,突发猛烈燃烧,室内温度迅速提高。这种燃烧有可能使火灾转变为轰燃或爆炸。

②室内发生火灾后,人们总会尽力扑救,大多数情况下火灾尚未发展到轰燃就被人为扑灭,这种情况下室内可燃材料中的挥发组分并未完全析出,可燃物周围的温度在短时间内仍比环境温度高,它容易造成可燃挥发组分再度析出,一旦充分供氧条件形成,被扑灭的火场又会重新发生可燃烟气的明火燃烧,即烟气回燃。

帕格内(Pagni)等人使用一个模型[2.4 m(长)×1.2 m(宽)×1.2 m(高)]进行回燃传播试验,该试验以甲烷燃烧器为火源,先将模型开口全部关闭,可使燃烧器的火焰逐渐缩小,最终因缺氧而窒息,然后打开模型一端的开口,经过一段时间的延时,启动电火花点火器,形成的火焰由点火源开始,大体沿室内上半部的热烟气和冷空气交界区所形成的非均匀可燃混合气处迅速蔓延开来,甚至从开口蹿出。试验表明,烟气中甲烷可燃气组分浓度达到10%才开始发生回燃,当浓度大于15%时,形成猛烈火团,这是烟气回燃时,由甲烷与空气组成的混合可燃气体属于非均匀相混合燃烧,其化学当量浓度有增高趋势所造成。

霍然等人的多室试验表明,当建筑物的起火房间有开口,并与其他房间或走廊相连接时,会发生逐次出现烟气回燃,如图 5-8 所示。该图表示一个房间至走廊相连的模型内发生的回燃温度曲线。其中,第一次回燃发生在房间内,过了约 15 min 后,在走廊内发生第二次回燃。两次回燃和第二次回燃滞后的出现反映出房间分隔对回燃性质的影响,这种延迟性回燃对进入室内灭火的人员有严重的威胁。

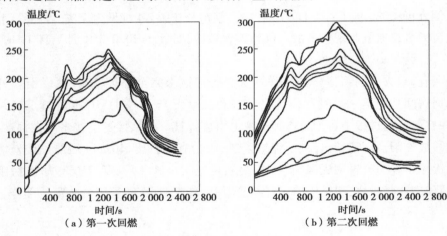

图 5-8 房间至走廊模型内两次回燃的温度变化

为了防止回燃的发生,控制新鲜空气的后期流入和在火灾中禁止启动无防爆措施的电气设备具有重要作用。当发现起火建筑物内生成大量黑红色浓烟时,不要轻易打开门窗以避免生成可燃性混合气。必须作好灭火准备,在房间顶棚或墙壁上部打开排烟口将可燃烟气直接排到室外,或在打开通风口时,沿开口向房间内喷入水雾,可以有效降低烟气浓度,减少烟气被点燃的可能和有利于扑灭室内明火。

案例分析:1994 年 5 月 28 日 19 点 36 分左右,纽约消防局接警前往 Watts 街 62 号处置一起烟囱火灾,到场时建筑烟囱正向外冒出滚滚浓烟。随后火势突然失去控制,造成 3 名消防员牺牲。

起火建筑曾被翻新数次,最近的一次翻修将老旧的石膏包木天花板换成了新的,导致天花板只有 2.5 m 高。门和窗户也被换过,建筑整体加装了保温材料,且尝试提升了建筑的封闭性。火灾始于一楼,经调查了解,一楼的户主在 18 点 25 分左右离开公寓时,将一装满垃圾的塑料袋遗落在厨房炉子旁,如图 5-9 所示。

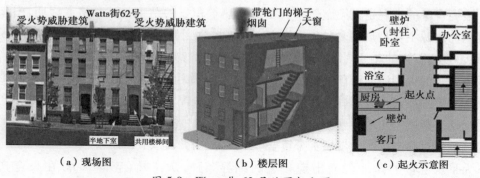

（a）现场图　　　（b）楼层图　　　（c）起火示意图

图 5-9　Watts 街 62 号处置起火图

推断是气炉的飞火引燃了塑料袋和里面的垃圾。火势发展非常迅速,整个厨房都开始燃烧,房间内温度急剧上升。火灾初期,燃烧所需新鲜空气的唯一通道是经客厅壁炉的烟囱,由于通向厕所和卧室的门都是关上的,所以流向厨房的空气量非常有限。火灾造成的损失仅限于客厅和厨房。在某一时刻,烟层的下部已达到客厅壁炉的上部,从此时起,烟囱成了浓烟散发的通道。由于绝佳的建筑封闭性,在氧气几乎被耗尽后,火灾转入阴燃。建筑整体的保温性能,使得起火房间内的温度一直保持在使可燃物发生热分解的程度,房间变成了一个充满可燃气的空间。

初期并未引起注意,随后一个过路的人发现烟囱排出的烟气异常多,并且伴有火光,这个人向消防队报警称有一起烟囱火灾。到场时,指挥员采取了纽约消防内部通用的标准处置程序。排烟是大多数北美消防机构的一项重要任务。现场直接安排了一辆云梯车打开楼梯间顶层的舱门来排烟。大队指挥员对灭火行动进行了周密的部署,派遣了两个三人小队内攻,他们的任务是从一楼开始,在水枪的掩护下检查建筑的每个公寓内是否有被困人员。两个组都事先铺好水带,当消防员打开一楼房门,热烟气(温度不是很高)翻滚而出,流向楼梯间,紧跟着一股空气涌入公寓内部。

开门的消防员意识到这是回燃的前兆,尝试躲开。但是随即发生了回燃,整个楼梯间都陷入火海,猛烈的火焰甚至穿出了建筑顶层的舱门。一楼的消防员察觉到了回燃,在撤离时受了点小伤。但是,二楼的消防员们却被困住且无路可逃,一名消防员当场牺牲,另两名消防员被送往医院的烧伤科,其中一人没挺过 24 h,第二人坚持了 40 d。这次回燃持续了 6 min。

5.3.3　轰燃

轰燃是室内火灾由局部燃烧瞬间向全面燃烧的转变,转变完成后,室内所有可燃物表面都开始燃烧。轰燃是火灾由初起阶段向旺盛阶段转变的显著特征之一。在火灾初起阶段后期,如果通风条件良好,可燃物数量适当,火灾范围会迅速扩大,并引起室内相当数量的可燃物的热解和汽化,一旦可燃气体达到燃烧极限下限,室内温度达到可燃气体燃点,经过较短时间(几分钟)就会出现一种全室性气相火焰现象,并迅速点燃室内绝大多数可燃物表面,燃烧十分猛烈,温度升高很快,它标志着火灾由初起阶段后期进入全盛阶段。

轰燃现象的出现是火灾燃烧释放出大量热量积累的结果。试验研究表明,引起室内轰燃的热源主要是热辐射。建筑物室内地板接收到的热通量的辐射热源主要有 3 个方面:①顶棚下方的热烟气层。②室内上部的顶与侧壁所有热表面的辐射。③火焰,包括垂直上升的火羽流与沿顶棚扩散的火焰。这些热辐射对轰燃出现的控制作用和影响取决于火灾发展过程中可燃物质的性质以及通风状况。在实际火灾中,一般都会产生大量烟气。轰燃的出现主要由热烟气层的厚度和温度达到某一临界点时所决定,烟气层的热辐射对确定火灾的发展十分重要。

为了从定量的角度说明出现轰燃的临界条件,沃特曼(Waterman)在长宽高为 3.64 m×3.64 m×2.43 m 的房间内进行了试验,并测试出要使室内发生轰燃的基本定量条件是:地板平面处至少要接收到 20 kW/m^2 以上的热通量,可燃物燃烧速度必须大于 40 g/s,并维持一段时间。呼格拉德(Huglund)在高 2.7 m 的室内试验基础上提出顶棚温度达到 600 ℃才能出现轰燃,并以此作为基本判据。此外,除了建筑室内场所,其他受限空间或狭窄空间场所也有发生轰燃(有些地方称作爆燃)的可能。

案例分析:2019 年 3 月 30 日 18 时许,四川省凉山彝族自治州木里县雅砻江镇立尔村发生森林火灾,着火点在海拔 3 800 m 左右,地形复杂、坡陡谷深,交通、通讯不便。4 月 5 日,火灾确认为雷击火,着火点是一棵云南松,位于山脊上,树龄约八十年。此时,整个火场得到全面控制,已无蔓延危险,火场总过火面积约 20 公顷。

2019 年 4 月 7 日上午,四川省应急管理厅报告,四川凉山木里火场出现复燃。四川省森林消防总队紧急派出由凉山州支队支队长仲吉会带队的先遣组 7 人赶往了解情况,先遣组需 6 个小时到达火场。当地有 350 名扑火队员在待命扑救。据最新航拍显示,明火还不太明显,烟雾占大多数。记者刚刚从省林草局获悉,已有 3 架飞机正在木里火场侦查和吊桶灭火。

2019 年 4 月 7 日 14 时 15 分,越西县大花乡瑞元村发生森林火灾。凉山州委常委、常务副州长蒋刚已率工作组赶赴现场指挥。越西县已组织 350 人进行扑救。2019 年 4 月 7 日 16 时 28 分,冕宁县腊窝乡腊窝村 1 组发生森林火。凉山彝族自治州州委书记林书成第一时间已率工作组赶赴现场指挥。冕宁县已组织 460 人进行扑救。2019 年 4 月 7 日 19 时,雅砻江镇立尔村森林火灾复燃,目测过火面积约 7 公顷。出动 3 架直升机飞行 5 架次,洒水 17 桶 68.6 t,投入 350 余名扑火队员采取开设隔离带、人工扑打等方式扑救。2019 年 4 月 8 日下午,经过四川森林消防队员们的全力扑救,四川凉山彝族自治州冕宁县腊窝乡腊窝村境内的森林火场东线、南线得到有效控制,但火场西线仍有新火线,且地形陡峭,人员难以靠近。由于火场风力突变,给灭火工作带来巨大影响。

扑火行动中,由于受风力风向突变影响,突发林火轰燃(爆燃),瞬间形成巨大火球。30 名扑火人员牺牲,其中森林消防队员 27 人、地方干部群众 3 人。

此次森林火灾的主要扑救难点在于:一是火场最高海拔约 3 700 m,海拔高,风大且方向不定,火势难控制;二是木里当地地形复杂,尤其是雅砻江沿岸一带山高坡陡,很多地方没有路,给灭火和搜救工作带来很大困难;三是当地森林腐殖层较厚,火不易打熄;四是山上取水非常困难;五是对于森林火灾的轰燃(爆燃)现象认识不到位,防范意识不够。"

5.3.4　蛙跳

蛙跳火灾的主要特征就是隔空、跳跃式传播蔓延,火灾传播速度快、蔓延波及范围大,防治困难。会在相对较短时间内在更大的区域内引起多处燃烧物质起火,形成多点火源。在受限空间内极易出现轰燃现象。

案例分析:如图 5-10(a)所示标注的起火位置处进行隧道木材火实验,测定不同设定条件下的温度,CO,CO_2 及其他烷烃类物质的时空动态变化规律。实验是在国内某大型防空洞巷道内开展。火源处起火后,经过一段时间,在距离火源上风侧约 11 m 处的三角形位置处,一老旧木门的顶部开始着火燃烧,如图 5-10(b)所示。

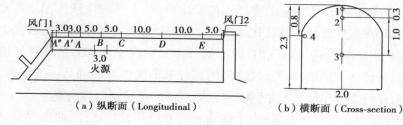

（a）纵断面（Longitudinal）　　　　（b）横断面（Cross-section）

图 5-10　蛙跳火灾

在 A' 处有一道开启的木门,木门距离火源的距离为 8 m,显然,这个距离是在烟流滚退区的。从距离的角度来说,木门在烟流滚退范围之内。A 断面的 A_2 测点属于烟流的密集区域,该区域的温度在火灾的第 20~70 min 高于 240 ℃。相关研究文献得出,当木材在温度高于 205 ℃下被连续加热超过 15 min 就会起火。而 A 断面和 A' 断面的距离仅为 3 m,可近似认为这两个断面的温差不大,认为 A' 断面的 2 测点的温度有相当一段时间仍然高于 205 ℃。从温度的角度来说,A' 点的木门存在被点燃的可能。结合这两个因素的分析可知,A' 处的木门从理论上来讲是会被引燃的。这一点从实验上得到了验证,离火源 8 m 远处 A' 木门被引燃,离火源 11 m 远处 A'' 处墙壁上悬挂的胶皮管被轻微炭化,如图 5-11 所示。

（a）木门上部着火燃烧图像　　（b）木门上部燃烧后的图像　　（c）轻微炭化的胶皮管

图 5-11　滚退烟流引发火源上风侧木门燃烧、胶管轻微炭化的图片

图 5-11(a)(b)说明,距离火源 8 m 远处的巷道上半部的温度在可以引起木门燃烧的温度下持续了一定的时间。计算得知,8 m 的距离下热辐射的强度不足以引发木材起火,主要是高温滚退烟流的热作用,木门一定处于烟流的滚退区域内。加上不断有新鲜风流从进风侧进入,保证了充足的氧气。综上,木门具备了起火的条件,从而出现了图 5-11(a)(b)的实验现象。图 5-11(c)是位于 A' 处木门外侧 3 m 处巷道上半壁斜挂的废弃胶皮管被炭化的示意图。该种胶皮管的炭化温度大约为 180 ℃。可知在距离火源 11 m 远的地点有高温烟流出现,且烟流的温度应当超过了 180 ℃ 的高温,从而造成了图 5-11(c)中所示的现象。当然烟流可能滚退到了更远的地方。该图片从某种程度上印证了前面关于烟流的滚退距离的理论和计算结果。

5.3.5 沸溢

以原油为例,其黏度比较大,并且含有一定的水分,以乳化水和水垫两种形式存在。所谓乳化水是原油在开采运输过程中,原油中的水由于强力搅拌成细小的水珠悬浮于油中而成。放置久后,油水分离,水因密度大而沉降在底部形成水垫。

燃烧过程中,这些沸程较宽的重质油品产生热波,在热波向液体深层运动时,温度高于水的沸点,热波使油品中的乳化水汽化,大量的蒸汽就穿过油层向液面上浮,在向上移动的过程中形成油包气的气泡,即油的一部分形成了含有大量蒸汽气泡的泡沫。这样,必然使液体体积膨胀,向外溢出,同时部分未形成泡沫的油品被下面的蒸汽膨胀力抛出罐外,使液面猛烈沸腾起来,就像"跑锅"一样,这种现象称为沸溢。

沸溢的形成必须具备 3 个条件:①原油具有形成热波的特性,即沸程宽,密度相差较大。②原油含有乳化水,水遇热波变成蒸汽。③原油黏度较大,使水蒸气不容易从上向下穿过油层。

案例分析:1989 年 8 月 12 日 9 时 55 分,石油天然气总公司管道局胜利输油公司黄岛油库老罐区,2.3 万 m³ 原油储量的 5 号混凝土油罐爆炸起火,大火前后共燃烧了 104 h,烧掉原油 4 万多立方米,占地 250 亩(1 亩 ≈ 666.67 m²,下同)老罐区和生产区设施全部烧毁,该起事故造成直接经济损失 3 540 万元。在灭火抢险中,10 辆消防车被烧毁,19 人牺牲,100 多人受伤。其中,公安消防人员牺牲 14 人,负伤 85 人。

8 月 12 日 9 时 55 分,2.3 万 m³ 原油储量的 5 号混凝土油罐突然爆炸起火。下午 2 时 35 分,青岛地区西北风,风力增至 4 级以上,几百米高的火焰向东南方向倾斜。燃烧了 4 个多小时,5 号罐里的原油随着轻油馏分的蒸发燃烧,形成速度大约 1.5 m/h、温度为 150~300 ℃ 的热波向油层下部传递。当热波传至油罐底部的水层时,罐底部的积水、原油中的乳化水以及灭火时泡沫中的水汽化,出现了沸溢和喷溅现象,点燃了位于东南方向相距 5 号油罐 37 m 处的另一座相同结构的 4 号油罐顶部的泄漏油气层,引起爆炸。

炸飞的 4 号罐顶混凝土碎块将相邻 30 m 处的 1 号、2 号和 3 号金属油罐顶部震裂,造成油气外漏。约 1 min 后,5 号罐喷溅的油火又先后点燃了 3 号、2 号和 1 号油罐的外漏油气,引起爆燃,整个老罐区陷入一片火海。失控的外溢原油像火山喷发出的岩浆,在地面上四处流淌,形成大面积的流淌火。

一部分油火翻过 5 号罐北侧 1 m 高的矮墙,进入储油规模为 30 万 m³ 新罐区的 1 号、2 号、6 号浮顶式金属罐四周。烈焰和浓烟烧黑 3 个罐壁,其中 2 号罐壁隔热钢板很快被烧红。另一部分油火沿地下管沟流淌,会同输油管网外溢原油形成地下火网。还有一部分油火向北,从生产区的消防泵房一直烧到车库、化验室和锅炉房,向东从变电站一直引烧到装船泵房、计量站、加热炉。

火海席卷着整个生产区,东路、北路的两路油火汇合成一路,绕过油库 1 号大门,沿着新港公路向位于低处的黄岛油港烧去。大火殃及青岛化工进出口黄岛分公司、航务二公司四处、黄岛商检局、管道局仓库和建港指挥部仓库等单位。18 时左右,部分外溢原油沿着地面管沟、低洼路面流入胶州湾。大约 600 t 油水在胶州湾海面形成几条十几海里长,几百米宽的污染带,造成胶州湾有史以来最严重的海洋污染。

5.3.6 喷溅

喷溅又称沸喷,是原油或重质油品储罐(池)着火后,一种喷射性燃烧的现象。喷溅是在储罐(池)底部的水垫层,着火后在热波作用下,使水垫层被加热到汽化温度(100 ℃)后而发生的。喷溅时会产生空中火柱形燃烧,高达 70~120 m。没有燃尽的油品落地后,会突然造成大面积燃烧,伤害人员、毁坏车辆、装备,甚至会引起邻近储罐(池)的爆炸燃烧,给灭火作战带来严重威胁。

在重质油品燃烧过程中,随着热波温度逐渐升高,热波向下传播的距离加大,当热波达到水垫时,水垫的水大量蒸发,蒸汽体积迅速膨胀,以致把水垫上面的液体层抛向空中,向罐外喷射,这种现象称为喷溅。一般情况下,发生沸溢要比发生喷溅的时间早得多。发生沸溢的时间与原油的种类、水分含量有关。根据试验,含有 1% 水分的石油,经 45~60 min 燃烧就会发生沸溢。喷溅发生的时间与油层厚度、热波移动速度及油的燃烧速度有关。

研究表明,油滴飞溅高度和散落面积与油层高度、油池直径有关,一般散落面积的直径与油池直径之比均在 10 以上。喷溅带出的燃油从池火燃烧状态转变为液滴燃烧状态,改变了燃烧条件,燃烧强度和危险性随之增加,并且油滴在飞溅过程中和散落后将继续燃烧,极易造成火灾的迅速扩大,影响周边其他可燃物及人员、设备等,造成伤亡和损失。对于油池而言,要避免喷溅现象的发生。

5.4 火灾防控原理

5.4.1 火灾防控本质

1) 防火基本理论

根据燃烧必须是可燃物、助燃物和火源这 3 个基本条件相互作用才能发生的原理,采取措施,防止燃烧 3 个基本条件的同时存在或者避免它们的相互作用,这是防火技术的基本理论。所有防火技术措施都是在这个基本理论的指导下制订的,或者可这样说,全部防火技术措施的实质,即是防止燃烧基本条件的同时存在或避免它们的相互作用。

例如,在汽油库里或操作乙炔发生器时,由于有空气和可燃物(汽油或乙炔)存在,所以规定必须严禁烟火,这就是防止燃烧条件之一——火源存在的一种措施。又如,安全规则规定气焊操作点(火焰)与乙炔发生器之间的距离必须在 10 m 以上,乙炔发生器与氧气瓶之间的距离必须在 5 m 以上,电石库距明火、散发火花的地点必须在 30 m 以上等。采取这些防火技术措施是为了避免燃烧三要素的相互作用。

2)案例

以电石库防火为例,进行防火有关技术措施的制订和分析。

(1)措施制订

①禁止用地下室或半地下室作为电石仓库。

②存放电石桶的库房必须设置在不受潮、不漏雨、不易浸水的地方。

③电石库应距离锻工、铸工和热处理等散发火花的车间和其他明火 30 m 以上,与架空电力线的间距应不小于电杆高度的 1.5 倍。

④库房应有良好的自然通风系统。

⑤电石库可与可燃易爆物品仓库、氧气瓶库设置在同一座建筑物内,但应以无门、窗、洞的防火墙隔开。

⑥仓库的电气设备应采用密闭式和防爆式;照明灯具和开关应采取防爆型,否则应将灯具和开关装设在室外,再利用玻璃将光线射入室内。

⑦严禁将热水、自来水和取暖的管道通过库房,应保持库房内干燥。

⑧库房内积存的电石粉末要随时清扫处理,分批倒入电石渣坑里,并用水加以处理。

⑨电石桶进库前应先检查包装有无破损或受潮等,如果发现有鼓包等可疑现象,应立即在室外打开桶盖。将乙炔气放掉,修理后才能入库。禁止在雨天搬运电石桶。

⑩库内应设木架,将电石桶放置在木架上,不得随便放在地面上。

⑪开启电石桶时不能用火焰和可能引起火星的工具,最好用铍铜合金或铜制工具(其含铜量要低于 70%)。

⑫电石库禁止明火取暖,库内严禁吸烟。

(2)措施分析

从以上电石库的防火条例中可知,其中第①、②、④、⑦、⑧、⑨、⑩条说的都是防止燃烧条件之一——可燃物乙炔气的存在,第⑥、⑪、⑫条是防止燃烧的另一条件——火源的存在。人们要在库内工作,燃烧的条件之一——助燃物空气是不可防止和避免的,防火条例第③、⑤条则是为了避免燃烧条件的相互作用。

其他具备火灾发生条件的场景,请参照本案例进行类比分析。

5.4.2 点火源(热源)防控

从燃烧机理可知,如果携有足够能量的点火源,作用于可燃物和助燃物组成的爆炸性混合气体,就会产生气体的爆炸(或爆燃);如果施与既有一定数量可燃物,又有充分助燃条件的系统（或体系），就会导致燃烧的形成和继续。为了使成为爆炸或火灾的最初原因的点火反应开始进行，必须给予可燃物一定的活化能，而点火源正是能给予可燃物启动活化能，并使燃烧反应得以开始且获得继续进行的关键要素。预防火灾、爆炸，除管理好火灾危险性物质外，对点火源的控制极为重要。

经统计，火灾、爆炸点火源分为 4 种类型：①化学点火源（明火、自然发热）；②电气点火源（电火花、静电火花）；③高温点火源（高温表面、热辐射）；④冲击点火源（冲击与摩擦绝热压缩）。

1）化学点火源

化学点火源是基于化学反应放热而构成的一种点火源，主要有明火和自然发热两种形式。

（1）明火点火源

明火是物质燃烧的裸露之火，它不但具有很大的激发能量和高温，而且燃烧反应生成的许多原子和自由基，尚可诱发可燃物质的燃烧连锁反应，是促使物质燃烧的最有效能量供给源。

工业企业中的明火形式很多，主要分为：①与生产直接相关的明火，如金属切割的氧炔火焰和焊接火焰、喷灯火焰，锅炉、加热炉等火炉中燃料燃烧的火焰，以及火炬的火焰和烟囱冒出的火星等的生产明火。②与生产无直接关系的明火，如取暖的火炉、炭火盆吸烟和引燃的火柴、做饭、烧水及焚烧等非生产明火。生产明火一般是生产工艺要求必备的，不能取缔，而只能施以某些措施阻止其与可燃物、爆炸性混合物接触，使之不致成为火灾的点火源。非生产明火则必须在生产区域内加以取缔或限制。

为了减少或消除明火作为点火源的爆炸或火灾，必须对存在或可能存在的明火源，施以严格的管理和控制。

管控措施：建立健全各种明火的使用、管理和责任制度，杜绝不必要明火源的出现，对生产用火，除要做好设计防火审核外，还要加强防火管理检查。对作为潜在点火源的控制，应避免任何处于可燃范围内的蒸气或气体扩散而与生产用火的点火源接触。对有爆炸性混合气体存在的空间或容器内，必须杜绝一切明火的引入。对有火灾爆炸危险的场所，必须严格控制一切明火源的使用和无端出现。

（2）自然发热点火源

火灾原因证明，某些物质在一定的条件下，会自动发生燃烧反应，或者可燃物质本身或其内部存在着化学反应热蓄积，而导致火灾或爆炸。其既可作为自身的直接点火源，也能作为引燃其他可燃物的间接点火源。

容易引起自然着火的物质必须满足 3 个条件：①物质为可燃性、多孔性，且具有良好的绝热性和保温效果，以使产生的反应热不向外部发散而蓄积起来。发生自然着火的物质多是纤维状、粉末状或重叠堆积起来的片状物质。②必须是易于进行放热反应而产生反应热的物质。例如，化学上不稳定，容易分解而产生反应热的，或吸收空气中的氧而产生氧化热的，或吸收湿气而产生水合热的，或混合接触而产生反应热的，以及发酵而产生发酵热的等类物质。③物质自身反应热的产生速度必须大于热的散发速度。实践证明,上述 3 个条件全部得到满足时,自然着火才会发生,才能成为自然发热点火源。它和其他 7 种点火源有本质上不同,其他点火源需要与反应物质无关的外界给予点火能,而自然着火的特点则是由反应的物质本身的化学反应引起自然着火才成为点火源。

常见容易引起自然发热着火的物质有赛璐珞、硝化棉、油毡纸、油布、油破布、油渣、鱼粉、煤、活性炭、黄磷、金属钠、电石、生石灰、二磷化三钙等。自然发热点火源的控制,关键是研究具有自然发热特性物质的管理及使用对策。

管控措施:生产中,尽量避免使用易于蓄热的物质;储运中,采取通风换气,防止热量蓄积的有效措施。对容易分解的产生反应热的物质,要注意冷却、通风,防止出现温度持续上升。对混合接触自然发热的物质,最好的方法就是杜绝混合接触情况的出现,严格按照有关法规规定操作和进行储存运输。对吸水易引起自然发热的物质,要防止水或水蒸气侵入,保持使用、储运环境的干燥。对容易在空气中氧化放热的物质,要做好温度的测量管理,遇有温度升高时,可采取分散、翻垛、冷却和通风等措施适时降低物质温度,以降低氧化反应进行的速度。对接触空气立即发生剧烈氧化反应的物质,需密封保存,或者置于水或油等相应的惰性物质中储存,避免与空气接触。对易于产生吸附热或发酵热的物质,重要的措施是通风、降温,破坏其热量蓄积。

2)电气点火源

电气点火源是由电气设备,或生产过程,或气象条件所产生的电火花、电弧、雷电、静电等电气火花所构成的点火源,可分为电火花和静电火花两种主要形式。

(1)电火花点火源

电火花是一种常见的点火源。根据放电机理,电火花一般分为 3 类:①高电压的火花放电。在空气中引起火花放电,电压在 400 V 以上。②短时间的弧光放电。是在电路启闭、电气配线的断线、接触不良、短路、漏电或电灯泡损坏之际,所产生极短时间的弧光放电。③接触上的微小火花。在自动调节用继电器的接点、电动机的整流子或滑环等上面,随着接点的启闭,即使在低电压也会产生肉眼可以看到的微小火花。

管控措施:对所需点火能量较小的散发可燃性气体、易燃性液体蒸气、爆炸性粉尘或堆积纤维垃圾等火灾爆炸危险场所,必须尽量避免电火花的产生。实际上,完全杜绝电火花的发生十分困难。要求针对火灾危险等级采用下述防爆结构的电力机械及配线。在火灾爆炸危险场所使用的电力机械(电器)的防爆结构有耐压防爆结构、内压防爆结构、油浸防爆结构、增安型防爆结构及特殊防爆结构 5 种。但在石油、化工企业中,有时使用的各种工艺参数计测和控制的电子仪器,采用上述防爆结构,无论在技术上还是经济上,难以达到要求,而应采用电压、电流微小的本质安全防爆结构设备。

此外,在甲级防火防爆车间或场所,应尽可能避免使用电力机械(可用水蒸气驱动或空气驱动的动力机械等代替电动机),如必须采用,应尽可能设置于火灾爆炸场所之外。设置在火灾危险场所的电力机械,要把电动机、开关、电灯等的设置地点,尽可能控制在必要的最大限度之内,并选择相应要求的防爆结构。当场所内具有两种以上火灾爆炸危险气体或蒸气时,应选择适合于其中火灾爆炸危险性最高的气体的防爆结构,即一般把防爆结构规定为耐压防爆结构或内压防爆结构,而油浸防爆结构和增安型防爆结构的电气器具则只能安装于乙级以下火灾危险场所。散发爆炸性混合气体的场所,除保证通风换气外,设置的相应防爆结构电力机械,要依照泄漏蒸气或气体的重度大小,将电力机械选设在室内的高处或低处。禁止将不具备防爆结构的电风扇、电话机、录音机、电钟、传呼铃、电冰箱、自动控制接点、蓄电池等设置在甲级防火防爆场所。

（2）静电火花点火源

高电阻的物体或处于电绝缘状态的导体等,在互相紧密接触后分离时,产生静电是常见的现象,这种静电常称为摩擦电。例如,皮带轮运行中,塑料薄膜通过滚筒时,油品从金属管或橡皮管流出时产生静电;混有锈粉或液滴雾珠的气体在管道中以高速流动时,水以高速度撞击金属壁形成雾滴时容易产生静电。在静电的发生、蓄积和放电过程中,如果放电达不到点火所需要的能量,就不会成为点火源。构成点火源,必须满足4个条件:①处于容易产生静电的状态。②静电产生后的泄漏少,处于能够充分蓄积静电的绝缘状态。③蓄积的静电进行放电时,能够具体指明有相当于电极的物体存在。④放电的静电能足够大,对于其周围一定浓度的可燃性气体或粉尘而言,能够给予必需的点火能。

爆炸性混合气体的电火花点火能,根据其混合比而异。当可燃性气体浓度接近化学计量比时,点火能量最小。静电火花,一般只限于接近化学计量比的爆炸极限范围内的一部分时,才起到点火源的效能。否则就无点火的作用了。

管控措施:预防静电火花点火源的对策是抑制静电的产生,如有困难则要采取使其迅速泄漏、防止蓄积的方法。

①抑制。静电的产生是由两种物质的接触电位差引起的。要尽可能选用带电序列接近的物质或将带电序列相反的物质进行配合,以尽可能地缩小接触电位差。要避免不必要的摩擦、剥离、冲刷、喷溅等操作。限制油品在管道中的流速。严格控制人为产生静电的操作或行为,控制静电的产生。烃类燃油在管道内流动时,流速与管径应满足以下关系:

$$V^2 D \leqslant 0.64 \tag{5-33}$$

式中　V——流速,m/s;

　　　D——管径,m。

②接地。接地是使静电荷迅速泄漏的最重要而普遍采用的措施。采用连续电路连接所有的导电体至适当的接地线,接地电阻应低于 $1\sim3\ \Omega$,以及时导走产生的电荷。如果两种金属物体之间存在高电阻的(或绝缘的)通路,则应施以跨接,使两金属物体具有相同的电位而不产生静电放电。接地线必须定期检查、加强维护保养、确保通畅有效。

③给予导电性。使用有导电性的物质代替电阻高的物质,或在绝缘性物质中加入导电性物质、加抗静电剂等方法,都可增强物质的导电性能。

④增温。如果一层较薄的水膜附在物质的表面上,该薄膜(一般只有 10^{-5} cm)就会提供一个连续的导电通道,从而增加静电沿绝缘体表面的泄漏。增加火灾爆炸危险场所的空气湿度(一般为 70%~75%),可大大减少静电火花的产生,还能提高爆炸性混合

物的最小点火能量。在工艺条件许可时,可安装空调设备、喷雾器或采用挂湿布条等方法。

⑤离子化。如果带电物体的周围空气被离子化,则会使带电物体吸引大量符号相反的离子,使带电体表面的电荷中和,从而防止建立高电位的可能性。作为产生离子的方法,可采用电晕放电,或利用放射性材料,明火和连接于高电压的针尖电梳等方法,即采用感应式、高压、放射线、离子流等形式的各种静电中和器。

为了减少和消除静电火花,除应采取上述各种措施和加强消防管理外,还应增强检查、检测。检测的仪器主要有静电电压表和电子管检测器等。

3)高温点火源

可燃性物质在空气中加热到自燃温度以上时,就会被引燃。通常设备的高温表面和热辐射即为高温点火源的两种主要形式。

热辐射是物体因其自身温度而发出的一种电磁辐射。当物体被加热其温度上升时,它通过对流损失部分热量,同时通过热辐射损失部分热量。火灾时可燃物起火后,起火区域有较高的温度,产生高温烟气,这些高温区域通过热辐射将热量传递到周围的人或物表面,当人或物表面受到的辐射热流量达到一定值后,就会被灼烧或起火燃烧。

管控措施:高温表面控制的措施通常是采取冷却降温、绝热保温、隔离等降低表面温度的方法。对于被火灾包围的高闪点油品储罐而言,高热表面是其内部爆炸的主要点火源。在重质油品储罐暴露于周围火灾的情况下,射水冷却其气相空间罐壁是防止产生内部爆炸的有效措施。

预防热辐射成为点火源的方法与高温表面的对策基本相同,主要应采取遮挡、通风、冷却降温等措施。易燃物质储运中,尤应注意置放于阴凉、干燥且较为密闭的环境条件下。

4)冲击点火源

机械冲击作用产生火花,或产生局部高温而导致火灾、爆炸事故的案例较为常见。从其产生足够点火能量的表观行为看,主要分为冲击与摩擦、绝热压缩两种形式。

（1）冲击与摩擦点火源

某些物质相互冲击、碰撞或相互摩擦会产生火花。冲击火花一般由金属打击岩石或金属打击金属而产生。在这种情况下,机械的打击能受岩石或金属晶体的破坏而转变为带电的高能火花。摩擦火花是从一块较大的物体在摩擦表面上接触时分裂出来的热的固体小颗粒。颗粒的温度既取决于物体是否是惰性物质或是化学活性物质,也取决于其熔点或氧化温度。实际上。并非所有的冲击和摩擦火花都可充当点火源。例如,用锉摩擦涂有铝粉的管子,会产生无数的火花,但该火花只是很小的热粉末颗粒,其表面积小,产生的热强度低,而且持续时间很短,不足以造成点火源的危险。而作为点火源,是指其释放能量可以触发初始燃烧化学反应进行,其包括温度、释放的能量、热量和加热时间等诸种影响因素。在防火工作中,这些热的颗粒"火花"是最为人所误解的现象之一。

管控措施:工业企业生产中,冲击与摩擦的操作行为形式多样。重要的是针对各种冲击与摩擦行为研究避免火花产生的方法。例如,为了避免轻金属合金制造工具的冲击火花,应改用非金用材料制作的工具或钢制手动工具在附着水的条件下进行使用。施工中,为了防止金属零部件下落,撞击于设备上产生火花,应搭设保护网。防止转动机械的转动轴因润滑油干枯而摩擦发热成为点火源,应加强维护保养。特别在工艺上寻求减少冲击与摩擦的操作极为重要。

（2）绝热压缩点火源

绝热压缩造成的温度急剧升高,有时可以成为点火源。例如,在处理爆炸性物质的过程中,由于其中含有微小的气泡,当其受到绝热压缩时,就经常发生爆炸事故。根据热力学的观点,温度和压力之间存在以下关系:

$$\frac{P_2}{P_1} = \left(\frac{V_1}{V_2}\right)^k \tag{5-34}$$

$$\frac{T_2}{T_1} = \left(\frac{V_1}{V_2}\right)^{k-1} \tag{5-35}$$

式中　P_1, T_1, V_1——分别为初始的压力、温度和体积;

P_2, T_2, V_2——分别为压缩后的压力、温度和体积;

k——气体的比热容比(C_P/C_V)。

管控措施:防止绝热压缩成为点火源的根本方法是尽量避免或控制可能出现绝热压缩的操作。例如,启闭阀门动作的速度要和缓,限制气流在管道中的流速(一般把压力在 38 bar 以下的流速应低于 25 m/s 作为高压氧气操作基准),或绝热压缩操作前,排出物料中夹杂的各类气泡等。

5）其他点火源

在一定的条件下,水可以成为间接点火源。水加热后有体积膨胀的特性[在一个大气压(一个大气压 = 101 kPa),100 ℃ 条件下,体积膨胀 1 600 倍]。水具有一定的摩擦特性,可以产生静电在管线内积集,当摩擦达到发生火花峰值时,可成为点火源。

管控措施:当热油和水混合时,加热含有水或油水混合物时,水或水蒸气冲刷油罐壁时尤应注意。特别在开车阶段,在水冲洗过程中,水经常聚集于容器的底部、塔的抽出段、管线和换热器的低点,退热油会迅速汽化膨胀而造成爆炸。

此外,吸烟引起的火灾是一种常见的火灾。烟头的表面温度为 200~300 ℃,中心温度达 700~800 ℃。常见固体可燃物的燃点大多低于烟头的表面温度。烟头中心温度几乎高于各种可燃物的自燃点。尽管烟头热源不大,但却极其危险。

管控措施:在有火灾爆炸危险的场所,要严禁非生产用火,禁止带入火柴和烟卷。

5.4.3　可燃物防控

1）气体火灾危险性主要参数

（1）燃烧极限

可燃气体的燃烧极限是表征其危险性的一种主要技术参数,燃烧极限范围越宽,下限浓度越低,上限浓度越高,则燃烧危险性越大。可燃气体与蒸气的燃烧极限范围见表 5-6。

表 5-6 可燃气体与蒸气在普通情况(20 ℃及 101 325 Pa)下的燃烧极限

物质名称	燃烧下限/%	燃烧上限/%	物质名称	燃烧下限/%	燃烧上限/%
甲烷	5.00	15.00	丙酮	2.55	12.80
乙烷	3.22	12.45	氢氰酸	5.60	47.00
丙烷	2.37	9.50	醋酸	4.05	——
乙烯	2.75	28.60	醋酸甲酯	3.15	15.60
乙炔	2.50	80.00	醋酸戊酯	1.10	11.40
苯	1.41	6.75	松节油	0.80	——

(2)自燃点

可燃气体自燃点不是固定的数值,而是受压力、密度、容器直径、催化剂等因素的影响。

一般规律为受压越高,自燃点越低;密度越大,自燃点越低;容器直径越小,自燃点越高。可燃气体在压缩过程中较容易发生燃烧,其原因之一就是自燃点降低的缘故。在氧气中测定时,所得自燃点数值一般较低,而在空气中测定则较高。

同一物质的自燃点随一系列条件而变化,这种情况使得自燃点在表示物质火灾危险性上降低了作用,但在判定火灾原因时,就不能不知道物质的自燃点。在利用文献中自燃点数据时,必须注意它们的测定条件。测定条件与所考虑的条件不符时,应该注意其变化关系。可燃气体和蒸气的自燃点见表 5-7。

表 5-7 可燃气体和蒸气在普通情况下的自燃点

物质名称	自燃点/℃	物质名称	自燃点/℃	物质名称	自燃点/℃
甲烷	620	硝基甲苯	482	丁醇	337
乙烷	540	蒽	470	乙二醇	378
丙烷	530	石油醚	246	醋酸	500
丁烷	429	松节油	250	醋酐	180
乙炔	406	乙醚	180	醋酸戊酯	451
苯	625	丙酮	612	醋酸甲酯	451
甲苯	600	甘油	348	氨	651
乙苯	553	甲醇	430	一氧化碳	644
二甲苯	590	乙醇(96%)	421	二硫化碳	112
苯胺	620	丙醇	377	硫化氢	216

混合气处于燃烧下限浓度或上限浓度时的自燃点最高,处于完全反应浓度时的自燃点最低。在通常情况下,都是采用完全反应浓度时的自燃点作为标准自燃点。例如,

硫化氢在燃烧下限时的自燃点为 373 ℃,在燃烧上限时的自燃点为 304 ℃,在完全反应浓度时的自燃点为 216 ℃,取用 216 ℃作为硫化氢的标准自燃点。

应当根据混合气的自燃点选择防爆电气的类型,控制反应温度,设计阻火器的直径,采取隔离热源的措施等。与混合物接触的任何物体,如电动机、反应罐、暖气管道等,其外表面的温度必须控制在接触的混合物的自燃温度以下。

为了使防爆设备的表面温度限制在一个合理的数值上,将在标准实验条件下的燃烧性混合物按其自燃点分组,见表 5-8。

表 5-8　燃烧性混合物按自燃点分组

组别	混合物自燃温度 $T/℃$	组别	混合物自燃温度 $T/℃$
T_a	$450 < T$	T_d	$135 < T \leqslant 200$
T_b	$300 < T \leqslant 450$	T_e	$100 < T \leqslant 135$
T_c	$200 < T \leqslant 300$		

（3）化学活泼性

①可燃气体的化学活泼性越强,其火灾爆炸的危险性越大。化学活泼性强的可燃气体,在通常条件下可与氯、氧以及其他氧化剂起反应,发生火灾和爆炸。

②气态烃类分子结构中的价键越多,化学活泼性越强,火灾爆炸的危险性越大。例如,乙烷、乙烯和乙炔分子结构中的价键分别为单键($HaC—CH_3$)、双键($H_2C=CH_2$)和三键($HC\equiv CH$),则它们的燃烧爆炸和自燃的危险性依次增加。

（4）相对密度

①与空气密度相近的可燃气体,容易互相均匀混合,形成爆炸性混合物。

②比空气重的气体可沿着地面扩散,易蹿入沟渠、厂房死角处,聚集不散,遇火源则发生燃烧或爆炸。

③比空气轻的气体容易向上扩散,能顺风飘动,会使燃烧火焰蔓延、扩散。

④应根据气体密度特点,正确选择通风排气口的位置,确定防火间距值以及采取防止火势蔓延的措施。

⑤气体的相对密度是指对空气质量之比,各种可燃气体对空气的相对密度可通过计算为

$$d = \frac{M}{29} \tag{5-36}$$

式中　M——气体的摩尔质量;

　　　29——空气的平均摩尔质量。

（5）扩散性

扩散性是指物质在空气及其他介质中的扩散能力。可燃气体(蒸气)在空气中的扩散速度越快,火灾蔓延扩散的危险性就越大。气体的扩散速度取决于扩散系数的大小。几种可燃气体的相对密度和标准状态下的扩散系数见表 5-9。

表 5-9　几种可燃气体的相对密度和标准状态下的扩散系数

气体名称	扩散系数/(cm² · S⁻¹)	相对密度	气体名称	扩散系数/(cm² · S⁻¹)	相对密度
氢	0.634	0.07	乙烯	0.130	0.79
乙炔	0.194	0.91	甲醛	0.118	1.58
甲烷	0.196	0.55	液化石油气	0.121	1.56

（6）可压缩性和受热膨胀性

①气体与液体相比有很大的弹性。气体在外界压力和温度的作用下，容易改变其体积，受压时体积缩小，受热即体积膨胀。当容积不变时，温度与压力成正比，即气体受热温度越高，膨胀后形成的压力越大。

②气体的压力、温度和体积之间的关系，可用气体状态方程式表示为

$$PV = nRT \tag{5-37}$$

式中　P——气体压力，MPa；

V——气体体积，m³ 或 L 等；

n——气体的摩尔数，mol；

R——气体常数，为 8.315 Pa · m³ · mol⁻¹ · K⁻¹或 0.008 205 MPa · L · mol⁻¹ · K⁻¹；

T——热力学温度，K。

按理想气体方程计算的值与按真实气体方程计算的值有一定的误差，而且随着压力提高，误差往往加大。

式（5-36）表明，盛装压缩气体或液体的容器（钢瓶）如受高温、日晒等作用，气体就会急剧膨胀，产生很大的压力，当压力超过容器的极限强度时，就会引起容器物理爆炸。

（7）带电性

可燃气体是电介质，有着极大的带电性。气体的带电是由沿导管流动时的摩擦和气体撞击金属表面而产生的。当静电积聚形成很大的电位差时，就有可能造成火花放电，引起燃烧或爆炸事故。带电能力越强的气体，其火灾危险性越大，应采取消除静电措施。

2）液体火灾危险性的主要技术参数

评价可燃液体火灾危险性的主要技术参数有饱和蒸气压、燃烧极限和闪点。此外还有液体的其他性能，如受热膨胀性等。

（1）饱和蒸气压

饱和蒸气是指在单位时间内从液体蒸发出来的分子数等于回到液体里的分子数的蒸气。在密闭容器中，液体都能蒸发成饱和蒸气。饱和蒸气所具有的压力称为饱和蒸气压力，简称蒸气压力，单位以 Pa 表示。

液体的蒸气压力越大，则蒸发速度越快，闪点越低，火灾危险性越大。蒸气压力是随着温度而变化的，即随着温度的升高而增加，超过沸点时的蒸气压力，能导致容器爆裂，造成火灾蔓延。表 5-10 列举了一些常见可燃液体的饱和蒸气压力。

表 5-10　几种易燃液体的饱和蒸气压力

P_z/P_a ＼ T_0	−20	−10	0	+10	+20	+30	+40	+50	+60
丙酮	—	5 160	8 443	14 705	24 531	37 330	55 902	81 168	115 510
苯	991	1 951	3 546	5 966	9 972	15 785	24 198	35 824	52 329
航空汽油	—	—	11 732	15 199	20 532	27 988	37 730	50 262	—
车用汽油	—	—	5 333	6 666	9 333	13 066	18 132	24 065	—
二硫化碳	6 463	11 199	17 996	27 064	40 237	58 262	82 206	114 217	156 040
乙醚	8 933	14 972	24 583	28 237	57 688	84 526	120 923	168 626	216 408
甲醇	836	1 796	3 576	6 773	11 822	19 998	32 464	50 889	83 326
乙醇	333	747	1 627	3 173	5 866	10 412	17 785	29 304	46 863
甲苯	232	456	901	1 693	2 973	4 960	7 906	12 399	18 598
乙酸乙酯	867	1 720	3 226	5 840	9 706	15 825	24 491	37 637	55 369
乙酸丙酯	—	—	933	2 173	3 403	6 433	9 453	16 186	22 918

（2）燃烧极限

可燃液体的着火是蒸气而不是液体本身,燃烧极限对液体燃爆危险性的影响和评价等同可燃气体。

可燃液体的燃烧温度极限可以用仪器测定,也可利用饱和蒸气压力公式,通过浓度极限进行计算。

（3）闪点

液体的闪点越低,则表示越易起火燃烧。可燃液体在常温甚至在冬季低温时,只要遇到明火就可能发生闪燃,具有较大的火灾爆炸危险性。燃烧温度下限就是该可燃液体的闪点。为便于闪点特性的讨论,现将几种常见液体的闪点列于表 5-11。

表 5-11　几种常见可燃液体的闪点

物质名称	闪点/℃	物质名称	闪点/℃	物质名称	闪点/℃
甲醇	7	甲苯	4	醋酸丁酯	13
乙醇	11	氯苯	25	醋酸戊酯	25
乙二醇	112	石油	−21	二硫化碳	−45
丁醇	35	松节油	32	二氯乙烷	8
戊醇	46	醋酸	40	二乙胺	26
乙醚	−45	醋酸乙酯	1	飞机汽油	−44
丙酮	−20	甘油	160	煤油	18

两种可燃液体混合物的闪点,一般是位于原来两种液体的闪点之间,并且低于这两种可燃液体闪点的平均值。例如,车用汽油的闪点为 −36 ℃,照明用煤油的闪点为

40 ℃,如果将汽油和煤油按 1∶1 的比例混合,那么混合物的闪点应低于

$$\left[\frac{-36+40}{2}\right]℃ = 2 ℃$$

在易燃的溶剂中掺入四氯化碳,其闪点即提高,加入量达到一定数值后,不能闪燃。例如,在甲醇中加入 41% 四氯化碳,则不会出现闪燃现象,这种性质在安全上可加以利用。液体的闪点可用仪器测定,也可基于相关经验公式计算求得。

(4)受热膨胀性

热胀冷缩是一般物质的共性,可燃液体储存于密闭容器中,受热时液体体积膨胀,蒸气压会随之增大,有可能造成容器的鼓胀,甚至引起爆炸事故。可燃液体受热后的体积膨胀值,可用计算为

$$V_t = V_0(1 + \beta \times t) \tag{5-38}$$

式中　V_t,V_0——分别为液体 t 和 0 ℃时的体积,L;

　　　t——液体受热后的温度,℃;

　　　β——体积膨胀系数,即温度升高 1 ℃时,单位体积的增量。

几种液体在 0~100 ℃的平均体积膨胀系数见表 5-12。

表 5-12　几种液体在 0~100 ℃的平均体积膨胀系数

液体名称	平均体积膨胀系数	液体名称	平均体积膨胀系数
乙醚	0.001 60	戊烷	0.001 60
丙酮	0.001 40	煤油	0.000 90
苯	0.301 20	石油	0.000 70
甲苯	0.001 10	醋酸	0.001 40
二甲苯	0.000 95	氯仿	0.001 40
甲醇	0.001 40	硝基苯	0.000 83
乙醇	0.001 10	甘油	0.000 50
二硫化碳	0.001 20	苯酚	0.000 89

通过以上分析可知,尽管液体分子间的引力比气体大得多,它的体积随温度的变化比气体小得多,而压力对液体的体积影响相对于气体来说就更小了。但是,对液体具有的这种受热膨胀性质,从安全角度出发仍需加以注意并应采取必要的措施。例如,对盛装易燃液体的容器应按规定留出足够的空间,夏天要储存于阴凉处或用淋水降温法加以保护等。

(5)其他燃爆性质

①沸点。液体沸腾时的温度(即蒸气压等于大气压时的温度)称为沸点。沸点低的可燃液体蒸发速度快、闪点低,容易与空气形成爆炸性混合物。可燃液体的沸点越低,其火灾和爆炸危险性越大。

②相对密度。同体积的液体和水的质量之比,称为相对密度。可燃液体的相对密度大多小于 1。相对密度越小,则蒸发速度越快,闪点也越低,其火灾爆炸的危险性越大。

可燃蒸气的相对密度是其摩尔质量和空气摩尔质量之比。大多数可燃蒸气都比空

气重,能沿地面漂浮,遇着火源能发生火灾和爆炸。

比水轻且不溶于水的液体着火时,不能用直流水扑救。比水重且不溶于水的可燃液体(如二硫化碳)可储存于水中,既能安全防火,又经济方便。

③流动扩散性。流动性强的可燃液体着火时,会促使火势蔓延,扩大燃烧面积。液体流动性的强弱与其黏度有关。黏度越低,则液体的流动扩散性越强;反之就越差。

可燃液体的黏度与自燃点有这样的关系:黏稠液体的自燃点比较低,不黏稠液体的自燃点比较高。例如,重质油料沥青是黏稠液体,其自燃点为 280 ℃;苯是不黏稠透明液体,自燃点为 580 ℃。黏稠液体的自燃点比较低是其分子间隔小、蓄热条件好的原因。

④带电性。大部分可燃液体是高电阻率的电介质(电阻率为 $10 \sim 15 \ \Omega \cdot cm$),具有带电能力,如醚类、酮类、酯类、芳香烃类、石油及其产品等。有带电能力的液体在灌注、运输和流动过程中,都有因摩擦产生静电放电而发生火灾的危险。

醇类、醛类和羧酸类不是电介质,电阻率低,一般没有带电能力,其静电火灾危险性较小。

⑤分子量。在同一类有机化合物中,分子量越小的液体,其沸点越低,闪点也越低,火灾爆炸危险性就越大。分子量大的液体,其自燃点较低,易受热自燃(表 5-13)。

表 5-13　几种醇类同系物分子量与闪点和自燃点的关系

醇类同系物	分子式	分子量	沸点/℃	闪点/℃	自燃点/℃	热值/($kJ \cdot kg^{-1}$)
甲醇	CH_3OH	32	64.7	7	445	23 865
乙醇	C_2H_5OH	46	78.4	11	414	30 991
丙醇	C_3H_7OH	60	97.8	23.5	404	34 792

3) 固体火灾危险性的主要参数

(1) 燃点

燃点是表征固体物质火灾危险性的主要参数之一。燃点低的固体在能量较小热源作用下,或者受撞击、摩擦等,会很快升温达到燃点而着火。固体燃点越低,越易着火,火灾危险性就越大。控制可燃物温度在燃点以下是防火措施之一。

(2) 熔点

物质由固态转变为液态的最低温度称为熔点。熔点低的可燃固体受热时容易蒸发或汽化,燃点较低,燃烧速度较快。某些低熔点易燃固体还有闪燃现象,如萘、二氯化苯、聚甲醛、樟脑等,其闪点大都在 100 ℃ 以下,火灾危险性大。可燃固体的燃点、熔点和闪点见表 5-14。

表 5-14　可燃固体的燃点、熔点和闪点

物质名称	熔点/℃	燃点/℃	闪点/%	物质名称	熔点/℃	燃点/℃	闪点/%
萘	80.2	86	80	苊	96		108
二氯化苯	53		67	樟脑	174~179		
聚甲醛	62		45	松香	55	216	
甲基萘	35.1		101	硫黄	113	255	

续表

物质名称	熔点/℃	燃点/℃	闪点/%	物质名称	熔点/℃	燃点/℃	闪点/%
红磷		160		醋酸纤维	260	320	
三硫化磷	172.5	92		粘胶纤维		235	
五硫化磷	276	300		锦纶-6	220	395	
重氮氨基苯	98	150		锦纶-66		415	
聚乙烯	120	400		涤纶	250~265	390~415	
聚丙烯	160	270		二亚硝基	255~264	260	
聚苯纤维	100	400		间苯二酚			
硝酸纤维		180		有机玻璃	80	158	

（3）自燃点

固体的自燃点一般都低于液体和气体的自燃点，大体上为180~440 ℃。固体物组成中的分子间隔小，单位体积密度大，受热时蓄热条件好。固体的自燃点越低，其受热自燃的危险性就越大。

有些固体达到自燃点时，会分解出可燃气体与空气发生氧化而燃烧，这类物质的自燃温度一般较低，如纸张和棉花的自燃温度为130~150 ℃。熔点高的固体的自燃点比熔点低的固体的自燃点低一些，粉状固体的自燃点比块状固体的自燃点低一些。可燃固体的自燃点见表5-15。

表5-15　可燃固体的自燃点

名称	自燃温度/℃	名称	自燃温度/℃
黄（白）磷	60	木材	250
三硫化四磷	100	硫	260
纸张	130	沥青	280
赛璐珞	140	木炭	350
棉花	150	煤	400
布匹	200	蒽	470
赤磷	200	萘	515
松香	240	焦炭	700

此外，固体与空气接触表面积越大，其化学活性也越大，越容易燃烧，并且燃速也越快。同样的固体，如单位体积表面积越大，其危险性就越大。由多种元素组成的复杂固体物质，其受热分解的温度越低，火灾危险性则越大。粉状的可燃固体，飞扬悬浮在空气中并达到爆炸极限时，有发生爆炸的危险。

（4）比表面积

同一固体，单位体积表面积越大，其危险性越大。物质的粒度越细，比表面积越大，则火灾危险性也越大。因为固体燃烧时,首先是从表面进行,然后逐渐深入物质内部,所以物质比表面积越大,与空气中的氧接触机会就越多,氧化越容易发生,燃烧也就越容易进行。足够细小的粉尘悬浮在空气中,当粉尘浓度达到一定值时,遇到点火源可能引起粉尘爆炸。

（5）热分解

许多化合物结构上,含有容易游离的氧原子或不稳定基团,受热后容易分解并放出气体和分解热,容易导致燃烧或爆炸,其燃烧危险性大。

4）爆炸性物质危险性的主要参数

爆炸性物质的感度是指在外界能量作用下发生燃烧或爆炸的难易程度。激起炸药爆炸所需要的能量的引爆冲能。与这些初始冲能相对应,炸药对各种外界作用的感度常用来评价其危险性。

（1）热感度

炸药热感度是指在热作用下引起燃烧或爆炸的难易程度。热感度越高,危险性越大。

（2）火焰感度

它是另一种表示热感度的方法。试验时利用标准黑火药柱燃烧喷出的火焰,通过一定距离作用于炸药上,观察其是否燃烧或爆炸。100%燃烧时的最大距离为上限;100%不燃烧时的最小距离为下限。把各种炸药火焰感度作比较,如上限和下限数值越大,其火焰感度越高,危险性越大。

（3）撞击感度

撞击感度是指炸药受外界机械撞击作用的敏感程度。其试验方法为使定量的、限制在两光滑硬表面之间的炸药试样,受到一定质量、自一定高度自由落下的落锤的一次冲击作用,观察其是否发生爆炸(包括燃烧、分解),用其爆炸概率表征试样的撞击感度值。撞击感度的表示方法如下:

①上、下限法。在一个专用设备上,一定质量的落锤,在室温条件下,落锤从一定高度自由落下,即可测得上限和下限值。上限为100%的爆炸的最小落高,下限为100%的不爆炸的最大落高。

②爆炸百分数法。在上述设备上以一定质量落锤,在室温条件下,从一定高度落下测出试样的爆炸百分数,用以表明各种起爆药的冲击感度。

③50%爆炸的特性高度。选一个低于50%爆炸的落锤高度实验,采用升降法找出50%爆炸的特性高度。需要时可根据此数据计算出上、下限。

（4）静电感度和电火花感度

静电感度包括两个方面:一是炸药在受到摩擦、产生静电的难易程度;二是在静电作用下,炸药发生爆炸的难易程度。

（5）摩擦感度

摩擦感度是指炸药受到机械摩擦时的敏感程度。其试验方法为使定量炸药试样限制在两个光滑硬表面之间,在恒定的挤压压力与外力作用下经受一定的摩擦作用,观察是否发生爆炸(包括燃烧、分解),用其爆炸概率表征试样的摩擦感度值。

（6）冲击波感度

冲击波感度是指在冲击波作用下火炸药发生燃烧或爆炸的难易程度。常用的方法是隔板实验测定。实验时,用炸药柱作为主发药,隔板常用铝、黄铜、有机玻璃板或其他塑料板,被发药柱是被实验药柱,它的尺寸与主发药相同。被发药柱下放置一块钢板,以便判断被发药柱是否被引爆。

5.4.4　烟气防控

烟气防控指所有可以单独或组合起来使用以减轻或消除火灾烟气危害的方法。建筑物发生火灾后,有效的烟气控制是保护人们生命财产安全的重要手段。

控制烟气在建筑物内的蔓延主要有两条途径:一是挡烟;二是排烟。挡烟是指用某些耐火性能好的物体或材料把烟气阻挡在某些限定区域,不让它流到对人对物产生危害的地方。这种方法适用于建筑物与起火区没有开口、缝隙或漏洞的区域。排烟就是使烟气沿着对人和物没有危害的渠道排到建筑外,从而消除烟气的有害影响。排烟有自然排烟和机械排烟两种形式。排烟窗、排烟井是建筑物中常见的自然排烟形式,它们主要适用于烟气具有足够大的浮力,可能克服其他阻碍烟气流动的驱动力的区域。在现代化建筑中广泛采用风机进行机械排烟。虽然需要增加很多设备,但这种方法可以克服自然排烟的局限,有效排出烟气。

1)防烟分隔

在建筑物中,墙壁、隔板、楼板和其他阻挡物都可作为防烟分隔的物体,它们能使离火源较远的空间不受或少受烟气的影响。这些物体可以单独使用(有人称为被动式防烟分隔),也可与加压方式配合使用。

2)非火源区烟气稀释

在有些场合烟气稀释又称烟气净化、烟气清除或烟气置换。当烟气由一个空间泄漏到另一个空间时,采取烟气稀释可使后一空间的烟气或粒子浓度控制在人可承受的程度。若烟气泄漏量与所保护空间的体积或流进流出该空间的净化空气流率相比较小时,这种方法很有效。此外,烟气稀释对火灾扑灭后清除烟气很有用处。当门敞开时,烟气就可能流进需要保护的区域,理想情况是某些门只在疏散过程的一段时间内打开。对进入离火源较远的区域的烟气可通过供应外界空气来稀释。

现对非着火区域的烟气稀释作简要分析。设 $t=0$ 时刻,该区弥漫着一定浓度的烟气。若不再有烟气流入,内部不产生烟气,且认为烟气在室内分布均匀,则烟气在空间的浓度可写为

$$\frac{C}{C_0} = e^{-at} \tag{5-39}$$

式中　C_0——开始时的污染物浓度;

　　　C——t 时刻的污染物浓度;

　　　a——稀释率,用每分钟换气数表示;

t——从烟气停止进入或烟气停止产生之后的时间,min。

由式(5-39)可解出稀释率和时间:

$$a = \frac{1}{t}\ln\left(\frac{C_0}{C}\right) \tag{5-40}$$

$$t = \frac{1}{a}\ln\left(\frac{C_0}{C}\right) \tag{5-41}$$

浓度 C_0 和 C 的量纲相同,它们可以用任何适宜表示特定污染物的单位表示。麦克奎尔(Mcquier)、塔木拉(Tamura)等人根据大量火灾试验和烟气遮光承受极限的推荐值,对烟气遮光度的最大值作了估算。他们指出,烟气遮光度的最大值约比可承受极限大 100 倍。只要所考虑空间内的污染物浓度小于直接着火区内污染物浓度的 1%,可认为该空间是安全的。显然,这种稀释会减少烟气的有毒组分浓度。不过毒性问题比较复杂,对通过稀释烟气来实现减小其毒性还没有相应的论述。

实际上,假设污染物浓度在某区域的整个空间内均匀分布是不够确切的。由于浮力的作用,顶棚附近的烟气浓度要高些,因此,在顶棚附近抽出烟气而贴近地板供入空气能够加快烟气稀释。应当注意供气口和排烟口的相对位置,防止刚供入的空气很快进入排烟口,这种短路将影响稀释效率。

如果供热通风与空气调节(Heating Ventilation and Air Conditioning,HVAC)系统每小时可排除 6 倍的室内空气,即稀释率 0.1/min,要将烟气浓度降低到初始值的 1%,由式(5-41)可算出所需时间为 4 min。消防队扑灭火灾后都希望尽快排空烟气。考虑消防人员急切察看火场的心情,如此长的排烟时间显得过长了。若消防队希望在 10 min 内排除该区域的烟气,由式(5-40)可得出稀释率为 0.46/min,即每小时换气 28 次。

有些人曾期望在着火区里进行烟气稀释,这种想法并不现实。应当指出,HVAC 系统对其控制空间内的气体具有很强的掺混作用,而火灾燃烧会产生大量烟气。用 HVAC 系统稀释着火区的烟气实际上不会改善该区的人的承受状况。建议不要在着火区或与火场有大开口相联通的区域使用换气系统来改善那里的烟气危害程度。

3)加压控制

使用风机可在防烟分隔物的两侧造成压差从而控制烟气通过。设某隔墙上的门是关闭的,门的高压侧可以是疏散通道或避难区,低压侧存在热烟气。于是穿过门缝和隔墙裂缝的空气流能够阻止烟气渗透到高压侧。若门被打开,空气就会流过门道。当空气流速较低时,烟气便可经门道上半部逆着空气流进入避难区或疏散通道。但如果空气流速足够大,烟气逆流便可全部被阻止。阻止烟气逆流所需的空气量由火灾的热释放速率决定。由此可知,加压控制烟气有两种情形:一是利用分隔物两侧的压差控制;二是利用平均流速足够大的空气流控制。

实际上,加压是在门缝和建筑缝隙中产生高速空气流来阻止烟气逆流,但是在讨论烟气控制设计时,将它们分别考虑是有好处的。若分隔物上存在一个或几个大的开口,则无论对设计还是对测量都适宜采用空气流速;但对门缝、裂缝一类小缝隙,按流速设计和测量空气流速都不现实,这时适宜使用压差。另外将两者分开考虑,强调了对开门或关门的情况应采取的不同处理方法。

为了保证加压引起的膨胀不成为问题,加压系统中应当设计一种可以将烟气排到外界的通道。这种通道可以是顶部通风的电梯竖井,也可以由排气风机完成。现在加压送风系统普遍用在加压楼梯井和分区烟气控制方面。

4) 空气流

在铁路和公路隧道、地下铁道的火灾烟气控制中,空气流用得很广泛。用这种方法阻止烟气运动需要很大的空气流率,而空气流会给火灾提供氧气,它需要较复杂的控制。正因为这一点,空气流在建筑物内的应用不很多。在此仅指出,空气流是控制烟气的基本方法之一,除了大火已被抑制或燃料已被控制的少数情况外,建议不采用这种方法。

托马斯(Thomas)对走廊里用空气流完全阻止烟气蔓延作了分析。如图 5-12 所示,烟气与进入的空气流形成一定夹角的界面。分子扩散会造成微量烟气传输,不会对上游构成危害,但可闻到烟气味道。空气流须保持某一最小速度,若低于此速度,烟气就会流向上游。Thomas 得出的阻止烟气逆流的临界速度公式为

$$V_k = k\left(\frac{gE}{\omega \rho cT}\right)^{\frac{1}{3}} \tag{5-42}$$

式中　V_k——阻止烟气逆流的临界空气速度;

　　　E——对走廊释放热量的速率;

　　　ω——走廊的宽度;

　　　ρ——上游空气密度;

　　　c——下游气体的比热容;

　　　T——下游气体的热力学温度;

　　　k——量级为 1 的常数;

　　　g——重力加速度。

风流

图 5-12　在走廊内用空气流防止烟气逆流

设下游气体参数为离火源足够远的区域的参数,且其沿走廊断面的分布均匀。若取 $\rho = 1.3 \text{ kg/m}^3$;$c = 1.005 \text{ kJ/(kg} \cdot \text{℃)}$;$T = 27 \text{ ℃}$ 和 $k = 1$,则阻止烟气逆流的临界空气速度为

$$V_k = k_\nu \left(\frac{E}{\varpi}\right)^{\frac{1}{3}} \tag{5-43}$$

系数 k_ν 约为 0.292。

式(5-43)适用于走廊内有火源或烟气可通过敞开门道流入走廊的情形。用式

（5-42）和式（5-43）计算的临界速度是近似的，因为 k 用的是近似值。该公式表明，阻止烟气逆流的空气临界速度应根据火源的功率选择。图 5-13 给出了式（5-43）的典型计算值。

例 5-1 在宽为 1.22 m、高为 2.74 m 的走廊内有一个 150 kW 的火源（相当于一个纸篓着火），试计算阻止烟气逆流所需的空气流率。

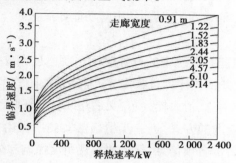

图 5-13 走廊内防止烟气逆流的临界速度

解： 由式（5-43）或图 5-13 可得出临界风速为 1.45 m/s，而走廊的截面积为 1.22 m×2.74 m＝3.34 m²，空气流率等于截面积与速度的乘积，即约为 4.7 m³/s。

5）浮力

在风机驱动和自然通风系统中，经常利用热烟气的浮力机制排烟。大空间的风机通风已经广泛用在中庭和购物中心大厅中。与此相关的一个问题是水喷头喷出的液体会冷却烟气，使其浮力减小，从而降低这种系统的排烟效率。但现在还不清楚它对风机通风的影响程度，对此需进一步研究。

5.5 火灾防控技术

5.5.1 火灾监测预警技术

目前国内外在研究火灾探测和扑救设备的同时，重视对火灾发生、发展、防治机理和规律的研究，在火场观测和模拟研究两种方式中，更加重视火灾过程的模拟研究以及现代高新技术在火灾防治上的应用等。

20 世纪 80 年代以来，美国（洛杉矶、纽约、旧金山、休斯敦）、日本（东京、大阪）、新加坡、瑞典、挪威等先后建设或建成了城市防灾救灾中心。这些防灾救灾中心配置了大屏幕图像显示系统（包括城市基本面貌、灾情分布、应急救援效果等）、多媒体通信手段、大型数据库和地理信息系统（GIS）以及计算机决策支持系统等初步的数字化减灾系统。

1）GIS 在火灾防灾减灾中的应用

GIS（geographic information system）是一门集计算机科学、地理学、测绘遥感学、环境科学、城市科学、信息科学和管理科学为一体的学科，是采集、储存、管理、分析和描述空间数据的空间信息分析系统。

利用 GIS 技术的定位系统能快速生成专题地图,积极有效地应对消防工作,对水源分布、行政道路、交通运输、火灾区域、有关单位等借助 GIS 技术合理地分析路面状况,收集有效信息,帮助消防调控指挥系统作出准确无误的判断,确保在科学合理的基础上实现警报定位,制订全面的消防应急救援作战计划。随着新时代、新需求的变革,GIS 技术在现代消防调度指挥信息系统应用中的优化功能,能够进一步确保消防速度、消防安全、消防计划等方面的精准度。GIS 具体的消防功能如下:

(1)查询地理信息

GIS 技术在消防调度指挥系统中的良好应用主要通过形成一定的矢量、立体、层次分明清晰的地理数据库,并依托计算机技术,加强整合消防管辖区域之内的各个建筑,准确定位地理数据、水源信息、消火栓分布、交通路线以及新政路线的基本划分,在应用的基础过程中提出分层查询的方式,进一步精确落实到所需内容信息上。这样才能达到最佳获取火灾地理位置的各项信息,保证从宏观角度控制和分析现场实际火灾情况,要求相关调控人员制订周密的救火措施,并获得精度较高的地面数字地图,为相关人员的实际应用提供较完备的基础形态。

(2)制订应急预案

消防调控指挥系统的良好运作离不开 GIS 技术的合理应用,只有保障其有效应用和发展才能获得整个消防领域的综合价值。GIS 技术系统中具备丰富的地理信息数据内容,并且加以现代化三维技术的应用其能有效呈现出立体的设计模式,准确无误地将火灾发生地理位置以及周围环境变化提供给调控人员,再由专业的信息技术人员分析数据和参考资料,准确生成同此次火灾事故状况符合的结果信息,以便制订应急预案,促使消防人员接收任务,把握火灾现场的实际情况,进一步减少人员伤亡,提高工作效率,对整个消防车辆、消防人员、消防预案作出最佳分配,避免资源浪费在科学完备的基础上,完成整个救火工作的提前部署和预定,做好相关准备措施。

(3)查询报警点信息

GIS 技术在消防调度指挥信息系统中的实际应用必须确保采集到的各项数据信息准确无误,之后进行综合性的分析与完善,形成庞大、有效、综合的数据库。通过长期的信息积累和完善,面对火灾疫情,能通过数据库系统快速查询相关数据资料,短时间内找准报警地点,为火灾点的建筑和人群提供快速帮助。随着我国 GIS 技术的不断创新和完善,其囊括的信息趋于全面化、综合化、多元化,不仅能获得火灾点的地理位置,对周边环境以及各种类型的资源将提出精确的定位和分析,使相关人员提高判断能力。除此之外,可以采用输出模式提供纸质材料,为消防人员的实际工作提供参考与使用价值。近年来 GIS 技术系统对现代消防安全范围、化学危险物品等各类信息提供了综合性的查询,从各个细致入微的角度着手展开消防重点管理工作,以此实现我国新型技术GIS 系统的强大内驱力,为消防调控指挥工作带去极大的帮助。协调多部车辆和人员完成消防工作,提高作业强度和要求,保障消防事业的整体质量,如图 5-14、图 5-15 所示。

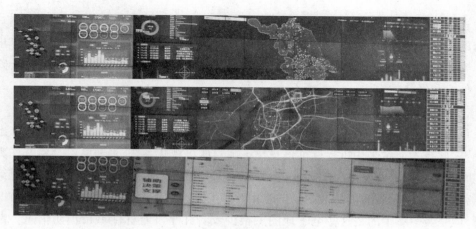

图 5-14　城市火灾 GIS 图像

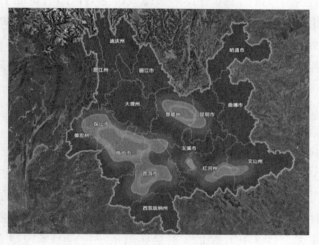

图 5-15　森林火灾 GIS 图像

（4）定位出警车辆

确保消防人员和消防车出动时，消防调控指挥系统中心可以利用网络通信技术，加之 GPS 定位系统等，保障出警车辆和指挥中心时刻保持密切的联系，对路况信息、突发情况、行驶路径及速度进行实时地理信息报备，以此为消防指挥中心的相关调控人员提供全方位的线索，进一步制订完整完备的救援路线，使消防人员第一时间抵达火灾现场，大大提升救火救灾的实际效率，良好地体现 GIS 技术的优势力量和价值，进而良好地构建城市数字地图，促使在整个城市消防救援路线的优化设计中提供更多便捷，减少不必要的救援失误。从宏观调控上做好应对措施，这是积极实现现代化发展的必要取向。

（5）辅助决策信息

对 GIS 技术在消防调度指挥信息系统中的实际应用，主要通过地理定位技术进行多个层次、多个动态的实时监测，加强对其中物体的估测，进而获得相应的数据信息，促使相关调控人员依据以上信息优化设计具体方案，以此较好地把握火灾救援的突发变化和具体发展。行之有效地采用地理信息系统技术，加强数据分析评估工作等调查，合理地进行救援工作,保障我国消防调度指挥信息系统优化建设和开发。GIS 技术还具备一定的空间优势性能,可以根据空间分析综合利用各种方法定位着火点,并且计算出消防车到达现场的最短距离,清晰显示路况条件,作出及时播报,有效实施消防工作,降低人员伤亡和经济损失。

(6)消防 GIS 应用系统的开发平台

目前,我国消防 GIS 应用系统中的具体研究主要是对消防的日常部署工作作出重大调整,此技术通常采用世界标准信息化下建立的可视化系统,消防队都会将其作为消防 GIS 应用系统的开发平台的首选,在逐步摸索中构建起来的消防通信指挥系统第一要素就是拥有电子版的消防地图。当前我国各主要大城市都购买了电子版的城市电子地图,但是美中不足的是这些电子地图上很少或者几乎没有标注城市消防信息。消防人员必须根据消防通信指挥的要求在所购买的城市电子地图的基础上添加市区的道路实际位置和运行情况、消火栓箱在城市中的布局情况等,只有经过消防队员修改过的地图才能为消防队所使用。

运用 GIS 地理信息系统,可以根据气象条件、坡度、植被等情况划定森林、草地的火灾风险等级;可以建立地理信息系统进行淹没范围计算城市消防指挥调度 GIS 系统,根据报警地点计算并显示各个消防站到火场的最佳路径、最近的消火栓位置等信息,为消防指挥决策提供帮助。

2)GPS 在火灾防灾减灾中的应用

全球定位系统(global position system,GPS)是以卫星为基础的无线电导航定位系统,具有全能性(陆、海、空、航天)、全球性、全天候、连续性和实时性的导航、定时、定位功能,能提供精密的三维坐标、速度和时间。该系统由在轨卫星、地面控制系统、地面监测站和用户设备组成。目前中国的北斗卫星导航系统已经基本覆盖全球范围,能够为全世界用户提供全天候、全天时和高精度的定位和导航服务,误差达到 0.5 m 以下,完全可以满足火灾事故点定位、边界特征点定位和路线调查点定位等工作要求。

GPS 由空间卫星星座、地面监控、用户接收机 3 个部分组成(图 5-16)。GPS 通过测量用户到卫星的距离(卫星的位置为已知值)来计算自己的位置。每个 GPS 发送位置和时间信号,用户接收机测量信号到达接收机的时间延迟,相当于测量用户到卫星的距离。近年来,高精度 GPS 技术已成为世界主要国家和地区用来监测火山、地震的重要手段,在火灾防治等领域的应用逐步推广。GPS 的消防作用目前主要体现在以下 4 个方面:

(1)绘制防火地图

我国地域辽阔,但多数地形复杂多样,若通过常规方式进行地图测量与绘制,会浪费大量人力、物力以及财力,同时耽误大量的时间,若使用 GPS 进行绘制,可以快速有效地绘制出草原防火地图。使用 GPS 绘制的防火地图精确度极高,经纬度明确,可表明可燃物种类,并且能有效显示出地形种类,从而提升防火地图的实用性。

(2)用于防火巡查

以往的防火巡查过程中,巡护员发现火情时,因为地形的多样化,只能简单地沟通出火情的大致位置,造成不能第一时间了解火情的具体位置。GPS 用于日常的防火巡查后,在巡护员发现火情的同时,通过 GPS 精准定位出火情的经纬度,第一时间了解火情的具体情况,然后通过有效的防火指挥,将火情控制在最小范围内,减小火灾带来的损失。

（3）拟建防火隔离带

通过 GPS 有效绘制出防火地图,可以通过模拟火情的方法,根据地形拟建防火隔离带,明确出隔离带的起点、节点以及重点的精准经纬度。通过模拟火情的位置、大小以及风向等可能性,拟建多条隔离带,保证火灾发生时防火指挥的及时性,避免指挥失误造成的火情蔓延扩大。

（4）GPS 救援

① GPS 可以宏观了解火情便于指挥。火灾情况下可根据火情大小、风力、风向等情况,选择灭火方式,火情较小、风力较小的情况通常会采用直接扑灭的方式。GPS 能够准确、快速地获得火场情况。火情严峻、风速较快的情况下,通常会选择建造隔离带的方式先对火情进行有效的控制,再进行扑灭。由专业人员携带 GPS 接收机在火场周围位置报告经纬度,通过传回的数据进行绘图,了解火场的实际形状图。通过 GPS 的实时定位可以有效地了解火灾详细情况,进行明确指挥部署,保证最快速度将火头位置进行控制,降低火灾造成损失。

②救火人员的进入与撤离路线。明确火源位置后,救火人员需要第一时间赶往目标位置,可能存在地势、火灾等的影响,造成救火人员路线不明确,容易错过救火的黄金时间。这时可以通过 GPS 进行定位导航,帮助救火人员用最短时间到达目标位置。

③清理及看守火场。清理及看守火场是灭火的最后阶段,现场可能会出现复燃的现象,再次引起火灾。使用 GPS 接收机能够帮助消防队确定是否有复燃区域以及复燃的具体地理坐标,及时报告并制订灭火措施,保证第一时间到达复燃点,控制复燃现象。

GPS 卫星定位系统如图 5-16 所示。

图 5-16　GPS 卫星定位系统

四川木里藏族自治县森林火灾卫星遥感图如图 5-17 所示。

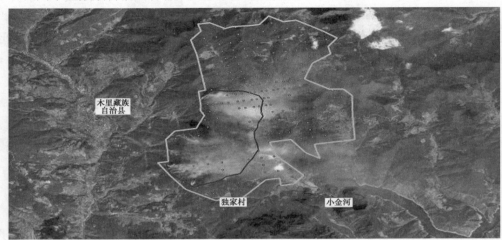

图 5-17　四川木里藏族自治县森林火灾卫星遥感图

某国火灾卫星遥感图如图 5-18 所示。

图 5-18　某国火灾卫星遥感图

3) VR 在火灾防灾减灾中的应用

虚拟现实(Virtual Reality, VR)是通过计算机三维数值模型和一定的硬件设备,使用户在视觉上产生一种沉浸于虚拟环境中的感觉,并与该虚拟环境进行交互。虚拟现实技术是使人可以通过计算机观看、操纵极端复杂的数据并与之交互的技术,是集先进的计算机技术、传感和测量技术、仿真技术、微电子技术等为一体的综合集成技术。

虚拟现实技术包括硬件和软件两个部分。硬件是指虚拟环境得以实现的硬件设施,包括服务器、显示器、环绕屏幕、数据手套、数据鼠标等一系列旨在帮助使用者能够拥有更真实感官的设备;软件是指操作这些硬件设备具体实现虚拟环境的机器语言编码。人机交互是区别虚拟现实技术和普通多媒体技术的关键所在。

一个 VR 系统主要由实时计算机图像生成系统、立体图形显示系统、三维交互式跟踪系统、三维数据库及相应的应用软件组成。它是利用计算机生成一种逼真的视、听、说、触、动和嗅等感觉的虚拟环境,通过各种传感设备,可以使操作者沉浸在该环境中,并使操作者可以和环境直接进行自然的交互。

从技术角度来说,虚拟现实系统具有 3 个基本特征:Immersion(沉浸)、Interaction(交互)和 Imagination(构想),它强调了在虚拟系统中人的主导作用。从过去人只能从计算机系统的外部去观测处理的结果,到人能够沉浸到计算机系统所创建的环境中;从过去人只能通过键盘、鼠标与计算环境中的单维数字信息发生作用,到人能够用多种传感器与多维信息的环境发生交互作用;从过去的人只能以定量计算为主,到人有可能从定性和定量综合集成的环境中得到感知和理性的认识从而深化概念和萌发新意。

虚拟现实在技术上逐步成熟,它的相关应用在近几年发展迅速,应用领域由过去单纯的娱乐与模拟训练发展到包括航空、航天、铁道、建筑、土木、防灾减灾、科学计算可视化、医疗、军事、通信等多个领域。

运用虚拟现实技术可以实现对真实火灾世界某些层次或某些方面属性的模拟或复现。美国的 Colt Virtual Reality 公司开发了一个称为 Vegas 的火灾疏散虚拟系统。该系统使用户能够亲身体验火灾时的感受,进而进行人群疏散的模拟训练。应用该系统对地铁、港口等建筑物火灾时人员疏散的仿真模拟,取得了良好的效果。美国再保险集团与政府部门合作,开发了训练火灾调查员虚拟现实程序,教调查员学会判断火灾起因、搜集证据、询问目击者,以便与纵火犯作斗争。美国 Alabama 大学用虚拟现实程序训练消防队员通过不熟悉的建筑物找到营救路线,并与用蓝图训练的效果作了比较。日本大阪大学用沉浸式虚拟现实系统,模拟火灾发生时的有毒气体扩散和人群疏散。我国近年来在应用 VR 技术进行消防场景模拟、人员培训、事故应急演练、日常教学等方面取得了很大进展。具体应用如图 5-19 所示。

图 5-19　运用虚拟现实系统进行火灾实验

5.5.2　火灾报警技术

近几十年来,随着科学技术的进步和生产的迅速发展,尤其是材料工业、机械工业、电子自动化工业、化学工业的突飞猛进,火灾的探测、报警、消防自动化联合控制有了坚实的基础。经过几代技术和产品的发展与更新,已能为建筑向大型化、高层、超高层、地下空间发展中出现的火灾提供高效、优质和经济合理的控制技术和装备。

1）火灾探测报警系统

火灾探测报警系统是用于监视、探测和识别早期火灾,判别确认后发出报警,并启动灭火与减灾的设备。

（1）系统组成及类型

火灾探测报警系统由触发器件、火灾报警装置、火灾警报装置,以及其他辅助装置所构成,如图 5-20 所示。系统中主要部件为触发器件中的火灾探测器与火灾报警装置中的火灾报警控制器。

火灾探测报警系统的类型,可根据所保护建筑物的系统大小和重要性,分为区域监控系统、集中监控系统和控制中心监控系统。这 3 种类型依据传统的多线制报警设备来划分,现已逐渐被新型的通用型报警控制器加重复显示屏(楼层显示器)的方式所替代。上述 3 种多线制探测报警系统,在小型、简单工程中仍是一种经济合理方案。

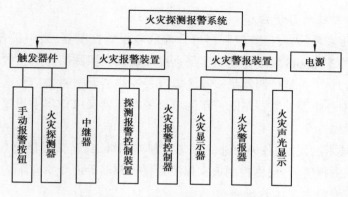

图 5-20　火灾探测报警系统基本组成

（2）系统工作过程

以火灾探测报警系统中,用于中等规模的集中监控系统（图 5-21）为例,阐述系统的工作过程。

当建筑物内某一被监视现场（如房间、走廊、楼梯）着火时,火灾探测器便把从现场探测到的信息（烟气、温度、火光、燃气）,以电信号的形式传到报警控制器,控制器将此信号与现场正常状态整定的信号比较,若确认着火,则输出两种回路信号:一路指令声光显示装置动作,发出音响报警,并显示火灾现场地址,记录第一次报警时间;另一路则指令灭火系统现场执行器（继电器或电磁阀）工作,对着火点进行灭火。为防止系统失控或执行器中组件失灵贻误,现场附近还设有手动报警装置和人控灭火器,以便及时报警和灭火。上述程序就是火灾报警控制系统的基本工作过程。

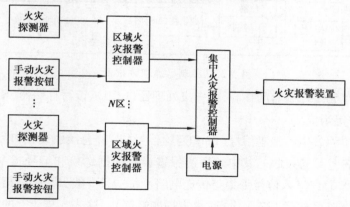

图 5-21　集中监控系统

2）火灾报警控制器

火灾报警控制器是探测报警系统的重要组成部分,它的先进性是现代建筑消防系统的主要标志。火灾报警控制器接收火灾探测器传送的火警信号,经过逻辑运算、处理后认定为火灾时,发出火警信号,启动火灾报警装置,发出声、光报警。同时启动灭火联动装置,用以驱动各种灭火设备以及各种减灾设备。现代火灾报警控制器采用先进的计算机技术、电子技术和自动控制技术,使整个装备向着体积小、功能强、控制灵活、安全可靠的方向发展。

（1）火灾报警控制器分类

从作用性质来看,火灾报警控制器可分为区域报警控制器、集中报警控制器、控制中心报警控制器3种。区域报警控制器是直接接收火灾探测器发来报警信号的多路火灾报警控制器。集中报警控制器是接收区域报警控制器发来报警信号的多路火灾报警控制器。控制中心报警控制器是既可作区域报警控制器又可作集中报警控制器的多路火灾报警控制器。

随着科学技术的发展,各种先进的报警控制器相继出台,如智能型(具有神经元网络功能)火灾探测报警器、模糊控制火灾探测报警控制器等已开始应用。

（2）火灾报警控制器工作原理

火灾报警控制器的工作原理主要可分为控制器和信号处理系统两部分。

①控制器。如图 5-22 所示为一种普通火灾报警控制器的控制原理图。它主要由中央处理单元、信号处理单元以及输入输出电路等组成。

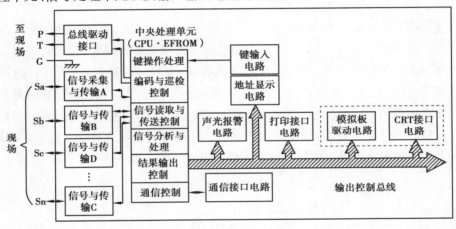

图 5-22　控制器原理方框图

中央处理单元是控制器的核心,由中央处理器(CPU)、读写存储器(RAM)和只读存储器(EPROM)等组成。

中央处理单元产生的编码信号(P)和巡检信号(T)经总线驱动接口发送至现场,被与总线相连的各种设备接收。其中的探测报警设备根据巡检和编号指令,发出自身状态信号(S),经 S 总线进入信号采集与传送电路。每一条 S 线(S_a—S_h)相应的每一个信号采集与传送电路可连接 127 个设备(火灾探测器等)。这些 S 总线上的信号反映着现场设备的正常、故障、火警等信息。这些信号在信号读取软件的控制下,进入中央处理单元进行分析、处理后完成以下几项功能:

a.发出控制命令,经信号采集与传送电路,S_a—S_h 使用相应的控制接口动作进而使被动型设备动作。

b.通过声光报警电路,发出火灾、联动或故障报警。

c.通过地址显示电路以数码形式报警与联动地址的编码或层号房号。

d.通过打印接口电路,驱动打印机。

在输出控制总线上,还可以扩展,另外加入以下几项功能:

a.加上模拟板驱动电路,驱动建筑平面模拟显示板。

b.加上 CRT 显示驱动电路,用计算机的 CRT 显示屏来多层次、多画面地显示各报警区域或防火分区中的建筑平面,指示各平面中的探测报警点以及设备动作点。

另外,中央处理单元还完成以下两个功能:

a.控制器面板上以及内部的操作,均以开关、按键的形式输入中央处理单元,以指令控制器实现各种操作。

b.如果是区域报警控制器,中央处理单元将本机状态信息在通信软件的作用下,通过通信接口电路发往报警控制器;如果是集中报警控制器,中央控制器通过通信接口电路接收到各区域报警控制器送来的信息。区域报警控制器和集中报警控制器两者的中央处理单元软件是不同的。

②信号处理系统。报警控制器对火灾信号的辨别有两种:第一种为阈值式,以现场正常状态参数为固定值,对现场发出的火灾信号辨别时,以正常时的固定值为基础进行判别;第二种为智能式(变阈值),它记录某段时间内现场正常状态的变化值,并以此为基础进行对比,只有当着火时环境状态参数与平时有明显差别时,才认定发生火灾。智能式对信号的辨别比阈值式可靠,随着电子技术的飞速发展,不用多久,智能式将取代阈值式的信号处理系统。

智能型系统的分析有多种方式。最简单的智能化分析是"上升速率识别"。通常火灾时,火灾参数的上升速率有一定的范围,选取适当的范围作为火灾条件,才是真正的智能化。完善的智能化分析是"多参数模式识别"及"分布智能",既参考火灾中参数的变化规律,又参考火灾中相关探测器的信号之间的相互关系,这将把系统的可靠性提高到非常理想的水平。

目前智能火灾自动报警系统按智能的分配可分为以下 3 种类型:

a.探测智能。这种系统探测器根据探测环境的变化改变自身的探测零点,对自身进行补偿,并对自身能否可靠地完成探测作出判断,而控制部分仍是开关量的接收型。这种智能系统解决了由探测器零点漂移引起的误报和系统自检问题。

b.监控智能。目前大多数智能系统均为这种系统,它是将模拟量探测器(或称类比式探测器)输出的模拟信号或是将模拟信号通过 A/D 变换后的数字信号送到控制器,由控制器对这些信号进行处理,判断是否发生火灾或存在故障。

c.综合智能。这种系统是上面两种系统的合成,智能化程度更高。由于火灾信息在探测器内进行预处理,所以传递火灾信息的时间可以缩短,控制器也可减少信号处理时间,提高了系统的运行进度,但设备费用提高了。

3)火灾探测器

可燃物质在燃烧过程中,产生烟气,使环境温度升高,并放出红外线与紫外线和可燃气体。根据火灾时燃烧发出的这些参数,火灾探测器可分为感烟、感温、感光、气体和复合式等多种形式。目前以感烟、感温、感光、气体探测器 4 大类应用较广,复合式探测器发展较快。

（1）感烟火灾探测器

火灾烟气中悬浮有大量小颗粒。不同直径烟颗粒的性质有较大差别,大于 5 μm 的颗粒具有较强的遮光性,小于 5 μm 的颗粒基本上看不见,而小颗粒受重力影响小,容易随气体流动,且易黏结成大颗粒。依据烟气颗粒的这些特点制成的感烟探测器有离子式和光电式两种。

①离子感烟探测器。离子感烟探测器的原理方框图如图 5-23 所示。它由检测电离室和补偿电离室、信号放大回路、开关转换电路、火灾模拟检测回路、故障自动检测回路、确认灯回路等组成。

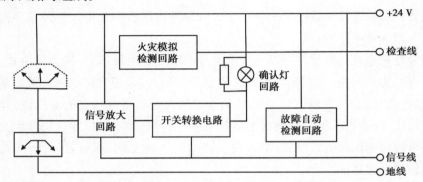

图 5-23　离子感烟探测器原理方框图

信号放大回路是在检测电离室进入烟雾以后,电压信号达到规定值以上时开始动作,通过高输入阻抗的 MOS 型场效应型晶体管（FET）作为阻抗耦合后进行放大。

开关转换电路是用经过放大后的信号触发正反馈开关电路,将火灾信号传输给报警控制器。正反馈开关电路一经触发导通,就能自保持,起到记忆的作用。为了防止探测器至报警器之间发生电路断线,或者探测器安装接触不良,探测器被取走等问题发生,故障自动检测回路能够及时发出故障报警信号,以便及时进行检查维修。

离子感烟探测器的电路,是由许多电子元器件组成的,电子元器件的损坏将会导致探测器误报警或不报警。为了检查电子元器件是否损坏,可以通过火灾模拟检查回路加入火灾模拟信号,若有问题可以及时维修。确认灯点亮表明探测器动作,以便在现场判定已报警的探测器。为了在确认灯损坏时不影响探测器的正常工作,在确认灯的两端并联一个电阻。

②光电感烟探测器。烟颗粒的存在既具有遮光作用,又具有散射光的作用。根据烟颗粒对光束的这两种影响,光电火灾探测器沿两条途径开发。

a.遮光型感烟探测器。其结构原理如图 5-24 所示。探测器的主要部件为一个光源（灯泡或发光二极管）和一个相对应的光敏元件。光源发出的光通过透镜聚成光束,照射到光敏元件上,光敏元件将接收到的光的能量转换成电信号。当光源和光敏元件之间存在烟雾时,到达光敏元件上的光显著减弱,光敏元件便将光强度的变化转变为电的突变信号,使警报器发生报警信号。

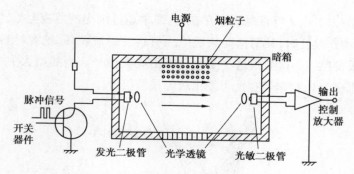

图 5-24　遮光型光电感烟探测器原理

b.反射光束型感烟探测器。常用反射光型探测器大都是点式的,如图 5-25 所示为一种典型的结构形式,它主要由光源、与光束垂直的接收元件、与光束相对的捕光器及小暗室组成。捕光器的作用是防止光源射出的光线散漏到光电元件上去。当足够浓的烟气进入小暗室时,烟颗粒就可将光源发出的光反射或散射到光电元件上,从而产生触发信号发出火灾报警。现在光电型探测器新产品大都采用亮度很高的频闪灯作光源,这样,即使烟浓度较低,烟粒子较小,它们反射的光也足以使光电元件工作。光电元件多为光敏二极管或光敏三极管。

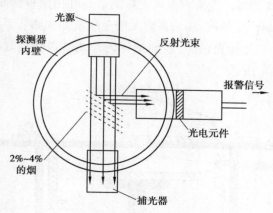

图 5-25　反射光束型感烟探测器原理

（2）感温火灾探测器

这类探测器是根据火灾中物质燃烧释放出大量热使环境温度升高,加热探测器的热敏元件而发出电信号,使火灾报警控制器报警。根据探测温度的原理不同,感温探测器可分为 3 种:①定温式,当局部环境温度升高到规定值以上时开始动作的探测器。②差温式,当局部环境温度的温升速率超过某一界线时开始动作的探测器。③差定温式,是将差温式和定温式联合使用,只有当环境温度达到某一设定值后,差温探测器才开始工作。

①定温式探测器。根据其现场安装结构形式、采集原理等,定温式感温探测器可分为线型和点型两种。

a.线型感温火灾探测器。线型定温探测器由两根弹性钢丝分别包覆热敏绝缘材料,绞对成型,绕包带再加外保护套而制成,如图 5-26 所示。在正常监视状态下,两根钢丝间阻值接近无穷大。由于终端电阻的存在,电缆中通过细小的监视电流,当电缆周围温度上升到额定动作温度时,其钢丝间热敏绝缘材料性能被破坏,绝缘材料发生跃变,几近短路,火灾报警控制器检测到这一变化后报出火灾信号。当线型火灾探测器发生断线时,监视电流变为 0,控制器据此可发出故障报警信号。

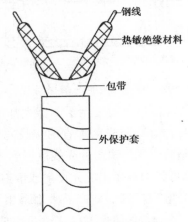

图 5-26　感温电缆探测器

b.点型感温火灾探测器。点型感温火灾探测器是利用两种膨胀系数不同的金属片制成的探测器。当金属片受热时,膨胀系数大的金属就要向膨胀系数小的方向弯曲,造成电器接触闭合,产生一个短路信号,经地址译码开关后送到控制器,控制器发出报警信号。其原理如图 5-27 所示。

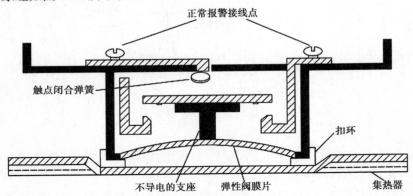

图 5-27　双金饱和片定温探测器

②差温式火灾探测器。差温式火灾探测器通常在可能发生燃烧快速发展的场合使用,当室内的温升速率超过某一界限时报警。差温式探测器的探头主要由两个温度变化系数不同的热敏元件组成。当温度迅速上升时,一个元件的某种性质变化大,而另一种变化小。温度上升速率越大,其差值越大,当其达到一定值便可发出报警信号。

差温探测头常设计为气动式和电动式。如图 5-28 所示为差温式火灾探测器的基本形式,它包括一个气室,气室壁面有一小孔与外界相通,平时室内气体的压力温度与外界相同。气室顶部有一张弹性薄膜,当外界温度升高后热量可通过气室外壳传给其中的气体,使其膨胀。温升较慢时,气体通过小孔流出。温升较快时,靠小孔流出已无法阻止室内压力升高,于是推动薄膜活动,从而发出报警信号。电动式一般以热电偶的热电效应为基本原理设计。这种探头对辐射热和对流热都很敏感。为了测出温度差,探测头装有匹配的热电偶对。一个在探测头外,用于感受外界温度变化;另一个装在探测头内。当两者温差达到一定值时,热电偶产生的电压可驱动报警器。

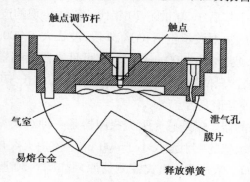

图 5-28　差温式火灾探测器

③差定温式火灾探测器。差温式火灾探测器的灵敏度比定温式高,使用表明,它不易装在安有取暖系统的建筑物内。因为一旦建筑物打开门窗后,顶棚下的温度就会急剧下降,关上门窗后,取暖系统又会使顶棚下的温度迅速升高,尤其是冬天室内外的温差更大,这就会发生误报。

为了克服定温式火灾探测器的热滞后和差温式火灾探测器容易误报及对缓慢燃烧容易漏报的缺陷,人们研制出了差动补偿式感温探测器,其思想是将差温式火灾探测器与某种定温装置联合使用,只有当室内温度达到某一值后,差温式火灾探测器才开始工作。

如图 5-29 所示为一种差定温式火灾探测器的原理示意图,其外壳为膨胀系数较大的金属管,内部有一对膨胀系数较小的斜支杆,支杆头部为电极触点。当探测器受热时,外壳膨胀快于内部支杆从而具有速率补偿能力。当受热速率达到一定值时,触点闭合报警。

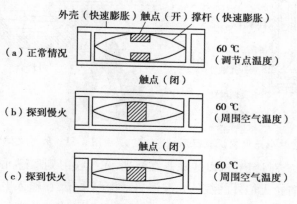

图 5-29　差定温式火灾探测器原理

感温式火灾探测器的可靠性、稳定性及维修的方便性都很好,但灵敏度较低。感温式火灾探测器主要对烟气对流热进行探测。为使它有效地工作,应当注意尽量把它安装在烟气温度较高的区域。

（3）感光火灾探测器

感光火灾探测器是一类响应火灾燃烧发出的电磁波辐射的火灾探测器。它是在感烟感温火灾探测器使用多年后于 20 世纪 70 年代才正式出现的产品。

火灾燃烧发出的电磁辐射波长包括:①红外段,波长大于 700 nm;②可见光段,波长 400~700 nm;③紫外段,波长小于 400 nm。其中,可见光段火焰辐射与环境辐射难以区别,现有的感光火灾探测器只使用以下 3 种:①红外光谱,波长>700 nm;②紫外光谱,波长<400 nm;③紫外、红外光谱复合。

①紫外感光火灾探测器。紫外感光火灾探测器是一种对火灾火焰所产生的紫外辐射响应的探测器。对它敏感的辐射波长小于 400 nm。室内火灾自然扩散火焰产生的紫外线波长为 180~300 nm。紫外感光火灾探测器原理如图 5-30 所示。紫外感光火灾探测器的探测元件有充气管、紫外光敏管(光敏碳化硅二极管)等。充气管能排除太阳辐射光的干扰,又能较好感应火焰发出的波长为 185~285 nm 的辐射光波。光敏二极管的灵敏度较高,但对非火焰紫外线的分辨能力略差,为了提高探测灵敏度,排除外来干扰,紫外感光火灾探测器常装在离火源较近的地方。

②红外火焰探测器。红外火焰探测器对波长大于 700 nm 的光辐射敏感,它可装在离火焰较远的位置,常用于大面积、大空间的火灾探测。如图 5-31 所示为一种常见的红外火焰探测器示意图。

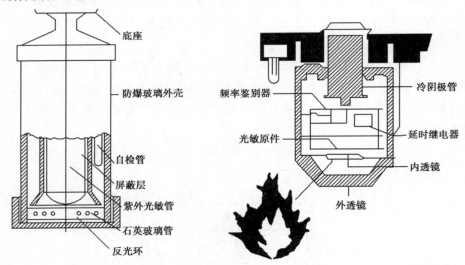

图 5-30　某种紫外感光火灾探测器原理　　　图 5-31　红外火焰探测器

它的头部安装一对透镜,用以滤除非红外光,光线投射到敏感元件(硫化铝、硫化辐光电池)上。为了防止火焰外的红外光波误启动探测系统,在输入电路上还设有火焰闪烁频率识别器,其闪烁频率为 5~30 Hz,探测器只识别在这一范围的红外光波。为了触发报警器,探测器接收的辐射必须有一定强度,对常用探测器,当闪烁频率为 12 Hz 时,触发报警器的最低光照强度不低于 6 lx。

感光火灾探测器的特点：①电磁辐射速度极快，也就是响应速度快，几微秒就发出电信号；②性能稳定、可靠、探测方位准确；③不受环境气流影响，可以在户外使用；④价格较贵，每个大于 1 000 元。

适用条件：感光火焰探测器特别适用于突然起火而又无烟的易燃易爆场合，如快速发生的易燃、可燃液体火灾，这是一类早期通报火警的理想探测器。

紫外探测器与红外探测器比较：紫外探测器灵敏度高，维修方便，可靠性和稳定性属于中等，探测范围较小；红外探测器灵敏度、可靠性、维护方便程度属中等，稳定性稍低，适用于探测大空间范围。

（4）气敏探测器

发生火灾后，环境中某些气体的含量可能发生显著变化，如 CO、烷烃类气体等火灾标志性气体的出现。有些物质对这些特殊气体的反应比较敏感，可用其来探测火灾。现在用于火灾探测的传感器主要有半导体气敏元件和催化元件。前者能对气相中的氧化性或还原性的气体发生反应，使半导体的电导率发生变化，从而启动报警装置。如图 5-32 所示为一种探测原理示意图。其中，GS 为气敏元件，由金属氧化物烧制而成；U_2 为测量 GS 电阻的电源；U_1 为 GS 的加热电源。可燃气体一旦扩散到气敏元件上，其电阻迅速下降，从而触发报警装置。后者能加速某些可燃气体的氧化反应，导致元件的温度升高，进而启动报警装置。这类探测器对预防液化石油气、天然气、煤气和汽油、酒精等气体火灾，采空区煤自燃等尤为有效，在石化企业、煤矿中有着广泛的应用。

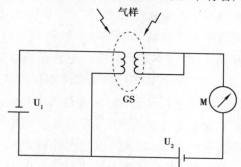

图 5-32　某种气敏探测器原理

（5）几种新型火灾探测器

目前室内防火系统中最薄弱的环节是探测装置，而探测装置的关键部件是敏感元件，由此引起的火灾误报比例相当大。误报往往造成一系列不应有的恶果，并使人们感到烦恼。现在一方面应提高现有火灾探测器的质量；另一方面应注意研究新的探测方法。近年来以下火灾探测器受到人们的密切注意：

①复合式火灾探测器。以上所述的基本型探测器可称为"单信号"探测，它们各自对某种火灾信号比较敏感，但对另外的信号却不敏感，或无法区别来自非火灾的类似信号。复合式火灾探测器的思想就是将几种探测原理结合在一起，以提高火灾探测的准确性。现在采取的复合方案很多，如感温与感烟结合、感温与气敏结合等。

复合式火灾探测器不是几种探测原理的简单合并，而是需要解决合理的分析判断方法。几类探测方法分别提供了不同范围的信息,它们可能相差较远,也可能有部分重叠。不恰当地按它们共同提供的信号作报警依据,或按它们都达到单独使用时的报警值为报警依据,都有可能延长报警时间。现在有些人开始使用模糊数学的理论发展火灾鉴别判断方法。

②图像监控式火灾探测器。一旦发生火灾,火源及相关区的温度必然升高,可发出一定的红外辐射。在远处的摄像机发现这种信号,通过综合分析,若判断它是火灾信号,则立即发出报警,并将该区显示在屏幕上。值班人员可及时加以处理。在无值班人员的情况下,可将系统设置为自动控制状态,及时启动对外报警、灭火或控烟系统。图像监控式火灾探测器是一种非接触式的探测装置,有利于较早发现火灾,在某些场合具有突出的优点,如大空间建筑内、灰尘较大的厂房仓库内等。加上它具有可视功能,有助于减少误报警,近年来得到了很快发展。现在这种系统往往与安全监控系统结合使用。但是存在视频系统对早期烟雾很小、无烟雾的液体火灾等无法识别的情形。

③高灵敏度吸气式探测器。它一改传统感烟探测器等待烟雾飘散到探测器被动进行探测的方式,采用新的理念,主动对空气进行采样探测,当保护区内的空气样品被吸气式感烟探测器内部的吸气泵吸入采样管道,送到探测器进行分析,如果发现烟雾颗粒,即发出报警。

在通信枢纽、计算机房、核电站、集成电路生产车间等很多场合,对火灾防治的要求比普通建筑要高得多,这就提出了超早期报警的需要。高灵敏度吸气式探测器主要是针对这种需要开发的。它改变了普通探测器那种"等"烟的被动工作方式为"抽"烟的主动方式。通过某种管道将所监测区域的空气样本抽取到中心检测室,利用高强度的光源和高灵敏度的光接收元件,对样本进行分析。这种探测器的灵敏度比普通探测器可高几百倍。如图 5-33 所示为一种高灵敏度吸气式感烟探测器的原理图。其抽气管网分布在探测区域内,在吸气泵的作用下,空气样本通过采样孔流入。过滤器用于清除颗粒大于 20 nm 的大颗粒。测量光源为氙闪光管,光源发出的光并不直接射到接收元件上。烟气中若含有颗粒则会散射光线,从而使接收元件收到光信号。颗粒浓度不同产生的电压不同。据报道,这种探测器的减光率每米可达 0.05%。该系统的抽气管可达10 根,每根长度可达 100 m。

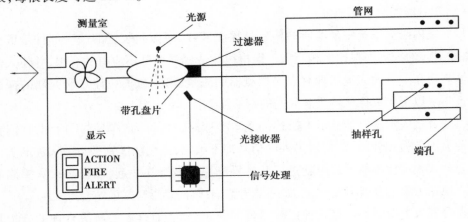

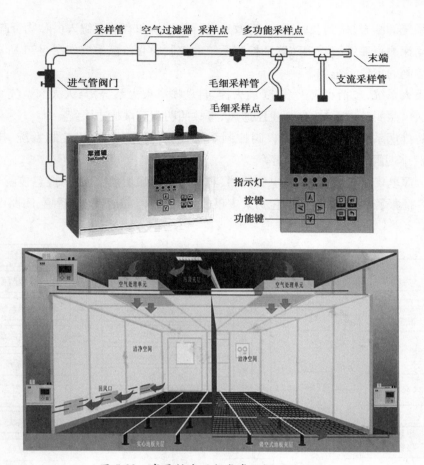

图 5-33　高灵敏度吸气式感烟探测器原理

现在最新设计的高灵敏度吸气式感烟探测器采取激光器作光源,直接对空气样本中的粒子计数,其灵敏度有了进一步提高。目前这类探测器的成本较高,采样方式和数据处理方面有若干问题要进一步研究解决,但其优点极其明显,应用范围正在扩大。

④无线火灾探测器。在普通火灾探测报警系统中,探测器或其他终端装置是用导线与控制器连接起来的。为了保证传输信号的可靠,一般安装规范还规定使用铜芯线。一套火灾报警系统需要大量的导线。布置传输线的工作量很大,而且有些建筑物的布线有很多困难。无线传输式火灾探测器便应运而生。

无线火灾探测器的探测原理没有大的改变,主要是在信号的无线传输质量上有较大突破。这类探测器要求有较高的抗干扰性能,美国松柏公司(ITI)的产品采取曾经在军事技术中使用的数码传送和鉴别方法,较好地解决了探测器工作可靠性的问题。无线火灾探测器一般用干电池供电,其代表工作频率为 319.5 MHz,频宽为 10 kHz,外来干扰很低,同时可兼顾射程和穿透力,可在一般建筑物内使用。

4) 消防联动控制系统

随着城市的快速发展,现代化大型、高层、超高层建筑林立,受建筑外消防条件和时间的限制,一旦起火,消防队伍来不及赶到,首先应该自救,在火灾初起时就将其扑灭,以减少人员伤亡和财产损失。早期的有效自救方法是依靠自动探测报警系统与消防联动控制系统的结合,做到及时灭火,有效地进行防排烟和有效组织人员和物资疏散。

自动探测报警系统与消防联动控制系统的控制中心监控系统如图5-34所示。其消防联动控制的主要系统如下:

①灭火系统,包括水灭火系统(消火栓、自动喷淋灭火系统)与灭火剂系统。

②通风照明疏散系统,包括正压通风、事故照明和疏散标志系统。

③防排烟系统,包括电动防火阀控制系统、防火卷帘、防火门控制系统、排烟系统(抽风机、排烟阀)、空调控制系统等。

④电源电梯系统,包括消防电源控制、非消防电源强切控制、电梯应急控制等。

⑤广播报警通信监控系统,包括火灾事故广播、通信电话、警报系统、闭路电视监控系统等。

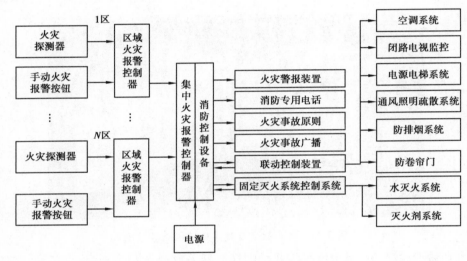

图 5-34　控制中心监控系统

在现代化建筑物中,均已设立综合防灾中心,统一监控和管理火灾、防盗、防震等事故与灾害,将闭路电视系统与火灾安全系统结合起来,发生火灾后,能够快速启动火灾探测报警和消防联动控制系统,直观地通过声光电相结合的方式组织火灾扑救和疏散工作。随着高科技和信息化的快速发展和使用,已出现智能化大楼,将办公自动化、楼宇自动化、通信自动化、防火自动化和保安自动化5A功能,开始在不同层次上的组合。

5) 智能火灾监控技术

智能火灾监控技术是涉及火灾监控各方面的一项综合性消防技术,是现代电子工程和计算机技术在消防中应用的产物,也是现代消防技术的重要组成部分和新兴技术学科。智能防火技术研究的主要内容是火灾参数的检测技术,火灾信息处理与自动报警技术,消防设备联动与协调控制技术,消防系统的计算机管理技术,以及火灾监控系统的设计构成、管理和使用等。

(1)智能建筑

智能建筑是指利用系统集成方法,将智能型计算机技术、通信技术、信息技术与建筑艺术有机结合,通过对设备的自动监控、对信息资源的管理和对使用者的信息服务及其与建筑的优化组合,所获得的投资合理、适合信息社会需要并且具有安全、高效、舒适、便利和灵活特点的建筑。用如图 5-35 所示通俗地描述智能建筑的定义,更形象且易于接受。

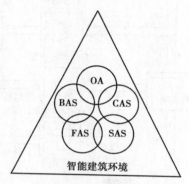

图 5-35　智能建筑的定义

BAS—建筑设备自动化系统;OAS—办公自动化系统;CAS—通信自动化系统;SCS—结构综合布线系统,包含综合布线系统 PDS;FAS—防火监控系统;SAS—保安自动化系统

智能建筑首先应确保安全和健康,其防火与保安系统要求智能化;其次应确保通过自动防火、门禁与防盗系统的安全性。

(2)智能火灾监控系统类型

智能火灾监控系统分为主机智能系统、分布式智能系统和主机智能与探测器智能两者相结合的全智能系统 3 种。

①主机智能系统。主机智能系统是将探测器的阈值比较电路取消,使探测器成为火灾传感器,无论烟雾影响大小,探测器本身不报警,而是将烟雾影响产生的电流、电压变化信号通过编码电路和总线传给主机,由主机内置软件将探测器传回信号与火警典型信号相比较,根据其速率变化等因素判断出信号类型,是火灾信号还是干扰信号,并增加速率变化、连续变化量、时间、阈值幅度等一系列参考量的修正,只有信号的特征与计算机内置的典型火灾信号特征相符时才会报警,极大地减少了误报。

②分布式智能系统。分布式智能系统的判断功能分散配置在终端传感器和控制器中,探测器有一定的智能分析功能,可对火灾特征信号直接进行处理。

③全智能系统。全智能系统是在保留智能模拟量探测系统优势的基础上形成的,它将主机智能系统中对探测器信号的处理、判断功能由主机返回到每个探测器,使探测器真正具有智能功能,而主机免去了大量的现场信号处理负担,可以从容不迫地实现多种管理功能,从根本上提高系统的稳定性和可靠性。

智能防火系统的特点是软件和硬件具有相同的重要性,并在早期报警功能、可靠性和总成本费用方面有明显的优势。

(3)智能防火系统

智能防火系统在高层建筑中可独立运行,完成火灾信息的采集、处理、判断和确认并实施联动控制;还可通过网络实施远端报警及信息传递,通报火灾情况或向火警受理中心报警。智能防火系统独立工作时的基本配置与功能如图 5-36 所示。

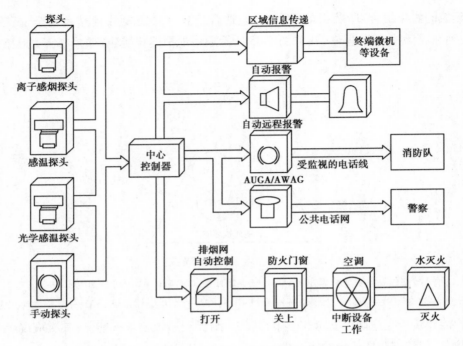

图 5-36　智能防火系统独立工作时的基本配置与功能

　　智能防火系统作为楼宇自控系统(BAS)的一部分,在智能建筑中即可与保安系统、其他建筑的智能防火系统联网通信,并向上级管理系统报警和传递信息,同时向远端城市消防中心、防灾管理中心实施远程报警和传递信息;也可与 BAS 的其他子系统以及智能建筑管理中心网络通信,参与城市信息网络。

　　智能防火系统与 BAS 及 OAS 联网的意义,在于为城市消防指挥中心、城市防火安全管理中心和城市防灾调度中心,甚至城市综合信息管理中心等提供火灾以及楼宇消防系统状况的有效信息,并可通过城市信息网络与城市交通管理中心、城市电力供配调度中心、城市供水管理中心等共享数据和信息。在火灾发生并确认报警之后,综合协调城市供水、供热、供电、道路交通等多方面信息,为灭火部队及时到位提供道路交通保障,为有效灭火提供充足水源,为灭火指挥和火场汛情传递提供可靠的通信传输手段,最终确保及时有效地扑灭火灾,尽最大可能减少火灾损失。

5.5.3　主要灭火剂及原理

1)水灭火介质

　　水是人类使用最早并且普遍使用的灭火剂之一。水灭火时,吸收热量变为蒸汽(1 kg水汽化要吸收 257 kJ 热量),能促使燃烧物冷却,使燃烧物温度降低到燃点以下,并阻止对燃烧反应的热反馈。水溶性可燃、易燃液体发生火灾时,在允许用水扑救的条件下,水与可燃、易燃液体混合后,可降低其浓度和燃烧区内可燃蒸气的浓度,使燃烧减弱以致终止。用水扑灭火灾的同时,还可用水保护火区的建筑物、冷却燃烧液体罐壁,防止事故扩大。

　　灭火水按其形态可分为直流水、开花水及雾状水。直流水和开花水是由水泵升压通过直流水枪或开花水枪喷出形成的,适用于扑救一般固体物质火灾。雾状水是指利用消防压力水(0.5~0.7 MPa)经过离心雾化喷头,喷射出的雾状细水粒。雾状水粒直径一般小于 100 μm,水的粒径越细,单位质量水的表面积越大(1 kg 雾状水的表面积比 1 kg 球状水的表面积大数千倍)。雾状水流的吸热面积很大,其冷却作用较一般直流水枪射出的柱状水流的冷却作用大得多,产生的蒸汽也多,冲淡空气降低氧气浓度的作用则很强,雾状水灭火效果很好,水渍损失小。雾状水灭火效果的好坏与离心喷头的性能和加工精度有关,与水压有关。喷头性能越好,加工精度越高,水压越高,雾状水粒径则越细,灭火效果越好。

2) 卤族元素灭火剂

卤族元素灭火剂是分子中含有卤族元素(F、Cl、Br、I 等)的一个或多个原子的化合物。其灭火原理是碳氢化合物中的氢原子被卤族元素原子置换后所产生的化合物,其化学、物理性质显著改变,从而阻止燃烧进行。使用卤代烷灭火后,残余的灭火剂及其分解产物全部进入大气。研究发现,这对大气臭氧层具有很大的破坏作用。为了保护大气臭氧层,限制卤代烷灭火剂等产品的使用成为国际的共识。与某些发达国家相比,卤代烷灭火剂在我国的使用比例尚不大,但我国应承担相应的义务,研制有效的替代产品。

3) 干粉灭火剂

干粉灭火剂是一种化学灭火剂,常用灭火干粉有碳酸氢钠(钠盐干粉)、碳酸氢钾(钾盐干粉)、磷酸二氢铵、尿素干粉等。

钠盐干粉灭火效果很好,其主要成分是碳酸氢钠和少量硝酸钾等。干粉灭火剂的优点有灭火效率高、速度快、无毒性、不腐蚀、绝缘好、不易溶化、易储存、不变质等。可用来扑灭石油、有机溶剂、可燃气体和电气设备火灾事故。干粉在动力气体(N_2 或 CO_2)推动下喷向燃烧区进行灭火。钠盐干粉在燃烧区高温作用下,其反应式为

$$2NaHCO_3 \longrightarrow Na_2CO_3 + H_2O + CO_2 - Q$$

钾盐干粉在燃烧区高温作用下,其反应式为

$$2KHCO_3 \longrightarrow K_2CO_3 + H_2O + CO_2 - Q$$

从两个反应式可知,钠盐和钾盐干粉在燃烧区吸收大量的热,并放出大量的水蒸气和二氧化碳气体,起冷却和稀释可燃气体的作用。同时,干粉灭火剂与燃烧区的碳氢化合物起作用,夺取燃烧反应的自由基 H^+,OH^-,以中断燃烧的连锁反应,起到抑制燃烧的作用。干粉颗粒 M 与火焰中的自由基 H^+,OH^-接触时,被吸附在粉粒表面,并发生反应

$$M + OH^- \longrightarrow MOH$$

$$MOH + H^+ \longrightarrow M + H_2O$$

通过反应,自由基 H^+,OH^-减少,连锁反应中断,加上机械冲击的作用,致使火焰熄灭。

4) 泡沫灭火剂

泡沫是一种常用的灭火剂,是扑灭 A,B 类火灾的有效介质。它分为化学泡沫灭火剂和空气泡沫灭火剂两种,空气泡沫又称机械空气泡沫。

空气泡沫是由一定比例的空气泡沫液、水和空气经机械或水力冲击作用,形成充满空气的微小稠密的膜状气泡群。在泡沫产生器中,受水力机械作用,吸入空气而形成空气泡沫,喷向燃烧物表面。空气泡沫流动性好,抗烧性强,黏着性高,泡沫比较重,不易破灭,不易被气流冲散,覆盖到燃烧物质表面上,起到隔绝空气和氧气的作用。

化学泡沫液通常用酸性粉和碱性粉与水混合起化学反应生成。酸性粉由硫酸铝 $Al_2(SO_4)_3$ 加防潮剂制成,碱性粉由碳酸氢钠 $NaHCO_3$ 加少量的发泡剂制成。化学泡沫粉在泡沫发生系统中产生大量的二氧化碳和泡沫,喷射到燃烧物表面,隔绝空气,使火焰窒息。化学泡沫扑救油类火灾效果较好,但成本高,操作复杂,正被空气泡沫所替代。

泡沫灭火剂的灭火原理:泡沫在燃烧物表面形成泡沫覆盖层,使燃烧物表面与空气隔绝;泡沫受热蒸发产生的水蒸气可以降低燃烧物附近氧气的浓度,起到窒息灭火作用;泡沫层能阻止燃烧区的热量作用于燃烧物质的表面,防止可燃物质本身和邻近可燃物的蒸发;泡沫析出的水分对燃烧物表面进行冷却,使其温度降低到燃点以下,从而使燃烧的 3 个条件受到破坏,燃烧连锁反应终止,火被扑灭。

泡沫灭火剂特别适用于 B 类火灾(甲、乙、丙类可燃性液体的火灾),也适用于 A 类火灾(固体可燃物质火灾);不适用扑灭 C 类火灾和 E 类(即带电设备)火灾,也不能扑救忌水物质(如电石等)的火灾。

5)二氧化碳灭火剂

二氧化碳是应用最早、灭火效果良好的气体灭火剂。二氧化碳在常温常压下是一种无色、无味、不导电、化学上呈中性、不腐蚀的惰性气体。当二氧化碳占空气的浓度为 30%~35%时,燃烧就会停止。

二氧化碳的灭火原理:灭火用的二氧化碳气体,一般压缩成液体储存在钢瓶内,其纯度一般在 99.5%以上,含水量应不大于 0.01%(油脂含量不应大于 10 mg/L)。灭火时,液态二氧化碳从钢瓶经管路从喷嘴喷出,立即汽化。由于吸收大量的汽化热,喷嘴处温度急剧下降,使二氧化碳液体凝结成固体(即干冰)。干冰的温度为 −78.5 ℃,冷却燃烧物体,遇热而汽化成二氧化碳气体,冲淡燃烧区的可燃气体,增加了空气中不燃烧、不助燃的气体成分,相对减少了空气中氧气含量,从而使燃烧区缺氧窒息而灭火。

二氧化碳可用来扑灭易燃液体和一般固体物质的火灾,适用于扑灭电气设备、精密仪器的火灾。可用来扑灭氢气、乙炔等可燃气体的火灾,还可用来扑灭遇水燃烧着火物质(如电石等)的火灾。

二氧化碳不能扑救钾、钠、镁、铝、锑、钛、铀等活泼金属的火灾,因为这些物质非常活泼,能获取二氧化碳中的氧,进行燃烧反应。二氧化碳不能扑救自身供给氧气的化学药品、金属氢化物和能自燃分解的化学物品等的火灾。

6)氮气灭火剂

氮气不自燃,也不助燃,常温下性质不活泼,不能与其他物质反应。可作保护气体,可用来扑灭火灾和降低爆炸性混合物爆炸的危险性。

氮气的灭火原理:当可燃物着火时,将氮气充放到燃烧区(如建筑物内、粉仓内或其他容器内),冲淡可燃气体,降低可燃气体的浓度,相对降低空气中氧气的含量,使燃烧窒息、停止,如发电机、变压器内部着火可充氮灭火。煤粉仓自燃可以施放氮气灭火。灭火装置可设置固定式或半固定式灭火设备。

7)烟雾灭火器与烟雾灭火剂

烟雾自动灭火器由发烟器、浮漂、滑道 3 个部分组成。发烟器由壳体、导流板、烟雾剂盘、密封薄膜和自动引火部件等组成,可用于小型钢板拱顶油罐灭火。当油罐起火后,罐内温度上升到 110 ℃。用低熔点合金制成的引火头自行脱落,导火索被点燃,将烟雾剂引燃。烟雾剂引燃后,迅速产生大量二氧化碳和氮气烟雾,使发烟器内压力升到一定值,烟雾冲破密封薄膜,由喷孔射出,对火焰有较大冲击作用。在整个油面上迅速形成一个云雾状、均匀而又浓厚的惰性气体层,将油面封闭,阻止空气补充,降低油罐内氧气浓度,且使罐内可燃蒸气浓度急剧降低。随烟雾携带出来部分没有反应的粉末状残渣落在油面上,起一定的覆盖隔离作用。

烟雾剂是一种深灰色粉状的机械混合物,它的主要成分是硝酸钾(50.5%)、硫黄(3.0%)、三氰胺(26%)、碳酸氢钠(8.0%),其余是木炭粉(12.5%)。烟雾剂燃烧速度为 $80\sim100$ m/s,燃烧后的主要成分是 CO_2 和 N_2(85%),覆盖在燃烧物上,有窒息火焰作用。烟雾灭火时间一般为 2 min。

烟雾自动灭火装置可用于缺水、缺电的小型油罐灭火,优点是设备简单、投资小,不用水和电。

8)轻金属灭火器和灭火剂

轻金属灭火剂按灭火剂的状态和成分分为两种:一种是粉状轻金属灭火剂;另一种是三甲氧基硼氧六环液体灭火剂(即 7150 灭火剂)。

(1)粉状轻金属灭火器

粉状轻金属灭火器由筒身、氮气小钢瓶、胶管和喷枪等组成,如图 5-37 所示。

灭火器器身内装有氯化镁、氯化钠、氯化钾、氯化钙等粉末。灭火剂装量为 8 kg。充氮气压力(20 ℃)为 1.2 MPa。喷射时间 80 s,喷射距离 4 m,喷射面积 1 m²,总质量14 kg。灭火器使用两年应进行 2.5 MPa 的水压试验,持续 2 min,无泄漏、无变形,方可继续使用。该灭火器广泛应用于加工轻金属的厂房、工场、飞机制造等场所,用于扑灭铝、镁、钛及其合金等轻金属火灾。

图 5-37　粉状轻金属灭火器

(2)7150 灭火剂

7150 灭火剂的主要成分为三甲氧基硼氧六环,分子式为 $(CH_3O)_3B_3O_3$,是一种无色透明液体,是一种易燃液体。其热稳定性较差,本身为可燃物,是扑救镁、铝、镁铝合金、海绵状钛等轻金属火灾的有效灭火剂。灭火时,当它以雾状喷到炽热的燃烧着的轻金属上时,会发生两种反应:

①分解反应:$(CH_3O_3)_3B_3O_3 \longrightarrow (CH_3O)_3B + B_2O_3$(60 ℃以上)

②燃烧反应:$2(CH_3O)_3B_3O_3 + 9O_2 \longrightarrow 3B_2O_3 + 9H_2O + 6CO_2$

以上两种反应产生的硼酐(B_2O_3)在轻金属燃烧的高温下,熔化为玻璃状液体,流散于金属表面及其缝隙中,在金属表面形成一层硼酐隔膜,使金属与大气隔绝,从而使燃烧窒息。7150燃烧反应时,消耗金属表面附近大量的氧,降低轻金属的燃烧强度。

在用7150灭火剂灭火时,当燃烧的轻金属表面被硼酐的玻璃状液体覆盖以后,还可以喷射适量的雾状水或泡沫,冷却金属,会达到更好的灭火效果。

7150灭火剂主要充灌在储压式灭火器中使用,加压气体为干燥的空气或氮气。二氧化碳在7150中溶解度较大,不宜作加压气体。

7150灭火剂属于易燃液体,应置于阴凉、干燥处。其储运应按易燃液体的规定执行。

9)蒸汽灭火剂

蒸汽灭火是用它来冲淡火区的可燃气体,降低空气中氧的含量,从而阻止燃烧,达到灭火目的。空气中含有35%以上的蒸汽,便可有效地把火扑灭。空气中含蒸汽量越大,灭火效果就越好。蒸汽供给强度越高,越容易扑灭火灾。实践证明,饱和蒸汽灭火效果优于过热蒸汽。

按照燃烧区的试验结论:水蒸气浓度达到35%以上,燃烧可以停止,火焰熄灭。

火电厂使用蒸汽比较方便,在油库、油泵房、卸油泵房、燃油系统、煤粉仓、原煤仓以及风粉输送管道附近,都可以装设固定蒸汽管接头。灭火时,接上胶管即可灭火。对易发生火灾的危险区可采用固定的蒸汽灭火装置。对油罐灭火需要与泡沫灭火和水喷淋装置配合,有利于在各种情况下的灭火。

蒸汽灭火不适用于忌水物质,如乙炔、电石的火灾,不适于扑灭与水蒸气反应生成可燃气体或易引起爆炸物质的火灾。

5.5.4 未来火灾科技展望

1)智慧消防

未来消防灭火更多地将会依赖人工智能。智慧将是未来社会的一个关键词。智慧消防技术近年来方兴未艾,从政府层面,到学会、协会、科研机构层面,再到产品供应商层面,都以此作为今后发展的重点,并已取得一定突破。然而,我国目前的智慧消防普遍停留在数据的实时采集、监控阶段,存在平台规模偏小、产品兼容性较差、数据挖掘深度不足、智慧核心能力欠缺等问题。此外,目前智慧消防平台的研发往往由软件公司主导,其对消防业务需求的理解和传统消防技术的掌握不够深入,在应用场景创建和事故处置流程等方面的整合优化尚不充分,一定程度上制约了智慧消防技术的发展。

部分发达国家的智慧消防起步较早,有若干先进经验值得我们借鉴。英国利用数据库对大数据的有效管理、分析,基于对风险指标参数的快速采集和判别量化,实现了城市火灾风险的动态评估,从而尽早发现、排查火灾隐患。美国NIST智慧消防研究项目,关注前端智能消防设备的研发测试,并构建楼宇、社区、城市等多级智慧消防体系。从消防技术的发展趋势看,智慧消防是未来消防产业升级的必然方向。如何从战略的高度看待智慧消防建设,实现智慧消防的弯道超车和创新引领,是摆在我国消防科技发展面前的一个重大课题,需要消防工作者为此付出不懈的努力。

相比传统消防,智慧消防是利用物联网、大数据、人工智能等技术让消防变得自动化、智能化、系统化、精细化,其"智慧"之处主要体现在智慧防控、智慧管理、智慧作战、智慧指挥 4 个方面:

①智慧防控:发现异常自动报警,提升信息传递的效率。智慧消防集成高科技智能终端、感知设备,利用物联网技术,结合大数据云平台,一旦检测到险情与异常,系统自动在第一时间通过终端设备通知用户及时处理。化被动的发现险情为主动的监测预警,以防为主,将险情控制在萌芽状态。

②智慧管理:系统化日常管理,保障消防设施的完好。传统消防消防设施的管理依赖于人工,常见的形式就是由相关人员对设备进行检查,然后登记相关情况。现实情况中,由于人的惰性,以及没有很好的监督机制,消防设施设备的相关信息是不精准的,一旦发生火灾,当前的资料情况不能提供帮助,甚至会误导现场作战。

而智慧消防,利用物联网、红外线感知等技术,能很好地记录当前消防设备的位置、状态,如有损坏系统及时报修,能更好地保障消防设施的完好,提供精准的设备信息。

③智慧作战:根据实时动态数据,更高效精准地作战。通过视频监控系统、物联网数据等,智慧消防能实现现场人员、地理方位、实景数据等的集成,并实时动态更新,现场作战人员借助这些精细化数据,能实现精准作战,提升救援效率。

④智慧指挥:现场可视化动态图像,实现调度智能化。智慧消防现场图像实时传输,一张图链接所有的系统和数据,满足可视化、动态化指挥需求,实现消防救援人员、消防车辆、消防装备、消防水源等各类资源的实时智能化调度,帮助以最快的速度扑救,最大化地保障人员财产安全。

总结来说,智慧消防就是借助当前最新技术,实现从防控到现场调度的自动化、数据化、精准化和智能化,从消防到安防,给民众全方位更高效、更智能的安全保障。

2)绿色消防

绿色发展是新发展理念中的重要组成部分,绿色消防作为未来消防科技的发展方向是应有之义。绿色消防是一项综合性的技术,其核心理念是指在防火灭火的过程中,减少、降低各种材料、工艺、作业等对环境、生态、人等的负面影响,规避二次污染的发生,如高效快捷、绿色环保、无次生灾害的"高压细水雾技术"。绿色消防是我国消防科研发展的重要方向之一。绿色消防不仅是一项具体技术,也是一种理念,须始终贯穿消防工作全过程。

5.6　建筑防火设计

5.6.1　建筑规划及用途分类

依据可燃物火灾危险性,进行相关设计和分类。

1）意义

对工业建筑进行火灾危险性分类，是为了在建筑设计时，根据不同的火灾危险性，对厂房、库房的防火设计提出不同要求，使工业建筑的防火设计既有利于节约投资，又有利于确保安全。

生产过程的火灾危险性是厂房防火设计的主要依据；储存物品的火灾危险性是库房防火设计的主要依据。根据生产火灾危险性类别可以相应地确定厂房建筑或库房建筑的耐火等级及其他防火防爆措施。

生产过程的火灾危险性类别主要由生产过程中所使用的材料、中间产品和成品的物理、化学性质和某些危险特性（如燃爆性等）、危险物品的数量、生产中采用的设备类型、温度、压力等工艺条件以及其他可能导致火灾爆炸危险的条件所决定。储存物品的火灾危险性是根据储存物品本身的火灾危险性，参照生产过程火灾危险性分类方法与仓库储存管理特点划分。

2）建筑火灾危险性分类

在《建筑设计防火规范》（GB 50016—2021）中规定了生产的火灾危险性分类。其中，甲类最危险，乙、丙、丁、戊类火灾危险性依次降低。

将生产车间和库房按使用、生产和储存物质的燃爆危险性进行分类，是采取有效防火与防爆措施的重要依据。

（1）生产过程的火灾危险性分类

生产过程的火灾危险性分类见表 5-16。

表 5-16　生产过程的火灾危险性分类

生产类别	使用或产生下列物质生产过程的火灾危险性特征
甲	1.闪点小于 28 ℃的液体 2.爆炸下限小于 10%的气体 3.常温下能自行分解或在空气中氧化能导致迅速自燃或爆炸的物质 4.常温下受到水或空气中水蒸气的作用，能产生可燃气体并引起燃烧或爆炸的物质 5.遇酸、受热、撞击、摩擦、催化以及遇有机物或硫黄等易燃的无机物，极易引起燃烧或爆炸的强氧化剂 6.受撞击、摩擦或与氧化剂、有机物接触时能引起燃烧或爆炸的物质 7.在密闭设备内操作温度大于等于物质本身自燃点的生产
乙	1.闪点不小于 28 ℃，但小于 60 ℃的液体 2.爆炸下限不小于 10%的气体 3.不属于甲类的氧化剂 4.不属于甲类的化学易燃危险固体 5.助燃气体 6.能与空气形成爆炸性混合物的浮游状态的粉尘、纤维、闪点大于等于 60 ℃的液体雾滴
丙	1.闪点不小于 60 ℃的液体 2.可燃固体

续表

生产类别	使用或产生下列物质生产过程的火灾危险性特征
丁	1.对不燃烧物质进行加工,并在高温或熔化状态下经常产生强辐射热、火花或火焰的生产 2.利用气体、液体、固体作为燃料或将气体、液体进行燃烧作其他用的各种生产 3.常温下使用或加工难燃烧物质的生产
戊	常温下使用或加工不燃烧物质的生产

同一座厂房或厂房的任一防火分区内有不同火灾危险性生产时,厂房或防火分区内的生产火灾危险性类别应按火灾危险性较大的部分确定;当生产过程中使用或产生易燃、可燃物的量较少,不足以构成爆炸或火灾危险时,可按实际情况确定;当符合下述条件之一时,可按火灾危险性较小的部分确定:

①火灾危险性较大的生产部分占本层或本防火分区建筑面积的比例小于 5%或丁、戊类厂房内的油漆工段小于 10%,且发生火灾事故时不足以蔓延至其他部位或火灾危险性较大的生产部分采取了有效的防火措施。

②丁、戊类厂房内的油漆工段,当采用封闭喷漆工艺,封闭喷漆空间内保持负压、油漆工段设置可燃气体探测报警系统或自动抑爆系统,且油漆工段占所在防火分区建筑面积的比例不大于 20%。

（2）储存物品的火灾危险性分类

储存物品的火灾危险性分类见表 5-17。

表 5-17　储存物品的火灾危险性分类

储存类别	储存物品的火灾危险性特征
甲	1.闪点小于 28 ℃的液体 2.爆炸下限小于 10%的气体,受到水或空气中水蒸气的作用能产生爆炸下限小于 10%气体的固体物质 3.常温下能自行分解或在空气中氧化能导致迅速自燃或爆炸的物质 4.常温下受到水或空气中水蒸气的作用,能产生可燃气体并引起燃烧或爆炸的物质 5.遇酸、受热、撞击、摩擦、催化以及遇有机物或硫磺等易燃的无机物,极易引起燃烧或爆炸的强氧化剂 6.受撞击、摩擦或与氧化剂、有机物接触时能引起燃烧或爆炸的物质
乙	1.闪点不小于 28 ℃,但小于 60 ℃的液体 2.爆炸下限不小于 10%的气体 3.不属于甲类的氧化剂 4.不属于甲类的化学易燃危险固体 5.助燃气体 6.常温下与空气接触能缓慢氧化,积热不散引起自燃的物品
丙	1.闪点不小于 60 ℃的液体 2.可燃固体
丁	难燃烧物品
戊	不燃烧物品

同一座仓库或仓库的任一防火分区内储存不同危险性物品时,仓库或防火分区的火灾危险性应按火灾危险性最大的物品确定。

丁、戊类储存物品仓库的火灾危险性,当可燃物包装质量大于物品本身质量1/4或可燃物包装体积大于物品本身体积的1/2时,应按丙类确定。

(3)根据生产、储存火险分类采取的防火措施举例

根据生产、储存火险分类采取的防火措施举例见表5-18。

表5-18　根据生产、储存火险分类采取的防火措施举例

措施举例	火险类别				
	甲	乙	丙	丁	戊
建筑耐火等级	一、二级	一、二级	一至三级	一至四级	一至四级
防爆泄压面积 /(m²·m⁻³)	0.05~0.10	0.05~0.10	通常不需要	通常不需要	通常不需要
安全疏散距离 (多层厂房)/m	≤25	≤50	≤50	≤50	≤75
室外消防用水量 (1 500 m³ 库房一次灭火用量)/(L·s⁻¹)	15	15	15	10	10
通风	空气不应循环使用,排、送风机防爆	空气不应循环使用,排、送风机防爆	空气净化后可循环使用	不作专门要求	不作专门要求
采暖	热水蒸气或热风采暖、不得用火炉	热水蒸气或热风采暖、不得用火炉	不作具体要求	不作具体要求	不作具体要求
灭火器设置(库房)	1个/80 m²,但至少两个	1个/80 m²,但至少两个	1个/100 m²,但至少两个	不作具体要求	不作具体要求

5.6.2　建筑室外防火设计

建筑室外防火安全设计是建筑设计的重要内容之一。它包括总平面防火设计、防火间距、消防车道和室外消火栓等内容。民用建筑防火安全设计的主要依据有《建筑防火通用规范》(GB 55037—2022),《建筑设计防火规范》(GB 50016—2021),《高层民用建筑设计防火规范》(GB 50045—2005)和《建筑内部装修设计防火规范》(GB 50222—2017)。工业厂房等其他建筑的防火设计依据有《纺织工程设计防火规范》(GB 50565—2010)。《人民防空工程设计防火规范》(GB 50098——2009),《飞机库设计防火规范》(GB 50284—2008),《钢铁冶金企业设计防火规范》(GB 50414—2018),《火力发电厂与变电站设计防火规范》(GB 50229—2019),《石油天然气工程设计防火规范》(GB 50183—2020)和《汽车库设计防火规范》(GB 50067—2014)等。

1）建筑总平面防火设计

建筑总平面防火设计是指在城市或区域的规划或设计中,根据建筑物使用性质、所处地形、地势气候和风向等因素,进行合理布局,尽量避免建筑物相互之间构成火灾威胁或发生火灾、爆炸后造成严重后果,同时为消防车行驶顺畅和顺利扑救火灾提供条件。例如,在区域内设置防止火灾蔓延的防火隔离带;将生产易燃易爆物品的工厂和储存易燃易爆物品的仓库设在城市边缘的独立安全地区,并与影剧院、会堂、大型商场、体育馆、游乐场等人员密集的公共建筑或场所等建筑物之间保持规范规定的防火安全距离;散发可燃气体、可燃蒸气和可燃粉尘的工厂和大型液化石油气储存基地布置在城市全年最小频率风向上风侧,并与居住区、商业区和其他人员集中地区保持规范规定的防火安全距离;锅炉房、变压器室等离开人员密集的场所;在建筑物与建筑物之间留有足够的防火间距;设置防火隔离带和消防车道等。

单体民用建筑平面设计时,将人员密集厅、室等场所布置在较低楼层且靠近疏散楼梯间处;将燃油或燃气锅炉、油浸电力变压器、充有可燃油的高压电容器和多油开关等设置在高层民用建筑外的专用房间内;老年人建筑及托儿所、幼儿园的儿童用房和儿童游乐厅等儿童活动场所宜设置在独立的建筑内等。

2）防火间距

防火间距是指当一幢建筑发生火灾时,相邻建筑在一定时间内,在没有任何保护措施的情况下,不会相互引起火灾的最小安全距离。防火间距大小与建筑使用性质、功能、布置形式、耐火等级有关。建筑防火间距主要有以下几种:

（1）单层、多层民用建筑防火间距

两座建筑物相邻较高的一面外墙为防火墙时,其防火间距可不限。

相邻两座建筑,较低一座的耐火等级不低于二级,屋顶不设天窗,屋顶承重构件的耐火极限不低于 1 h,相邻较低一面外墙为防火墙时,其防火间距可适当减小,但不应小于 3.5 m。

相邻两座建筑,较低一座的耐火等级不低于二级,当相邻较高一面外墙开口部位设有防火门窗或防火卷帘和水箱时,其防火间距可适当减小,但不应小于 3.5 m。

相邻两座建筑物,相邻两面外墙为非燃烧体,如无外露燃烧体屋檐,当每面外墙上门窗洞口面积之和不超过该外墙面积的 5%,且门窗洞口不正对开设时,其防火间距可按表 5-19 少 25%。耐火等级低于四级的原有建筑,其防火间距可按四级确定。

表 5-19　单层、多层民用建筑的防火间距

耐火等级　防火间距/m　耐火等级	一、二级	三级	四级
一、二级	6	7	9
三级	7	8	10
四级	9	10	12

（2）高层建筑防火间距

高层民用建筑的防火间距见表 5-20。

表 5-20　高层民用建筑的防火间距

建筑名称		高层民用建筑		裙房	
高层民用建筑		13		9	
裙房		9		6	
其他民用建筑	一、二级	9		6	
	三级	11		7	
	四级	14		9	
丙类厂房	一、二级	20	15	15	13
	三、四级	25	20	20	15
丁、戊类厂房	一、二级	15	13	10	10
	三、四级	18	15	12	10
小型甲、乙类液体储罐	≤30 m³	35		30	
	30~60 m³	40		35	
小型丙类液体储罐	≤150 m³	35		30	
	150~200 m³	40		35	
可燃液体储罐	<100 m³	30		25	
	100~500 m³	35		30	
化学易燃品库房	<1 t	30		25	
	1~5 t	35		30	
人防工程		13		6	

注：①人防工程一般均设在地下，地面火灾一般影响不到，这里指人防工程采光井地面部分。人防工程的出入口地面建筑与周围建筑之间的防火间距，按现行国家标准《建筑设计防火规范》（GB 50016—2021）的有关规定执行。

②当甲、乙、丙类液体储罐直埋时，本表的防火间距可减少 50%。

（3）汽车库及其他建筑物之间的防火间距

甲、乙类物品运输车的车库与民用建筑之间的防火间距不应小于 25 m，与重要公共建筑之间的防火间距不应小于 50 m，与明火或散发火花地点的防火间距不应小于 30 m，与厂房、库房的防火间距按表 5-21 增加 2 m。

表 5-21　库之间与其他建筑物的防火间距

建筑名称	耐火等级	汽车库（一、二级）	修车库（三、四级）	停车场
汽车库、停车库	一、二级	10	12	6
	三级	12	14	8

续表

建筑名称	耐火等级	汽车库(一、二级)	修车库(三、四级)	停车场
停车场		6	8	10
厂房、库房、多层民用建筑	一、二级	10	12	6
	三级	12	14	8
	四级	14	16	10
甲、乙类液体储罐/m³	1~50	12	15	12
	51~200	15	20	15
	201~1 000	20	25	20
	1 001~5 000	25	30	25
丙类储罐/m³	5~25	12	15	12
	251~1 000	15	20	15
	1 001~5 000	20	25	20
	>5 000	25	30	25
液化石油气储罐/m³	1~30	18	20	18
	31~200	20	25	20
	201~500	25	30	25
	>500	30	40	30
甲类物品库/t 3,4项	≤5	15	20	15
	>5	20	25	20
甲类物品库/t 1,2,5,6项	≤10	12	15	12
	>10	15	20	15

注：①1 m³ 甲、乙类液体按 5 m³ 丙类液体计算。小于 1 m³ 甲、乙类或 5 m³ 的丙类液体储罐可贴邻停车库修车库（无明火作业）设置，但应用防火墙或高出储罐高度 2 m 的防火墙隔开。
②设有防火堤的储罐，其防火堤外侧基线距建筑物的距离不应小于 10 m。
③与高层工业、民用建筑相邻按表中数据增加 3 m，与甲类厂房相邻按表中数据增加 2 m。
④表中甲类物品分类按《建筑设计防火规范》（GB 50016—2021）中储存物品的分类确定。

（4）石油化工企业生产区内建筑物、构筑物之间的防火间距

这类建筑物、构筑物之间的防火间距有严格规定。对企业与相邻工厂或设施之间以及与交通线之间的防火间距，《建筑设计防火规范》（GB 50016—2021）、《石油库设计防火规范》等均有严格的要求。其确定原则如下：

①防止或减少火灾发生及工艺装置或设施之间的相互影响。

②重点设施要重点保护。万一发生火灾，可能造成全厂停产或重大人员伤亡事故的设施均应重点保护，即使该设施火灾危险性较小，也要远离火灾危险性较大的场所，以确保安全，如全厂性的变配电站、锅炉房、空压站、消防站、急救站等。

③试验、测试热辐射的热效应影响范围。

④火灾概率及其影响范围。一般情况下,火灾概率最高的是工艺装置,约为60%,储罐设施则较小。

⑤发生火灾后,消防扑救的难易程度。设施装置的火灾相对而言较易扑救,而扑救企业中的油罐、油池、油码头则较难。

⑥借鉴和总结国内外同类企业同生产装置的经验教训。

3)消防车道

消防车道是指符合相应技术条件,在灾害情况下能够确保消防车通行的道路。设置消防车道的目的就在于一旦发生火灾后,能确保消防车顺利到达火场,消防人员能迅速开展灭火战斗,及时扑灭火灾,最大限度地减少人员伤亡和火灾损失。

(1)消防车道的宽度、间距和限高

为保证火灾时消防车的顺利通行,城市道路应考虑消防车的通行要求,其宽度不应小于4 m。消火栓的保护半径为150 m左右,当建筑物的沿街部分长度超过150 m或总长度超过220 m时,为便于消防车使用,应设穿过建筑物的消防通道。考虑常用消防车的高度,消防通道上空4 m范围内不应有障碍物。

(2)环行消防车道

对高层建筑、占地面积超过3 000 m² 的甲、乙、丙类厂房,占地面积超过1 500 m² 的乙、丙类库房,大型公共建筑、大型堆场、储罐区等较为重要的建筑物和场所,为了便于及时扑救火灾,其周围应当设置环形消防车道。

环行消防车道至少应有两处与其他车道连通。尽头式消防车道应设回车道或回车场,考虑目前几种常用消防车的转弯半径,回车场面积可根据所需消防车的情况,不小于12 m×12 m 或 15 m×15 m 或 18 m×18 m。

(3)消防车道的其他要求

①供消防车取水的天然水源和消防水池,应当设置消防车道。

②对有内院或天井的建筑物,当其短边长度超过21 m时,可设置进入内院或天井的消防车道。

③有河流、铁路通过的城市,可采取增设桥梁等措施,保证消防车道的畅通。

④消防车道与建筑物之间,不应设置妨碍登高消防车操作的树木、架空管线等。

⑤消防车道应尽量短捷,并避免与铁路平交,如必须平交,应设置备用车道,两车道之间的间距不应小于一列火车的长度。

⑥消防车道下的管道和暗沟等,应能承受消防车辆的压力。

4)室外消火栓

(1)室外消火栓布置

室外消火栓布置如图5-38所示。消火栓宜沿道路纵线布置,间距不大于120 m。当路宽大于60 m时,消火栓应在马路两边均布,离路边不大于2 m,为避免楼房倒损伤人,消火栓距楼房不小于5 m。

(2)消火栓用水量

每个室外消火栓用水量等于每辆消防车的用水量,在每辆消防车上有两支口径

19 mm 水枪,总用水量为 10~15 L/s,每个室外消火栓用水量要按 10~15 L/s 计算。

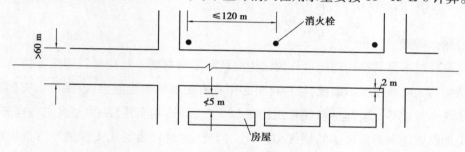

图 5-38　室外消火栓布置

消火栓数量可根据某类建筑一次火灾可能的消防用水量估算为

$$N = \frac{Q}{q} \tag{5-44}$$

式中　N——消火栓数量,个;

　　　Q——某建筑一次火灾消防用水量,m^3/s;

　　　q——一个消火栓用水量,m/s。

在甲、乙、丙类液体或油罐区,为避免火灾时液体疏散,消火栓应设在防火堤外的安全地点。

（3）消防水池设置

设置消防水池是市政给水管网或天然水源的一种重要补充手段。根据建筑物类型一次灭火所需的流量 Q 乘以灭火所需时间,其中灭火所需估计时间一般居住区为 2 h,甲、乙两类仓库为 6 h。

5）水泵接合器

水泵接合器是生活中常见的消防设备之一,是供消防车对室内消防给水网供水的接口。水泵接合器有一个进水口和一个出水口,出水口连接室内消防给水网（图 5-39）。当发生火灾时,可能出现高层建筑水压低,水流不足或者室内消防供水网发生故障,造成水压低水流不足的情况,这些因素将严重影响火情扑救。而消防车可以快速连接水泵接合器的进水口,快速地向室内消防给水网供水,增大供水网水压,使水流增大,第一时间浇灭火源。可以说水泵接合器在消防设备中是不可或缺的。

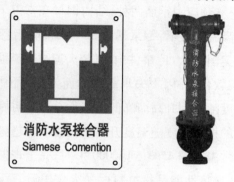

图 5-39　消防水泵接合器示意图

5.6.3 建筑室内防火设计

1)耐火等级

建筑材料根据其使用功能可分为结构材料和装饰材料。结构材料用来支持建筑物框架结构的强度与刚度。因此,结构材料必须具有足够的耐火能力,以保持火灾后建筑物整体性不被破坏。装饰材料使建筑物更加美观、舒适和实用,从控制火灾角度来看,应避免加剧燃烧和产生过多的烟气和毒气。因此,建筑材料的火灾性能一方面影响着建筑物承受火灾高温作用下的能力,另一方面对火灾扑救逃生具有重要影响。所以,必须研究建筑材料在高温下的各种相关性能,使得在建筑耐火设计中科学合理地选用建筑材料,预防和减少火灾发生与损失。

(1)建筑材料的分类

按材料化学构成,建筑材料可分为以下3类:

①有机材料。如木材、塑料、胶合板、纤维板等,一般为可燃性材料,在空气中受到火烧或高温作用后,立即起火燃烧,移走火源后仍能继续燃烧。

②无机材料。如钢铁、混凝土砖、石材、建筑陶瓷、建筑玻璃、石膏制品和其他建筑金属等,一般是不燃性材料,但在高温时存在导热、变形、爆裂、强度降低、组织松懈等缺点。

③复合材料。一般由芯材和面材组成,其特点是质轻、隔热、高强度和经济等。面材常用耐火、难燃、导热性差的板材,芯材选用难燃和耐高温材料,一般而言,复合材料中含有一定的可燃成分。

(2)建筑材料火灾性能

判定建筑材料火灾性能的主要参数有以下五个方面:

①高温下的物理力学性能。材料在高温下的物理力学性能主要指力学性能随温度的变化其中尤其是强度性能。建筑中的结构材料主要是钢材和混凝土,或由两者结合的钢筋混凝土。

建筑钢材分结构钢材和预应力钢筋两种,结构钢材在常温下的抗拉强度很好,但受火作用后,迅速变坏。在高温条件下,钢梁遇火 15~20 min 后急剧软化,而使整个建筑失去稳定面破坏。例如,美国"9·11"事件中,世贸大厦被盛满航空汽油飞机撞击后,汽油燃烧的高温迅速使钢架软化,并因丧失承载能力而倒塌。预应力钢筋在钢筋混凝土中广泛应用,但其抗拉强度随温度升高而降低的变化亦十分明显。

在火灾条件下,建材的抗压强度随温度升高呈明显下降趋势。当火灾温度达600 ℃时,混凝土抗压强度仅为常温时的 45%;到 1 000 ℃时,完全丧失强度。

②导热性能。材料的导热性能是指材料面受火作用后,背火一面温度变化的性质(如室内火灾楼板受热状况)。当材料导热性能强时,其防火性能差。例如,结构钢材在

常温时强度大,弹性、韧性都好,品质均匀,质量轻,属于不燃材料,但其导热系数大,火灾条件下极易在短时间内被破坏。

③燃烧性能。材料燃烧性能是指其可燃程度。即易燃难燃等性能和燃烧速度。燃速越快,火灾发生后,火焰就会迅速蔓延,对扑救十分不利。材料的燃烧性能是评价其防火性能的重要指标。

④发烟性能,材料燃烧时的发烟量和发烟速度,在火灾发生后,对人体危害、疏散工作、火灾扑灭和营救工作、火灾的发展与扩大都影响很大,应尽量选用发烟量较小、发烟速度较慢的建筑材料。

⑤潜在毒性。现代建筑中,使用着大量化工材料,火灾时产生大量有毒气体。火灾中造成人员死亡的主要原因是由烟气中毒所致,真正由热辐射致死的比例较小。

对上述 5 个判断材料火灾性能的综合指标进一步分析说明,当材料使用目的和功用不同时,考虑性能参数的侧重点不同。对于承重结构件材料,如混凝土、砖石、钢材等无机材料,其火灾性能应重点考虑力学、导热性质;对于装修、装饰材料,如木材、塑料等,其火灾性能应重点考虑燃烧性能、发烟性能、潜在毒性等方面。

(3)建筑构件燃烧性能分类

按照建筑构件在明火作用下的耐火特性,可分为以下 3 类:

①不燃烧体。由不燃烧性材料制成的建筑构件,在空气中火烧或高温作用时不起火、不微燃、不碳化(火烧时间不少于 1.5 h),如砖墙砖柱、钢筋混凝土梁(板、柱)、钢梁。

②难燃烧体。由难燃材料制成,或用可燃性材料作基层用不燃性材料作保护层的构件,在空气中受到火烧或高温作用时(不少于 0.75 h),难起火、难微燃、难碳化;当火源移走时,燃烧或微燃立即停止,如沥青混凝土等。

③燃烧体。用普通可燃或易燃材料制成的建筑构件。在明火或高温作用下能立即着火燃烧,火源移走后,仍能继续燃烧或微燃,如木构件等。

(4)建筑构件耐火极限

建筑构件的耐火性能用耐火极限表示。耐火极限指的是将建筑构件置于标准火灾环境下,从其开始受热算起到其失去支撑能力、或发生穿透性裂缝、或背火面的温度升高到设定温度(一般取 220 ℃)所经历的时间。

标准火灾环境是一种人为设计的炉内燃烧环境。试验炉内的气相温度按照规定的温升曲线变化。这种温度时间变化曲线称为标准火灾温升曲线,简称标准火灾曲线。现在,耐火极限的测定已有国际标准。国际标准化组织(ISO)规定的标准火灾温升速率表达式为

$$T - T_0 = 345 \lg(8t + 1) \tag{5-45}$$

式中　t——试验时间,min;

　　　T_0,T——在试验开始时刻和 t 时刻的温度,℃;

T_0——应为 5~40 ℃。

图 5-40 为相应的标准火灾温升曲线,不过有些国家也根据自己的传统和需要,制定了本国的标准。我国关于建筑构件耐火极限的国家标准中的标准火灾曲线国际标准一致。

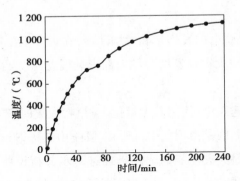

图 5-40 ISO 标准规定的火灾温升曲线

为了真实反映构件性能在高温影响下的变化,通常应当用全尺寸建筑构件试样品进行试验。如果条件允许,还应在试件上面加上相应的荷载,例如对墙、柱和梁应垂直加载,对楼板和屋顶应均匀加载。在试验中还应对构件施加适当的边界条件和约束条件。

应当指出,建筑构件暴露在实际火灾中与在标准试验炉中所经受的情况不完全一致,存在一定差异。从开始发现这一问题时起,就有人对使用标准火灾曲线判定构件的耐火性是否有效提出了疑问。但是直到现在,对这问题还没有提出更好的解决方法。在建材工业部门中仍然广泛使用标准火灾曲线法来检验材料的耐火性。

在需要讨论的防火分区内,所有可能受到火灾影响的耐火构件都要进行分析。构件的耐火性能主要是依据该构件在火灾中的温升状况确定的。这些构件主要是那些全部或部分暴露在火灾高温条件下的构件。若在有导热作用下,其他一些构件也有较明显温升,则也应当对它们进行计算。

选择合适的设定火灾功率,是分析构件温升的重要前提。如前所述,火灾发展过程受到所在分区的环境条件与面积大小、通风口形状与尺寸、壁面材料传热特性、室内可燃物种类与数量、消防设施类型和工作状况等多种因素影响。应当客观考虑所有实际因素,选择适当的方法计算火灾的发展过程。

当建筑构件置于某种特定的火灾环境中时,它的温度便会逐渐升高,由此可以求出该构件到达当危险极限的时间。为了防止建筑物结构受到损坏,必须在接近此危险极限之前将火灾控制住或扑灭。如果在设定火灾条件下,原先选用构件在预定时间内无法避免构件到达危险极限,那么就必须对其采取其他的保护措施,甚至更换构件材料。

(5)建筑物耐火等级选择

建筑物耐火等级选择是建筑防火设计的关键环节之一,是防火技术措施中最基本措施之一,必须根据使用功能、重要程度和火灾危险性等级和高低层数不同,按我国建筑设计防火规范进行合理选择,以防止建筑物在火灾发生时和发生后倒塌,从而保障人员安全和减少财产损失。

建筑耐火等级以楼板为基准划分。按照我国建筑设计防火规范,建筑物耐火等级分为四级,这是衡量建筑物耐火程度的分级标度。建筑物构件的燃烧性能和耐火极限见表 5-22。

表 5-22 建筑物构件的燃烧性能和耐火极限

耐火等级/构件名称/燃烧性能和耐火极限/h		一级	二级	三级	四级
墙	防火墙	不燃烧体 4.00	不燃烧体 4.00	燃烧体 4.00	不燃烧体 4.00
	承重墙,楼梯间,电梯井的墙	不燃烧体 3.00	不燃烧体 2.50	燃烧体 2.50	难燃烧体 0.50
	非承重外墙,疏散走道两侧的隔墙	不燃烧体 1.00	不燃烧体 1.00	燃烧体 0.50	难燃烧体 0.25
	房间隔墙	不燃烧体 0.75	不燃烧体 0.50	难燃烧体 0.50	难燃烧体 0.25
柱	支承多层的柱	不燃烧体 3.00	不燃烧体 2.50	不燃烧体 2.50	难燃烧体 0.50
	支承单层的柱	不燃烧体 2.50	不燃烧体 2.00	不燃烧体 2.00	燃烧体
梁		不燃烧体 2.00	不燃烧体 1.50	不燃烧体 1.50	难燃烧体 0.50
楼板		不燃烧体 1.50	不燃烧体 1.00	不燃烧体 0.50	难燃烧体 0.25
屋顶承重构件		不燃烧体 1.50	不燃烧体 0.50	燃烧体	燃烧体
疏散楼梯		不燃烧体 1.50	不燃烧体 1.00	不燃烧体 1.00	燃烧体
吊顶(包括吊顶搁栅)		不燃烧体 0.25	难燃烧体 0.25	难燃烧体 0.15	燃烧体

表 5-23　高层民用建筑耐火等级分类及选择

名称	一类	二类
居住建筑	高级住宅、19 层及 19 层以上的普通住宅	10~18 层的普通住宅
公共建筑	(1)医院 (2)高级旅馆 (3)建筑高度超过 50 m 或每层建筑面积超过 1 000 m² 的商业楼、展览楼、综合楼、电信楼、财贸金融楼 (4)建筑高度超过 50 m 或每层建筑面积超过 1 500 m² 的商住楼 (5)中央级和省级(含计划单列市)广播电视楼 (6)网局级和省级(含计划单列市)电力调度楼 (7)省级(含计划单列市)邮政楼、防火指挥调度楼 (8)重要办公楼、科研楼、档案楼 (9)藏书超过 100 万册的图书馆、书库 (10)建筑高度超过 50 m 的教学楼和普通的旅馆、办公楼、科研楼、档案楼等	(1)除一类建筑外的商业楼、展览楼、综合楼、电信楼、财贸金融楼、商住楼、图书馆、书库 (2)省级以下的邮政楼、防灾指挥调度楼、广播电视楼、电力调度楼 (3)建筑高度不超过 50 m 的教学楼和普通旅馆、办公楼、科研楼
耐火等级	(1)一类高层建筑其耐火等级为一级。 (2)地下室耐火等级为一级。 (3)建筑物所有构件应满足耐火等级对构件耐火极限和燃烧性能的要求。	(1)二类高层建筑其耐火等级不低于二级,裙房耐火等级不低于二级。 (2)地下室耐火等级为一级。 (3)建筑物所有构件应满足耐火等级对构件耐火极限和燃烧性能的要求。
备注	(1)根据《高层民用建筑设计防火规范》规定,高层民用建筑指 10 层以上居住建筑及建筑高度超过 34 m 的公共建筑。 (2)高层建筑火灾特点:①火势蔓延途径多、危害大;②疏散困难;③消防设施欠完善,扑救困难;④功能复杂,起火因素多。 (3)耐火等级选定。高层民用建筑耐火等级根据使用性质、火灾危险程度和疏散扑救难度划分,可根据表 5-23 的高层民用建筑分类进行选择。	

2)防火分区

建筑防火分区是指采用具有一定耐火能力的分隔设施(如楼板、墙体),在一定时间内将火灾控制在一定范围内的单元空间。

防火分区按功能可以分为水平防火分区、竖向防火分区两大类。水平防火分区是利用防火墙、防火门、防火卷帘、防火垂壁、防火水幕等设施,将楼层划分为几个防火分区,以防止火灾向水平方向扩大蔓延。竖向防火分区是采用具有一定耐火极限的楼板、窗间墙(上下楼层间距离不小于 1.2 m)将上下层分开,以防止层间发生竖向火灾蔓延。

建筑中防火分区大小的划分,应根据建筑物的使用性质,充分考虑消防效果,有利于建筑使用功能的发挥、建筑美观和对经济的影响等。从控制火灾、提高消防效果出发,防火分区面积宜适当小些,《建筑设计防火规范》(GB 50016—2021)对不同使用性质的建筑物的独立分区大小作了详细的规定。详细划分见表 5-24。

表 5-24　民用建筑的耐火等级、层数、长度和面积

名称	耐火等级	允许建筑高度或层数	防火分区的最大允许建筑面积/m²	备注
高层民用建筑	一、二级	按规范第 5.1.1 条确定	1 500	对体育馆、剧场的观众厅,防火分区的最大允许建筑面积可适当增加
单、多层民用建筑	一、二级	按规范第 5.1.1 条确定	2 500	
	三级	5 层	1 200	
	四级	2 层	600	
地下或半地下建筑(室)	一级	—	500	设备用房的防火分区最大允许建筑面积不应大于 1 000 m²

注:①表中规定的防火分区最大允许建筑面积,当建筑内设置自动灭火系统时,可按本表的规定增加一倍;局部设置时,防火分区的增加面积可按该局部面积的一倍计算。
②裙房与高层建筑主体之间设置防火墙时,裙房的防火分区可按单、多层建筑的要求确定。

3)室内防火设施

(1)防火墙

防火墙是最基本的防火分隔设施之一,应使用非燃烧体建造,且对其结构的完善程度应提出严格的要求。建筑物防火墙有内部防火墙、外部防火墙和独立防火墙。内部防火墙把室内分为若干防火小区,外部防火墙是因建筑物之间的防火间距不足而设置的有一定耐火要求但没有窗户的隔墙,当建筑物之间的防火间距不足却又不宜于设置外部防火墙时可采用独立防火墙。

防火墙的耐火极限不少于 4 h。防火墙应当直接修建在建筑基础或钢筋混凝土框架上。当与该墙相连的构件掉落时,防火墙的性能不应受影响。防火墙应当有效地将其两侧的可燃物隔断,根据具体情形采取适当措施。例如,为防止火从屋顶上部由一个防火分区蔓延到另一个分区,可以将防火墙砌得高出屋面 0.5 m 以上,如图 5-41 所示。又如,有的建筑物呈 L 形或 U 形,一般不宜直接在交界处设内部防火墙,可向某一方向适当错开一定距离。如果不得已必须设在该处,则应当在外部防火墙上采取一定的措施,如拐角两侧相邻的窗户的距离不小于 4 m,以防止窜火。

(2)防火门

设置在建筑内经常有人通行处的防火门宜采用常开防火门。常开防火门应能在火

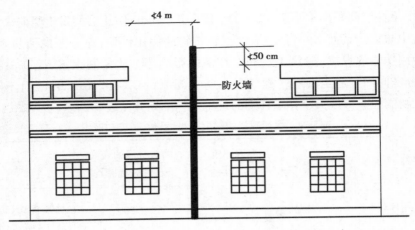

图 5-41　靠近天窗时防火墙的设置

灾时自行关闭,并应具有信号反馈的功能。除允许设置常开防火门的位置外,其他位置的防火门均应采用常闭防火门。常闭防火门应在其明显位置设置"保持防火门关闭"等提示标志。甲、乙、丙级防火门应符合现行国家标准《防火门》(GB 12955—2008)的规定,防火窗应符合现行国家标准《防火窗》(GB 16809—2008)的有关规定。

防火门的制造有一定的难度,现在对防火门耐火极限的要求比防火墙低,一般规定为 1.2 h、0.9 h 和 0.6 h,它们分别适用于一、二、三级耐火要求的建筑。根据制造使用的材料,防火门大体分为非燃烧体和难燃烧体两类。非燃烧体防火门采用薄壁型钢做骨架,外覆用 1~1.2 mm 的钢板作门面,内填矿渣棉、玻璃纤维等耐火材料。难燃烧体防火门主要用经过阻燃处理的木材制造,这种门比用钢板制造的轻,且比较美观,使用量很大。木质防火门内也需要填充玻璃纤维之类的耐火材料。

为了保证防火门关闭的严密程度,可在门缝处加装柔性耐火材料制造的防烟条。防火门的动作有多种形式,如悬吊式、侧向推拉式、铰链式等,无论哪种形式都要求开闭灵活,最好设置自动关闭装置。一般来说,防火的使用频率不高,常出现长期失修而锈死的情况。对于制造防火门厂家而言,应规定对有关滑轮、铰链等采用不宜生锈的材料;对于用户来讲,应强调进行定期保养,避免发生出现事故无法用的情况。

(3)防火卷帘

由于使用功能的需要,有些建筑物不能采用固定的墙和门进行防火分隔,但它某些区域的面积已超过防火分区的面积,如大型商场展览厅、敞开式楼梯候车(机)厅等,在这种情况下应当采取防火卷帘。平时卷帘卷收在固定轴杆上,一旦起火,它可根据自动的或人工的控制信号展放开,挡住火焰和烟气的蔓延。

现在常用的防火卷帘由多条钢板帘片扣接或铰接而成。轻型帘的钢板厚度为0.5~0.6 mm,重型帘的钢板厚度为 1.5~1.6 mm,通常使用的大多是 1~1.2 mm 厚的钢板。每个帘片中应加入耐火材料。防火卷帘有上下开启、横向开启和水平开启等形式,对不太宽的门道一般采用上下开启式,对跨度较大的区域宜采用横向开启式,对楼层间孔口则采用水平开启式。为了防止遇火后的帘片变形,防火卷帘一般应当与水幕配合使用。除中庭外,当防火分隔部位的宽度不大于 30 m 时,防火卷帘的宽度不应大于 10 m;当防火分隔部位的宽度大于 30 m 时,防火卷帘的宽度不应大于该部位宽度的 1/3,且不应大于 20 m。

防火卷帘须符合现行国家标准《防火卷帘》(GB 14102—2005)的规定。当防火卷帘的耐火极限符合现行国家标准《门和卷帘的耐火试验方法》(GB/T 7633—2008)有关耐火完整性和耐火隔热性的判定条件时,可不设置自动喷水灭火系统保护。当防火卷帘的耐火极限仅符合现行国家标准《门和卷帘的耐火试验方法》(GB/T 7633—2008)有关耐火完整性的判定条件时,应设置自动喷水灭火系统保护。自动喷水灭火系统的设计应符合现行国家标准《自动喷水灭火系统设计规范》(GB 50084—2017)的规定,但火灾延续时间不应小于该防火卷帘的耐火极限。

4)火灾联动控制系统

(1)自动报警系统

火灾自动报警系统通常由火灾探测器、火灾报警控制器,以及联动与控制模块、控制装置等组成。火灾探测器探测到火灾后,由火灾报警控制器进行火灾信息处理并发出报警信号,同时通过联动控制装置实施对消防设备的联动控制和灭火操作。火灾报警控制器按照其用途可以分为区域火灾报警控制器、集中火灾报警控制器和通用火灾报警控制器。区域火灾报警控制器用于火灾探测器的监测、巡检、供电与备电,接收火灾监测区域内火灾探测器的输出参数或火灾报警、故障信号,并转换为声、光报警输出,显示火灾部位或故障位置等。区域火灾报警控制器的主要功能包括火灾信息采集与信号处理,火灾模式识别与判断,声、光报警,故障监测与报警,火灾探测器模拟检查,火灾报警计时,备电切换和联动控制等。

集中火灾报警控制器用于接收区域火灾报警控制器的火灾报警信号或设备故障信号,显示火灾或故障部位,记录火灾信息和故障信息,协调消防设备的联动控制和构成终端显示等。

通用火灾报警控制器兼有区域和集中火灾报警控制器的功能,小容量的可以作为区域火灾报警控制器使用,大容量的可以独立构成中心处理系统,其形式多样,功能完备。可以按照特点用作各种类型火灾自动报警系统的中心控制器,完成火灾探测、故障判断、火灾报警、设备联动、灭火控制及信息通信传输等功能。

(2)自动喷淋系统

自动喷淋系统技术研究已有百年历史,是当今世界公认最为有效的自动灭火设施之一,是应用最广泛、用量最大的自动灭火系统。我国最早的自动喷淋系统出现在 20 世纪 20 年代,于上海毛纺厂中安装。在多年的研究和发展过程中,自动喷淋系统已经逐步应用于各类建筑中,尤其是高层建筑中。目前常见的自动喷淋系统有湿式自动喷淋系统、干式自动喷淋系统、预作用式自动喷淋系统、水幕系统等。

①湿式自动喷淋系统。火灾发生时,在火场温度作用下,闭式喷头的感温元件温升达到预定动作温度范围时,喷头开启,喷水灭火。水在管路中流动后,打开湿式阀瓣,水经过延时器后通向水力警铃的通道,水流中水力警铃发出声响报警信号。同时,水力警铃前的压力开关信号及装在配水管始端上的水流指示器信号传送至报警控制器控制

室,经判断确认火警后启动消防水泵向管网加压供水,达到持续自动喷水灭火的目的。湿式自动喷淋系统具有结构简单、施工和管理维护方便、使用可靠、灭火速度快、控火效率高等优点。但其管路在喷头中始终充满水,应用受环境温度的限制,更适合安装在室内温度不低于 4 ℃,且不高于 70 ℃能用水灭火的建、构筑物内。

　　a.部件组成。如图 5-42 所示,湿式自动喷淋系统由喷头、管道系统、湿式报警阀、报警装置和供水设施等组成。该系统在报警阀的前后管道内始终充满压力水,称为湿式喷水灭火系统或湿管系统。

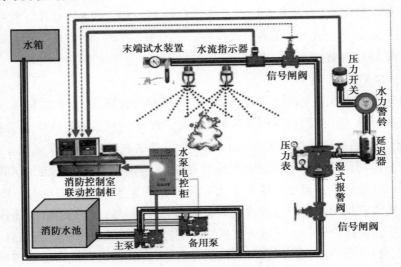

图 5-42　湿式自动喷淋系统结构示意图

　　b.工作原理。保护区域内发生火灾时,温度升高使闭式喷头玻璃球炸裂而使喷头开启喷水。这时湿式报警阀系统侧压力降低,供水压力大于系统侧压力(产生压差),使阀瓣打开(湿式报警阀开启),其中一路压力水流向洒水喷头,对保护区洒水灭火,同时水流指示器报告起火区域;另一路压力水通过延迟器流向水力警铃,发出持续铃声报警,报警阀组或稳压泵的压力开关输出启动供水泵信号,完成系统启动。系统启动后,由供水泵向开放喷头供水,开放喷头按不低于设计规定的喷水强度均匀喷水,实施灭火。

　　②干式自动喷淋系统。干式自动喷淋系统是一种为了满足寒冷、高温场所安装自动灭火系统需要,避免湿式喷淋系统的缺陷,在湿式喷淋系统基础上发展出来的喷淋系统。其管路和喷头内平时没有水,只处于充气状态,称为干式系统或干管系统。干式喷淋系统的主要特点是在报警阀后管路内无水,不怕冻结,不怕环境温度高。该系统适用于环境温度低于 4 ℃和高于 70 ℃的建筑物和场所。

　　a.部件组成。如图 5-43 所示,干式系统由闭式洒水喷头、水流指示器、干式报警阀组,以及管道和供水设施等组成,而且配水管道内充满用于启动系统的有压气体。

　　b.工作原理。保护区域内发生火灾时,温度升高使闭式喷头玻璃球炸裂而使喷头开启释放压力气体。这时干式报警阀系统侧压力降低,供水压力大于系统侧压力(产生压差),使阀瓣打开(干式报警阀开启),其中一路压力水流向洒水喷头,对保护区洒水灭火,水流指示器报告起火区域;另一路压力水通过延迟器流向水力警铃,发出持续铃声报警,报警阀组或稳压泵的压力开关输出启动供水泵信号,完成系统启动。系统启动后,由供水泵向开放喷头供水,开放喷头按不低于设计规定的喷水强度均匀喷水,实施灭火。

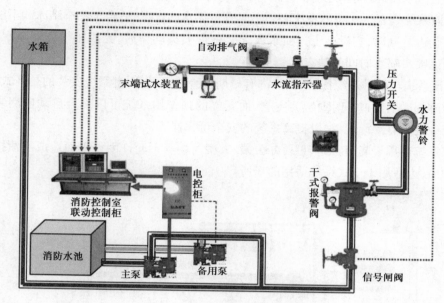

图 5-43　干式系统结构示意图

③预作用式自动喷淋系统。预作用系统将火灾自动探测报警技术、自动喷水灭火系统有机地结合起来,对保护对象进行双重保护,避免误喷、漏喷等现象。如图 5-44 所示,预作用系统由闭式喷头、管道系统、雨淋阀、湿式阀、火灾探测器、报警控制装置、充气设备、控制组件和供水设施等部件组成。这种系统平时呈干式,在火灾发生时能实现对火灾的初期报警,并立刻使管网充水将系统转变为湿式。因系统的这种转变过程包含着预备动作的功能,故称为预作用式自动喷淋系统。

非工作状态下,系统在雨淋阀之后的管道内,有不充气和充满低压气体两种情况。火灾发生时,安装在保护区的感温、感烟火灾探测器首先发出火警信号,控制器在将报警信号作声光显示的同时开启雨淋阀,使水进入管路,并在短时间内完成充水过程,使系统转变成湿式系统,以后的动作与湿式系统相同。

A.工作原理。保护区域出现火警时,探测系统首发动作,打开预作用雨淋阀以及系统中用于排气的电磁阀(出口接排气阀),此时系统开始充水并排气,从而转变为湿式系统,如果水势继续发展,闭式喷头开启喷水,进行灭火。该系统克服了雨淋系统会因探测系统误动作而导致误喷的缺陷。如果系统中任一喷头玻璃球意外破碎,则会从该喷头处喷出气体,导致系统中气压迅速下降,降低监控开关动作,发出报警信号,提醒值班人员出现异常情况,但预作用雨淋阀没有动作,系统不会喷水,克服了湿式系统由喷头误动作引起误喷的缺陷。

B.预作用式自动喷淋系统的主要特点。

a.与湿式系统比较,该系统在预作用阀以后的管网中平时不充水,而充低压空气或氮气,或是干管。只有在发生火灾时,火灾探测系统自动打开预作用阀,使管道充水变成湿式系统。管网平时无水,可避免系统破损而造成的水渍损失。另外,该系统有早期报警装置,能在喷头动作之前及时报警,以便及早组织扑救。

b.该系统具有干式喷淋系统必须平时管道无水的优点,适合于冬季结冰和不能采暖的建筑物内。同时,它没有干式喷水灭火必须待喷头动作后,完成排气才能喷水灭火,从而延迟喷头喷水时间的缺点。

c.该系统与雨淋系统比较,虽然都有早期报警装置,但雨淋系统安装的是开式喷头,而且雨淋阀后的管道平时通常为空管,而充气的预作用系统可以配合自动监测装置发现系统中是否有渗漏现象,以提高系统的安全可靠性。

该系统适用于高级宾馆、重要办公楼、大型商场等不允许因误喷而造成水渍损失的建筑物内,也适用于干式系统适用的场所。

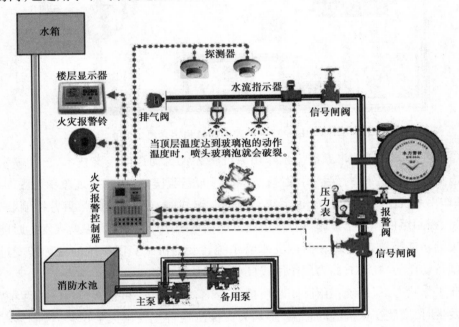

图 5-44　预作用式自动喷淋系统结构示意图

④水幕系统。水幕系统(也称水幕灭火系统)是由水幕喷头、雨淋报警阀组或感温雨淋阀、供水与配水管道、控制阀及水流报警装置等组成的自动喷淋系统。

A.工作原理。水幕系统的工作原理与雨淋系统基本相同。不同的是水幕系统喷出的水为水帘状,而雨淋系统喷出的水为开花射流。由于水幕喷头将水喷洒成水帘状,因此水幕系统不是直接用来灭火的,其作用是冷却简易防火分隔物(如防火卷帘、防火幕),提高其耐火性能,或者形成防火水帘阻止火焰穿过开口部位,防止火势蔓延。

B.作用。水幕系统主要用于需要进行水幕保护或防火隔断的部位,如设置在企业中的各防火区或设备之间,阻止火势蔓延扩大,阻隔火灾事故产生的辐射热,对泄漏的易燃、易爆、有害气体和液体起疏导和稀释作用。

水幕系统不具备直接灭火的能力,是用于挡烟阻火和冷却隔离的防火系统。防火分隔水幕系统利用密集喷洒形成的水墙或多层水帘,封堵防火分区处的孔洞,阻挡火灾和烟气的蔓延。防护冷却水幕系统则利用喷水在物体表面形成的水膜,控制防火分区处分隔物的温度,使分隔物的完整性和隔热性免遭火灾破坏。

（3）防排烟系统

火灾烟气中含有大量物质燃烧和热分解所生成的气体,如一氧化碳、二氧化碳、氯化氢等,悬浮在空气中的液态颗粒(由蒸气冷凝而成的焦油类粒子和高沸点物质的凝缩液滴等)和由燃料充分燃烧后残留下来的灰烬和炭黑固体粒子等固态颗粒。火灾时产生的有毒烟气是造成人员窒息、中毒的主要原因。一般情况下,火场出现浓烟、高热缺氧、产生有毒有害气体致人伤亡时间是起火后 5~6 min 至 10~20 min 不等。通常认为,人吸入一氧化碳的允许浓度为 0.005%,起火后 10~15 min 一氧化碳就有超过人体接触允许浓度的可能,具体场景应当具体分析和确认。

室内人员受烟气窒息中毒是火灾中人员伤亡的重要原因。1980 年美国米高梅饭店大火,死亡 85 人中有 67 人是被烟熏死的。2000 年 12 月 25 日,河南省洛阳市东都商厦发生特大火灾,死亡 309 人。根据洛阳市公安局出具的检验报告,这 309 人均系烟气中毒窒息死亡。由此可知,建筑防烟和排烟在防火设计中非常重要。

防排烟系统设计的目的是将火灾时产生的大量烟气及时排除,以及阻止烟气从着火区向非着火区蔓延扩散,特别是防止烟气侵入作为疏散通道的走廊、楼梯间及其前室,以确保建筑物内人员安全、顺利疏散、避难,为消防队员扑救创造有利条件。

防排烟系统设计的指导思想是当一幢建筑物内部某个房间或部位发生火灾时,迅速采取必要的防排烟措施,对火灾区域实行排烟控制,使火灾烟气和热量迅速排除,便于人员安全疏散和扑救。对非火灾区域及疏散通道等迅速采用机械加压送风的防烟措施,使该区域空气压力高于火灾区域空气压力,阻止烟气侵入,控制火势蔓延。

防排烟方式大体可分为自然排烟、机械排烟、机械加压送风防烟 3 种方式。

①自然排烟。自然排烟是利用火灾产生的热烟气流的浮力和外部风力作用,通过建筑物的对外开口如阳台、凹廊或设置在外墙上便于开启的排烟窗等把烟气排至室外的排烟方式。这种方式无须专门的排烟设备,不使用动力,平时可兼作换气用,非常经济。缺点是排烟效果受室外风向、风速和建筑本身的密封性或热作用的影响,排烟效果较差和不稳定。

自然排烟方式分为利用可开启外窗的自然排烟和利用室外阳台或凹廊的自然排烟两种。建筑设计防火规范对容许采用自然排烟方式的建筑,设置自然排烟的部位和开窗面积等进行了具体规定。

②机械排烟。机械排烟是利用排烟机的动力把着火区域的火灾烟气通过排烟口排至室外。一个设计优良的机械排烟系统在火灾时能排出大部分的火场热量,并使火场温度大幅降低,同时大幅提升充烟区的能见度,对人员安全疏散和火灾扑救起到有利作用。这种方式的排烟效果稳定,特别是火灾初期能有效地保证非着火层或区域的人员疏散和物资安全转移。其不足之处在于投资大、需要定期维保、维护费用高等。

机械排烟分为局部排烟、集中排烟两种方式。局部排烟方式是在每个需要排烟的部位设置独立的排烟机直接进行排烟;集中排烟方式是将建筑物划分为若干个系统,在每个系统设置一台大型排烟机,系统内各个房间的烟气通过排烟口进入排烟管道并引到排烟机直接排至室外。机械排烟系统由挡烟垂壁、防火阀、排烟口、排烟管道、排烟机以及电气控制设备等组成。

③机械加压送风防烟。机械加压送风防烟是利用送风机供给走廊、楼梯间前室和楼梯间新鲜空气,使其维持高于建筑物其他部位的压力,从而把其他部位中着火所产生的火灾烟气或扩散所侵入的火灾烟气堵截于被加压的部位(走廊、楼梯间前室和楼梯间)之外。这种方式能确保疏散通路的绝对安全,但其缺点是当机械加压送风楼梯间的正压值过高时,会使楼梯间通向前室或走道的门打不开。

为了有效地控制烟气,建筑物内还需要设计防烟分区。划分防烟分区的目的是把火灾烟气控制在一定范围内,并通过排烟设施迅速排除。

5)安全疏散

建筑发生火灾时,产生大量的高温、有毒烟气并迅速蔓延,给人员的安全疏散和物资抢救带来严重威胁。通过对国内外建筑火灾统计可知,造成重大人员伤亡的火灾均和该场所没有可靠的安全疏散设施或设施管理不善,人员不能及时疏散到安全(避难)区域有紧密联系。

人员的安全疏散是建筑物发生火灾后,确保人员生命安全的重要有效措施之一,是建筑防火设计的一项非常重要的内容。安全疏散设计的目的主要是使人能从发生火灾事故的建筑中迅速撤离到安全区域,尽可能减少火灾造成的人员伤亡和财产损失,并为消防人员灭火救援提供条件。

(1)安全疏散设计原则

安全疏散是指人通过专门的设施和路线,安全地撤离着火建筑或在某一个安全的部位(地点)被暂时保护起来。

安全疏散设计是建筑防火设计的一项重要内容。设计时,应根据建筑物的规模、使用性质、重要性、耐火等级、生产和储存物品的火灾危险性、容纳人数以及火灾时人的心理状态等情况,科学合理地设置安全疏散设施,并做好设计,为人员安全疏散提供有利条件。建筑物的安全疏散设施包括主要安全疏散设施,如安全出口、疏散楼梯、走道和门等;辅助安全疏散设施,如疏散阳台、缓降器、救生袋等;对超高层民用建筑还有避难层(间)和屋顶直升机停机坪等。

设计安全疏散路线时,须充分考虑火灾时人们在异常心理状态下的行动特点,在此基础上做出相应的设计,达到确保疏散安全可靠的目的。在进行安全疏散设计时应遵照下列原则:

①疏散路线要简洁明了,便于寻找、辨别。考虑紧急疏散时人们缺乏思考疏散的能力和时间紧迫,疏散路线要简洁,易于辨认,并设置简明易懂、醒目易见的疏散指示标志。

②疏散路线要做到步步安全。疏散路线一般可分为4个阶段:第一阶段是从着火房间内到房间门;第二阶段是公共走道中的疏散;第三阶段是在楼梯间内的疏散;第四

阶段是从楼梯间到室外等安全区域的疏散。这 4 个阶段必须是步步走向安全,以保证不出现"逆流"。疏散路线的尽头必须是安全区域。

③疏散路线设计要符合人们的习惯要求。人们在紧急情况下,习惯走平常熟悉的路线,在布置疏散楼梯的位置时,将其靠近经常使用的电梯间布置,使经常使用的路线与火灾时紧急使用的路线有机地结合起来,有利于迅速而安全地疏散人员。疏散楼梯靠近电梯布置,如图 5-45 所示。

此外,要利用明显的标志引导人们走向安全的疏散路线。

④尽量不使疏散路线和扑救路线相交叉,避免相互干扰。疏散楼梯不宜与消防电梯共用一个前室,两者共用前室时,会造成疏散人员和扑救人员相撞,妨碍安全疏散和消防扑救,如图 5-46 所示。

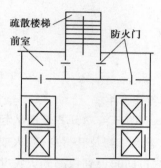

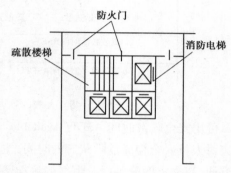

图 5-45　疏散楼梯靠近电梯布置示意图　　图 5-46　不理想的疏散楼梯布置示意图

⑤疏散走道不要布置成不甚畅通的 S 形或 U 形,也不要有变化宽度的平面。走道上方不能有妨碍安全疏散的突出物,下面不能有突然改变地面标高的踏步,应避免和出现如图 5-47、图 5-48 所示的现象。

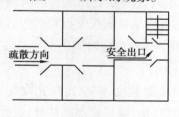

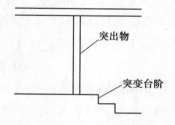

图 5-47　疏散通道变窄　　　　　图 5-48　突出的障碍物或突变台阶

⑥在建筑物内任何部位最好同时有两个或两个以上的疏散方向可供疏散。避免把疏散走道布置成袋形,袋形走道的致命弱点是只有一个疏散方向,火灾时一旦出口被烟火堵住,其走道内的人员就很难安全脱险。

⑦合理设置各种安全疏散设施,做好其构造等设计。例如,疏散楼梯要确定好数量、布置位置、形式等,其防火分隔、楼梯宽度及其他构造都要满足规范的有关要求,确保其在建筑发生火灾时充分发挥作用,保证人员疏散安全。

(2)安全疏散基本准则

建筑物发生火灾后,人员能否安全疏散主要取决于两个特征时间:一是火灾发展到对人构成危险所需的时间 ASET;二是人员疏散到达安全区域需要的时间 RSET。如果人员能在火灾达到危险状态之前全部疏散到安全区域,便可认为该建筑物的防火安全设计对火灾中的人员疏散是安全的。

火灾过程大体分为起火、火灾增大、充分发展、火势减弱、熄灭等过程。人员疏散一般要经历察觉到火灾、行动准备、疏散行动、疏散到安全场所等阶段。如图 5-49 所示为火灾发展过程时间线,结合绘制火灾发展过程与人员安全疏散的时间关系图进一步说明安全疏散的条件问题,如图 5-49 所示。

图 5-49　火灾发展与人员疏散的时间线

A.可用安全疏散时间 ASET(Available Safety Egress Time)。ASET 是指从起火时刻到火灾对人员安全构成危险状态的时间,主要取决于建筑结构及其材料、控火或灭火设备等方面,与火灾的蔓延以及烟气的流动密切相关,它包括起火到探测到火灾并给出报警的时间 t_d 和从发出报警到火灾对人构成危险的时间 t_h:

$$ASET = t_d + t_h \tag{5-46}$$

B.必需安全疏散时间 RSET(Required Safety Egress Time)。RSET 是指从起火时刻起到人员疏散到安全区域的时间。它包括起火到室内人员察觉到起火的时间 t_b,预动作时间 t_c 和人员疏散运动时间 t_s。察觉到火灾时刻可以从发出火灾报警信号时刻算起,但一般略滞后于火灾报警时间。预动作时间可以取为人员反应时间:

$$RSET = t_b + t_c + t_s \tag{5-47}$$

人员疏散运动时间主要取决于人员密度、人员疏散速度、安全出口宽度等,可以利用简单的经验公式或者计算模型进行预测,而预动作时间则很难准确估计,这是因为预动作时间与人员的心理行为特征、人员的年龄、对建筑物的熟悉程度、人员反应的灵敏性,甚至与人员的集群特征密切相关。

C.安全疏散标准。建筑物发生火灾后,如果人员能在火灾达到危险状态之前全部疏散到安全区域,则认为该建筑物的人员能够安全疏散。保证人员安全疏散的基本条件是可用安全疏散时间大于必需安全疏散时间,即

$$ASET > RSET \tag{5-48}$$

(3)安全疏散时间预测

①安全疏散参数。当建筑物内的人员密度非常大,建立疏散模型时,如果将每一个人单独考虑,计算量会很大。个人的行为在很大程度上受人群内其他人的限制,火灾时期人员的疏散往往表现为群体的行动,更多地应考虑群体性动作。

A.人流密度。人流密度反映了人流内人员分布的稠密程度,通常意义上说是指单位面积内分布的人员数量,Fegress 模型中的人流密度是指单位面积的疏散走道上的人员投影面积,它是一个分数值,其大小为

$$D = \frac{Nf}{\omega L}(个 \cdot m^2/m^2) \tag{5-49}$$

式中　N——人流内的人员数量,个;

　　　f——单位水平投影面积,m^2;

　　　ω——人流的宽度,m;

　　　L——人流的长度,m。

对式(5-49)中的单人水平投影面积,由于身体条件、年龄、性别的差异,各个人员的身体尺寸不一样,所以式中的单人水平投影面积应该反映整个人流内人员投影面积的综合水平,而不是其内某个人的水平投影面积。

Fegress 将人流内的人员按不同的年龄阶段分为青少年、中年人、老年人 3 类,各类人员的投影面积可实际测量得出其平均值:

$$f = ya + mb + oc \tag{5-50}$$

式中　f——单人水平投影面积,m^2;

　　　y——青少年平均的单人水平投影面积,m^2;

　　　a——青少年在人流中的百分比,%;

　　　m——中年人平均的单人水平投影面积,m^2;

　　　b——中年人在人流中的百分比,%;

　　　o——老年人平均的单人水平投影面积,m^2;

　　　c——老年人在人流中的百分比,%。

B.人流速度。人流速度是指人流整体的进行速度。研究表明,人流速度是人流密度的函数:

$$v = f(D) \tag{5-51}$$

C.流量。流量定义为单位时间内通过一定宽度的疏散通道上的一个断面的疏散人员的投影面积:

$$Q = Dvb(m^2/min) \tag{5-52}$$

式中　D——人流密度;

　　　v——人流速度;

　　　b——人流宽度。

由式(5-51)、式(5-52)可知,人流速度及人流流量都是人流密度的函数。

D.比流量。人流的另外一个重要属性是比流量。比流量为单位宽度疏散通道上的人流流量,即单位时间内通过疏散通道上的一个单位宽度的断面的疏散人员的投影面积:

$$q = \frac{Q}{b} = Dv(m/min) \tag{5-53}$$

显然,比流量也是人流密度的函数。

E.疏散通道的容纳能力。由于疏散通道的宽度 b 是一定的,所以通过疏散通道的人流仅随人流比流量的变化而变化。由上面的分析可知,比流量存在一个最大值,通过疏散通道的人流的流量也存在一个最大值,这一最大值就是疏散通道的容纳能力。

当人流进入一条疏散通道时,如果它的流量超过疏散通道的容纳能力,疏散通道内将会出现拥挤堵塞,而人流密度也会相应达到它的最大值0.92。

②疏散时间与允许疏散时间。先计算出下述 3 种疏散时间,再与各自的允许疏散时间相比较,进行安全疏散合理性判定。

A.房间疏散时间 T_1。是指发生火灾的房间内全部人员疏散到房间外所需要的时间。T_1 要根据各个房间的具体情况进行计算。

B.走廊疏散时间 T_2。是指走廊等第一安全分区内所有疏散人员的时间,即全体人员从疏散开始时起,到进入下一安全分区的楼梯前室或楼梯间为止,在走廊内疏散的时间。T_2 要根据各个不同疏散路径计算。

C.楼层疏散时间 T_3。是指从火灾发生时刻起,到全部人员疏散到楼梯前室或楼梯间为止所需时间。T_3 要分别计算通向各个楼梯间的不同线路。

各个允许疏散时间根据房间的建筑面积设定。例如,房间允许疏散时间 $[T_1]$ 是由起火房间的面积的平方根求得。走廊允许疏散时间 $[T_2]$、楼层允许疏散时间 $[T_3]$ 是由楼层的有效面积的平方根求得。这些允许疏散时间,是根据火灾的扩大时间为参考,并根据经验判断而确定,并非试验或工程研究所得。对一般建筑物,按这些公式进行验算,可以确保最低限度的安全性。对内部采用可燃装修的建筑,烟气会迅速充满建筑空间,允许疏散时间应取小一些。相反,顶棚很高的建筑空间,允许疏散时间可适当加长些。由于允许疏散时间并非很精确,所以计算的疏散时间超过允许疏散时间数秒或超过 10% 左右,可以认为是安全的。

$$房间疏散时间\ T_1 \leqslant 房间允许疏散时间[T_1] = (2 \sim 3)\sqrt{A_1} \tag{5-54}$$

$$走廊疏散时间\ T_2 \leqslant 走廊允许疏散时间[T_2] = 4\sqrt{A_{1+2}} \tag{5-55}$$

$$楼层疏散时间\ T_3 \leqslant 走廊允许疏散时间[T_3] = 8\sqrt{A_{1+2}} \tag{5-56}$$

式中　A_1——起火房间的面积,m^2;

　　　A_2——起火房间以外的房间与走廊或第一安全分区面积之和,m^2;$A_{1+2} = A_1 + A_2$,m^2。

式(5-54)中系数 2 或 3 的选用:当顶棚高度小于 6 m 时,取 2;当顶棚高度大于 6 m 时,取 3。

③滞留人数。在人们通过走廊向楼梯间入口集中的过程中,疏散人流受到入口宽度限制,会出现入口前的"等待"现象。这种狭窄入口处等待的人数会比较多,而且,当走廊面积狭窄时会引起疏散混乱,有时甚至会使疏散人员堵到房间门口而无法疏散,延长房间的疏散时间。为此,有必要算出走廊、前室的最大滞留人数,并用下列公式确认各部分面积是否能够容纳滞留人员:

$$A_2' = N_2' \times 0.3 \tag{5-57}$$
$$A_3' = N_3' \times 0.3 \tag{5-58}$$

式中　A_2'——走廊等第一安全分区的必需面积，m^2；

　　　N_2'——走廊等第一安全分区的滞留人数，人；

　　　A_3'——前室或阳台等第二安全分区的必需面积，m^2；

　　　N_3'——前室或阳台等第二安全分区的滞留人数，人。

即使滞留人数相同，考虑走廊等第一安全分区由于群集步行，取每人按 0.3 m^2 计算，前室、阳台等第二安全分区，有防火排烟设施，比一般房间和走廊有更安全的对策，这部分每人按 0.2 m^2 计算。

④开始疏散时间计算。所谓开始疏散时间，是指失火时起到疏散行动开始为止的时间。但是，对于高层建筑而言，火灾房间与非火灾房间的开始疏散时间是不同的，按下式求出：

$$火灾房间：T_0 = 2\sqrt{A_1} \tag{5-59}$$
$$非火灾房间：T_0' = 2T_0 \tag{5-60}$$

当 A_1 很小，而 T_0 不足 30 s 时，取 $T_0 = 30$ s。

根据式(5-59)及式(5-60)，起火房间的开始疏散时间与其面积有关。面积越大，开始疏散时间越长，而非起火房间是起火房间开始疏散时间的两倍之后才开始疏散。这是基于以下考虑而得出的：确认起火房间失火，其时间与起火房间面积有关。此时，可以假设起火房间的人员看到起火后，即开始疏散，而非火灾房间的人员要等到防灾中心的疏散广播指令，才开始疏散，其开始疏散时间要晚一些。

⑤楼层疏散计算。

A.房间疏散时间 T_1 的计算。设定房间的起火点，并据此确定人员疏散路线、疏散出口。对面积小于 200 m^2 的房间，当可燃物较少时，其各个出口均可供疏散使用；当可燃物较多时，要考虑某一出口距起火点位置较近而不能使用的最不利情况。

房间疏散时间按下式计算，并与房间允许疏散时间比较，确认其安全性：

$$t_{11i} = \frac{N_i}{1.5B_i} \tag{5-61}$$

$$t_{12i} = \frac{L_{xi} + L_{yi}}{v} \tag{5-62}$$

$$T_1 = \max(t_{11}, t_{12}) \tag{5-63}$$

式中　t_{11i}——疏散者通过疏散出口所需要的时间，s；

　　　t_{12i}——最后一名疏散者到达出口的时间，s；

　　　N_i——火灾房间的人数，人；

　　　B_i——房间出入口的有效宽度，m；

　　　$L_{xi}+L_{yi}$——房间最远点到疏散出口的直角步行距离，m；

　　　v——步行速度，m/s；

1.5——流动系数,人/(m·s)。

当疏散人数一定时,房间的出口宽度越大,疏散时间就越短。当其宽度超过一定程度时,则对疏散时间没有影响。当出入口狭窄时,会出现在出入口处等待的现象,此时,疏散时间取决于 t_{11};当出入口足够宽时,就不会发生等待现象,而是由房间内距出入口最远处的人员到达出入口的时间来决定,此时所需时间为 t_{12},而 T_1 是取 t_{11} 与 t_{12} 中的大者。t_{12} 通常情况下,在矩形平面的房间内是沿直角路线的步行距离 (L_x+L_y),当房间内未设家具时,取直线步行距离进行计算。

一般而言,人员密度越高,步行速度 v 越低,可按下述数值采用:办公楼、学校等建筑:$v=1.3$ m/s;百货大厦、宾馆、一般会议室等服务对象不确定的建筑:$v=1.0$ m/s;医院、人员密度高的会议室等:$v=0.5$ m/s。

房间的允许疏散时间 T_1 是由房间面积 $A_1(\text{m}^2)$ 决定的,但房间高度不同,其蓄烟量会发生变化,按式(5-63)计算。当面积小的房间,求出 $T_1<30$ s 时,取 $T_1=30$ s。

B.走廊疏散时间 T_2 及楼层疏散时间 T_3 计算。楼层疏散时间是房间疏散时间与走廊疏散时间之和。只要求出 T_2,就求出 T_3 了。而计算走廊疏散时间、楼层疏散时间,就要计算每条到达各楼梯间的路线所需要的时间。

走廊的疏散时间 T_2 是从疏散人员最早开始到达走廊时起,到最后一名疏散人员进入楼梯间或前室时为止的时间。

从疏散开始到开始进入楼梯间的时间[走廊的步行时间 $t_{21}(\text{s})$],就是先头疏散人员在走廊里的步行距离 (L) 与步行速度 (v) 所决定的,可表示为

$$t_{21} = \frac{L}{v} \tag{5-64}$$

当最后一名疏散人员进入楼梯间时,楼层疏散便结束了。楼层疏散时间的决定因素有两个:一是楼梯间或前室的入口的宽度形成细颈,人流进入所需时间 t_{22};其二是疏散人员到达楼梯入口处的时间 t_{23},走廊的疏散时间 t_{22} 可由下式求出:

$$t_{22} = \frac{N_2}{1.5B_2} \tag{5-65}$$

$$T_2 = t_{21} + \max(t_{22}, t_{23}) \tag{5-66}$$

式中　$\max(t_{22}, t_{23})$——t_{22} 或 t_{23} 中的较大者;

　　　N_2——利用某一楼梯间疏散的人数,人;

　　　B_2——楼梯间入口的宽度,m。

如图 5-50 所示,当出入口 d_1 和 d_3 的宽度分别为 B_1 和 B_3,且 $B_1>B_3$ 时,则 B_3 形成了瓶颈。这时 t_{23} 由下式求出:

$$t_{23} = \frac{L_c}{V} + \frac{N}{1.5B_3} \tag{5-67}$$

式中　N——疏散人数,人;

　　　B_3——d_3 的有效宽度,m。

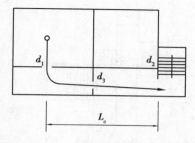

图 5-50　走廊中部有门洞时的计算

C.走廊允许疏散时间(T_2)与楼层允许疏散时间(T_3)。走廊允许疏散时间(T_2)与楼层允许疏散时间(T_3)可按式(5-66)、式(5-67)计算。应说明的是,起火房间的面积 A_1用图 5-50 走廊中部有门洞时的计算设定起火点的房间面积;A_2 的面积中不得包括第二安全分区(前室)以及楼梯间、电梯井、阳台等面积。

(4)安全疏散设施

为了给人员的安全疏散创造有利条件,应根据建筑规模、使用性质、容纳人数和火灾时人的心理状态,合理设置安全疏散设施。安全疏散设施包括安全出口、防烟排烟设施、避难层与避难间以及事故照明及安全路标等。

①疏散楼梯。疏散楼梯是供人员在火灾紧急情况下安全疏散所用的楼梯,这类楼梯必须是安全空间。疏散楼梯按照防烟火作用可分为防烟楼梯、封闭楼梯、室外疏散楼梯和敞开楼梯 4 种,其中防烟楼梯是高层建筑中常用的疏散楼梯形式。

A.防烟楼梯。楼梯入口处设置前室,前室内有防排烟设施或设有可供排烟的阳台(图 5-51),在前室及楼梯间的门均为乙级防火门。设置阳台的防烟楼梯,结构简单,管理方便,不需其他排烟装置自然通风。

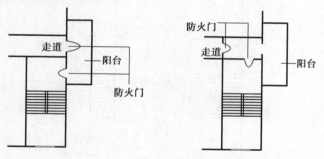

图 5-51　用阳台做敞开前室图

如图 5-52 所示,利用阳台作前室自然排烟,将疏散楼梯与消防电梯结合布置,形成一个良好的安全区。

在高层建筑发生火灾时,日常使用的电梯因无防火防烟设施,不能用于疏散人员,起火层人员只有通过楼梯才能到达安全地,楼梯必须是安全空间,防烟楼梯采用正压供气防烟(设置阳台时,不用正压供气),效果可靠,它已成为高层建筑中常用的安全疏散楼梯形式。

根据《高层民用建筑设计防火规范》(GB 50045—2005)要求,凡符合下列条件的,

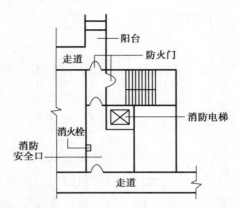

图 5-52　楼梯与消防电梯结合布置示意图

必须采用防烟楼梯:a.凡是高度超过 24 m 的一类建筑;b.凡是高度超过 32 m 的二类建筑;c.通廊式住宅,火灾范围大,当层数大于 11 层时;d.塔式高层住宅,高度超过 24 m。

B.封闭楼梯。不带前室,只设能阻挡烟气进入的双弹簧门或防火门的楼梯称为封闭楼梯。封闭楼梯结构比较简单,但要求楼梯的一面为外墙,用于开启通风与采光的玻璃窗。它是普通高层建筑常用的疏散楼梯形式。

根据《高层民用建筑防火设计规范》(GB 50045—2005)要求,在二类高层建筑中,高度为 24~32 m,或楼层在 12~18 层的单元式住宅,允许使用封闭式楼梯。

C.室外疏散楼梯。对平面面积较小,楼内设置困难的,可采用室外疏散楼梯,如图 5-53 所示。其特点是不易受烟火威胁,疏散人员与消防人员两用,不占楼内面积,防烟效果好,经济。存在的问题是楼梯较窄,在室外心理易恐慌,欠安全。低楼层建筑可用。

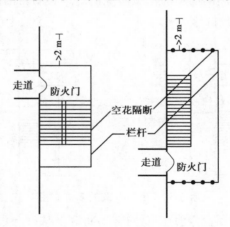

图 5-53　室外疏散楼梯间

D.敞开楼梯。

a.空花隔断敞开楼梯。敞开楼梯建在建筑内,在平面上三面有墙,一面无墙栏杆无门的楼梯间,其隔烟阻火作用差,适用于 5 层以下公共建筑和 6 层以下的组合式单元住宅。

b.疏散走道。疏散走道是指火灾发生时,楼内人员从火灾现场逃往安全避难所的通道。疏散走道应保证逃离火场人员进入室外疏散楼梯间走道后能顺利地奔向楼梯间,最后到达安全地点。

疏散走道应满足以下要求:a.简捷,避免宽度急变;b.设置疏散指示灯,每隔 5 m 一个荧光诱导灯;c.在 1.8 m 高度走道内不宜设管道、门垛等突出物;d.走道门应向疏散方向开启。

c.消防电梯。消防电梯是具有一定防火防烟功能的电梯设施。高层建筑垂直高度大,发生火灾时,扑救难点多、困难大,必须设置一定数量的消防电梯。消防电梯同时具备普通电梯的功能,平时可以兼作客梯、货梯。

对消防电梯的防火要求:a.消防电梯竖井井壁应具有足够的耐火能力,其耐火极限不小于 2.5 h,使用不燃材料装修;b.载重不小于 1 t;c.电梯速度从顶到底应在 60 s 以内到达;d.设专用电话;e.前室能挡水。

消防电梯的设置:一个防火分区只设 1 台消防电梯,消防电梯应设具有防火功能的前室。

根据《高层民用建筑设计防火规范》(GB 50045—2005)要求,设置消防电梯的范围是:a.塔式一类住宅 10 层以上;b.12 层以上单元式住房,高度超过 32 m 的二类民用住宅。楼层面积小于 1 500 m² 设 1 台,1 500~4 500 m² 设两台,大于 4 500 m² 设 3 台。

d.避难层、避难间。建筑高度超过 100 m 的超高层旅馆、办公楼和综合楼,如果发生火灾,在安全疏散时间内,人员全部疏散出来是困难的,《高层民用建筑设计防火规范》(GB 50045—2005)规定,必须设置避难层(临时使用的避难楼层)或避难间(临时使用的避难房间)。

避难层(或避难间)的形式有两种:a.专用避难层或避难间,具有耐火围护结构(墙、楼板),耐火极限不低于 2 h,有甲级防火门窗、独立防排烟装置,以及火灾事故照明、疏散指示标志、专用电话(或无线对讲电话)等;b.避难层与设备层结合布置(较多使用形式)。

复习思考题

1.火灾发展阶段的启发?

2.火灾危害主要有哪些? 火灾烟气有哪些危害?

3.控制火灾烟气的方式有哪些?

4.描述阴燃、回燃、轰燃、蛙跳、沸溢、喷溅 6 种典型特殊燃烧形式的危害,分别列举出至少一个不同于本书案例的其他含有这些特殊燃烧形式的真实事故案例。

5.火灾防控的基本思路是什么?

6.能否列举出一些先进火灾监测、预警、报警技术的实际应用案例?

7.不同类型灭火剂的选取依据有哪些?

8.哪些建材的火灾性能是建筑设计时重要的参考指标?

9.建筑室内、室外都有哪些防火安全设施,都需要满足哪些防火设计要求?

10.火灾时期的人员安全疏散基本原则是什么? 人员安全疏散的核心要素是什么?

第6章
爆炸防控技术设计

6.1 建筑总体防爆规划

城市总体规划与布局的合理性,对保障城市建筑防爆安全有直接关系。城市防爆规划是城市总体规划的一部分,它主要从爆炸安全角度,处理好具体建筑物与城市总体布局及与周围地形和其他建筑物的协调关系。

6.1.1 爆炸危险性厂房、库房的布置

对具有爆炸危险性的厂房、库房,根据其生产储存物质的性质划分危险性,除了生产工艺上的防火防爆要求之外,厂房、库房的合理布置是杜绝"先天性"安全隐患的重要措施。

1)总平面布局

①有爆炸危险的甲乙类厂房、库房宜独立设置,并宜采用敞开或半敞开式,其承重结构宜采用钢筋混凝土或钢框架排架结构。

②有爆炸危险的厂房、库房与周围建筑物应保持一定的防火间距。例如,甲类厂房与民用房的防火间距不应小于 25 m,与高层建筑、重要公共建筑的防火间距不应小于 50 m,与明火或散发火花地点的防火间距不应小于 30 m;甲类库房与高层建筑、重要公共建筑物的防火间距不应小于 50 m。

③有爆炸危险的厂房平面布置最好采用短形,与主导风向应垂直或夹角不小于 45°,以有效利用穿堂风吹散爆炸性气体,在山区宜布置在迎风山坡一面且通风良好的地方。

④防爆厂房宜单独设置,如必须与非防爆厂房贴邻时只能一面贴邻,并在两者之间用防火墙或防爆墙隔开。相邻两个厂房之间不应直接有门连通,以避免爆炸冲击波的影响。

2)平面布置

(1)地下室

甲乙类仓库不应设置在地下或半地下。如果设置在地下、半地下,火灾时室内气温高,烟气浓度比较大,热分解产物成分复杂,不利于消防救援。

(2)中间仓库

厂房内设置甲乙类中间仓库时,其储量不宜超过一昼夜的需要量。中间仓库应靠

外墙布置,最好设置直通室外的安全出口。

（3）办公室、休息室

甲乙类厂房内不应设置办公室、休息室。当办公室、休息室必须与该厂房毗邻建造时,且耐火等级不应低于二级,并应用耐火极限不低于3.0 h的防爆墙隔开,并设置独立的安全出口。甲乙类仓库内严禁设置办公室、休息室等,并不应贴邻建造。

（4）变配电站

甲乙类厂房属于易燃易爆场所,不应将变配电站设在有爆炸危险的甲乙类厂房内或毗邻建造,且不应设置在具有爆炸性气体、粉尘环境的危险区域内以提高厂房的安全程度。如果生产上确有需要,允许在厂房的一面外墙贴邻建造专为甲类或乙类厂房服务的10 kV及以下的变配电站,并用无门窗洞口的防火墙隔开。

（5）爆炸危险部位

有爆炸危险的甲乙类生产部位,宜设置在单层厂房靠外墙的泄压设施或多层厂房顶层靠外墙的泄压设施附近。有爆炸危险的设备宜避开厂房的梁、柱等承重结构布置。易产生爆炸的设备应尽量放在靠近外墙靠窗的位置或设置在露天,以减弱其破坏力。

3) 其他

①厂房内不宜设置地沟,必须设置时,其盖板应严密,采取防止可燃气体、可燃蒸气及粉尘、纤维在地沟积聚的有效措施,且与相邻厂房连通处应采用防火材料密封。

②使用和生产甲乙丙类液体厂房的管、沟不应和相邻厂房的管、沟相通,该厂房的下水道应设置隔油设施。水溶性可燃、易燃液体采用常规的隔油设施不能有效防止可燃液体蔓延流散,应根据具体生产情况采取相应的排放处理措施。

③甲乙丙类液体仓库应设置防止液体流散的设施。遇湿会发生燃烧爆炸的物品仓库应设置防止水浸渍的措施。

防止液体流散的基本做法有两种:一是在桶装仓库门洞处修筑慢坡,一般高为150~300 mm;二是在仓库门口砌筑高度为150~300 mm的门槛,再在门槛两边填沙土形成慢坡,便于装卸。

金属钾、钠、锂、钙、锶及化合物氢化锂等遇水会发生燃烧爆炸的物品的仓库要求设置防止水浸渍的设施,如使室内地面高出室外地面、仓库屋面严密遮盖,防止渗漏雨水,装卸这类物品的仓库栈台有防雨水的遮挡等。

6.1.2　爆炸预防

1) 火源控制

从燃烧机理可知,如果携有足够能量的点火源,作用于可燃物和助燃物组成的爆炸性混合气体,就会产生气体的爆炸(或爆燃);如果施予既有一定数量可燃物,又有充分助燃条件的系统(或体系),就会导致燃烧的形成和继续。为了使成为爆炸或火灾的最初原因的点火反应开始进行,必须给予可燃物一定的活化能,而点火源正是能给予可燃物启动活化能,并使燃烧反应得以开始且获得继续进行的关键要素。预防火灾或爆炸,除管理好火灾危险性物质外,对点火源的控制极为重要。

火灾、爆炸点火源分为以下 4 类：

（1）化学点火源

化学点火源是基于化学反应放热而构成的一种点火源，主要有明火和自然发热两种形式。

①明火点火源。明火是物质燃烧的裸露之火，它不但具有很大的激发能量和高温，而且燃烧反应生成的自由基可诱发可燃物质连锁反应，是促使物质燃烧的有效能量供给源。

工业企业中的明火形式有很多，主要分为两种：一是与生产作业直接有关的明火，如金属切割的氧炔火焰和焊接火焰，喷灯火焰，锅炉、加热炉等火炉中燃料燃烧的火焰，以及火炬的火焰和烟囱冒出的火星等生产明火；二是与生产无直接关系的明火，如取暖的火炉、炭火盆、吸烟和引燃的火柴、做饭、烧水及焚烧等非生产明火。生产明火一般是生产工艺要求必备的，不能取缔，只能施以某些措施阻止其与可燃物、爆炸性混合物接触，使其不致成为火灾爆炸点火源。非生产明火则必须在生产区域内加以取缔或限制。

为了减少或消除明火作为点火源引起的火灾、爆炸事故，必须对存在或可能存在的明火源进行严格管理和控制。建立健全各种明火的使用、管理和责任制度，杜绝不必要明火源的出现，对生产用火，除要做好设计防火审核外，还要加强防火管理检查。对作为潜在点火源的控制，应避免任何处于可燃范围内的蒸气或气体扩散而与生产用火的点火源接触。对有爆炸性混合气体存在的空间或容器内，必须杜绝一切明火的引入。对有火灾爆炸危险的场所，必须严格控制一切明火源的使用和无端出现。

②自然发热点火源。某些物质在一定条件下，会自动发生燃烧反应，或者可燃物质本身或其内部存在着化学反应热蓄积，而导致火灾或爆炸。其既可作为自身的直接点火源，也能作为引燃其他可燃物的间接点火源。

容易引起自然着火的物质必须满足以下 3 个条件：a.可燃性、多孔性，良好的保温效果，以使产生的热量不向外部发散而蓄积起来。发生自然着火的物质多是纤维状、粉末状或重叠堆积起来的固体物质。b.易于进行放热反应。如化学上不稳定，容易分解产生反应热，或吸收空气中的氧产生氧化热，或吸收湿气产生水热，或混合接触产生反应热，以及发酵产生发酵热等物质。c.自身反应热产生速度大于热散失速度。

实践证明，上述 3 个条件全部满足时，自然着火才会发生，才能成为自然发热点火源。但它和其他 7 种点火源有本质上的不同，即其他点火源需要与反应物质无关的外界给予点火能，而自然着火的特点则是由反应物质本身的化学反应自然着火才成为点火源。常见容易引起自然发热着火的物质有赛璐珞、硝化棉、油毡纸、油布、油破布、油渣、鱼粉、煤、活性炭、黄磷、金属钠、电石、生石灰、二磷化三钙等。此外，枯枝烂叶、草堆、粮食堆垛等也存在自燃的可能，偶尔会引发森林火灾等事故。

自然发热点火源的控制，关键是研究具有自然发热特性物质的管理。生产中，尽量避免使用易于蓄热的物质；储运中，采取通风换气，防止热量蓄积的有效措施等。具体如下：a.对特别容易分解产生反应热的物质，要注意冷却、通风、监测预警，防止出现温度持续上升。b.对其他接触自然发热的可燃物质，建议杜绝混合接触情况出现，严格按照有关规定进行操作和储运。c.对吸水易自然发热的物质,要防止水或水蒸气侵入,保持使用、储运环境干燥。d.对容易在空气中氧化放热的物质,要做好温度的测量管理,遇有温度升高,可采取分散、翻垛、冷却和通风等措施适时降低物质温度,以降低氧化反应进行的速度。e.对接触空气立即发生剧烈氧化反应的物质,需密封保存,或者置于水或油等相应的惰性物质中储存,避免与空气接触。f.对易于产生吸附热或发酵热的物质,重要的措施是通风、降温,破坏其热量蓄积。

(2)电气点火源

电气点火源是由电气设备,或生产过程、或气象条件所产生的电火花、电弧、雷电、静电等电气火花所构成的点火源,可分为电火花和静电火花两种主要形式。

①电火花点火源。电火花是较常见的一种点火源。根据放电机理,电火花一般分为3类:a.高电压火花放电,在空气中引起火花放电,电压在400 V以上。b.短时弧光放电,是在电路启闭、电气配线的断线、接触不良、短路、漏电或电灯泡损坏之际,所产生极短时间的弧光放电。c.接触上的微小火花在自动调节用继电器的接点、电动机的整流子或滑环等上面,随着接点的启闭,即使在低电压也会产生肉眼可以看到的微小火花。

对所需点火能量较小的散发可燃性气体、易燃性液体蒸气、爆炸性粉尘或堆积纤维垃圾等火灾爆炸危险场所,必须尽量避免电气火花的产生。但实际上,完全杜绝电气火花的产生十分困难。要求针对不同火灾危险等级采用不同防爆结构的电力机械及配线。在火灾爆炸危险场所使用的电力机械(电器)的防爆结构有耐压防爆结构、内压防爆结构、油浸防爆结构、增安型防爆结构及特殊防爆结构5种。但在石油、化工企业中,有时使用的各种工艺参数计测和控制的电子仪器,采用上述的防爆结构,无论在技术上,还是经济上难以达到要求,而应采用电压、电流微小的本质安全防爆结构设备。

甲级防火防爆车间或场所,应尽可能避免使用电力机械(可用水蒸气驱动或空气驱动的动力机械等代替电动机),如必须采用,应尽可能设置于火灾爆炸场所之外。设置在火灾危险场所的电力机械,要把电动机、开关、电灯等的设置地点,尽可能控制在最大限度之内,并选择相应要求的防爆结构。当场所内具有两种以上火灾爆炸危险气体或蒸气时,应选择适合于其中火灾爆炸危险性较高的气体的防爆结构,即一般把防爆结构规定为耐压防爆结构或内压防爆结构,而油浸防爆结构和增安型防爆结构的电气器具则只能安装于乙级以下火灾危险场所。散发爆炸性混合气体的场所,除保证通风换气外,设置的相应防爆结构电力机械,还要依照泄漏蒸气或气体的重度大小,将电力机械选设在室内的高处或低处。绝对禁止将不具备防爆结构的电风扇、电话机、录音机、电钟、传呼铃、电冰箱、自动控制接点、蓄电池等设置在甲级防火防爆场所。

②静电火花点火源。高电阻物体或处于电绝缘状态的导体等,在互相紧密接触后分离时,易产生静电,常称为摩擦电。例如,皮带轮在运行中,塑料薄膜通过滚筒时,油品从金属管或橡皮管流出时;混有锈粉或液滴雾珠的气体在管道中以高速流动时,水以高速度撞击金属壁形成雾滴时,都容易产生静电。在静电的发生、蓄积和放电过程中,如果放电达不到点火所需的能量,就不会成为点火源。构成点火源,必须满足以下4个条件:a.处于容易产生静电的状态。b.静电产生后的泄漏少,处于能够充分蓄积静

的绝缘状态。c.蓄积的静电进行放电时,能够具体指明有相当于电极的物体存在。d.放出的静电能足够大,对于其周围一定浓度的可燃性气体或粉尘而言,满足其必需的最小点火能。

爆炸性混合气体的电火花点火能,根据其混合比而异。当可燃性气体浓度接近化学计量比时,点火能量最小。静电火花,一般只限于接近化学计量比的爆炸极限范围内的一部分时,才起到点火源的效能,否则无点火作用。

预防静电火花点火源的对策是抑制静电的产生,如有困难则要采取使其迅速泄漏、防止蓄积的方法。具体对策如下:

a.抑制。静电的产生是由两种物质的接触电位差引起的。尽可能选用带电序列接近的物质或将带电序列相反的物质进行配合,以尽可能地缩小接触电位差。避免不必要的摩擦、剥离、冲刷、喷溅等操作;限制油品在管道中的流速;严格控制人为产生静电的操作或行为,控制静电的产生。烃类燃油在管道内流动时,流速与管径应满足以下关系:

$$V^2D \leq 0.64 \tag{6-1}$$

式中　　V——流速,m/s;

　　　　D——管径,m。

b.接地。接地是使静电荷迅速泄漏的最重要而普遍采用的措施,即采用连续电路连接所有的导电体至适当的接地线,接地电阻应低于 $1\sim3\ \Omega$,以及时导走产生的电荷。如果两种金属物体之间存在高电阻(或绝缘)通路,则应施以跨接,使两金属物体具有相同的电位而不产生静电放电。接地线必须定期检查、加强维护保养、确保通畅有效。

c.给予导电性。使用有导电性的物质代替电阻高的物质,或在绝缘性物质中加入导电性物质、加抗静电剂等方法,都可增强物质的导电性能。

d.增温。如果一层较薄的水膜附在物质的表面,该薄膜(一般只有 10^{-5} cm)就会提供一个连续的导电通道,从而增加静电沿绝缘体表面的泄漏。增加火灾爆炸危险场所的空气湿度(一般为 70%~75%),可大大减少静电火花的产生,同时还能提高爆炸性混合物的最小点火能量。在工艺条件许可时,可安装空调设备、喷雾器或采用挂湿布条的方法。

e.离子化。如果带电物体的周围空气被离子化,则会使带电物体吸引大量符号相反的离子,使带电体表面的电荷中和,从而防止建立高电位的可能性。作为产生离子的方法,可采用电晕放电,或利用放射性材料,明火和连接于高电压的针尖电梳等方法,即采用感应式、高压、放射线、离子流等形式的各种静电中和器。

为了减少和消除静电火花,除采取上述各种措施、加强消防管理,还应加强日常检查、检测、安全监管。检测的仪器主要有静电电压表和电子管检测器等。

(3)高温点火源

可燃性物质在空气中加热到自燃温度以上时,就会被引燃。通常设备的高温表面和热辐射为高温点火源的两种主要形式。

高温表面的控制措施通常是采取冷却降温、绝热保温、隔离等降低表面温度的方法。对于被火灾包围的高闪点油品储罐而言,高热表面是其内部爆炸的主要点火源。在重质油品储罐暴露于周围火灾的情况下,用水冷却其气相所在空间罐壁是防止产生内部爆炸的有效措施之一。

预防热辐射成为点火源的方法与高温表面的对策基本相同,主要应采取遮挡、通风、冷却降温等措施。易燃物质储运中,尤应注意置放于阴凉、干燥且较为密闭的环境条件下。

(4)冲击点火源

由机械冲击作用产生火花,或产生局部高温而导致火灾、爆炸事故的案例较为常见。从其产生足够点火能量的表观行为看,主要分为冲击与摩擦、绝热压缩两种形式。

①冲击与摩擦点火源。某些物质相互冲击、碰撞或相互摩擦会产生火花。冲击火花一般由金属冲击岩石、金属冲击金属等情形产生。这些情形下,机械打击能由岩石或金属晶体的破坏而转变为带电的高能火花。摩擦火花是从一块较大的物体在摩擦表面上接触时分裂出来的热的固体小颗粒。颗粒的温度既取决于物体是否是惰性物质或是化学活性物质,也取决于其熔点或氧化温度。实际上,并非所有的冲击和摩擦火花都可充当点火源。例如,用锉摩擦涂有铝粉的管子,会产生无数的火花,但该种火花只是很小的热粉末颗粒,其表面积小,产生的热强度低,而且持续时间很短,不足以造成点火源的危险。作为点火源,是指其释放能量可以触发初始燃烧化学反应进行,其包括温度、释放的能量、热量和加热时间等诸种影响因素。

工业企业生产中,冲击与摩擦的操作行为形式多样。重要的是针对各种冲击与摩擦行为研究避免火花产生的方法。例如,为了避免轻金属合金制造工具的冲击火花,应改用非金属材料制作的工具或钢制手动工具在附着水的条件下进行使用。施工中,为了防止金属零部件下落,撞击于设备上产生火花,应搭设保护网。为了防止转动机械的转动轴润滑油干枯而摩擦发热成为点火源,应加强维护保养。特别在工艺上寻求减少冲击与摩擦的操作极为重要。

例如,国内某煤矿发生瓦斯爆炸事故,事故调查组初步确定的事故原因之一就是该矿井巷道顶部含金属元素较多的岩石大面积垮落,冲击底部区域的金属管道而产生冲击火花,进而诱发瓦斯爆炸,造成数十人伤亡的重大安全生产事故。后经事故调查组现场取证、调查分析、大量实验验证等手段综合分析,认为该矿井存在违规操作、瓦斯超限、管理不当等事故隐患。但是从理论上讲,不能完全排除岩石垮落冲击管道产生火花,达到引爆瓦斯的最小点火能,进而造成瓦斯爆炸事故的可能。

②绝热压缩点火源。绝热压缩造成的温度急剧升高,有时可以成为点火源。例如,处理爆炸性物质过程中,其中含有微小气泡,当其受到绝热压缩时,就经常发生爆炸事故。根据热力学的观点,温度和压力之间存在以下关系:

$$\frac{p_2}{p_1} = \left(\frac{V_1}{V_2}\right)^k \tag{6-2}$$

$$\frac{T_2}{T_1} = \left(\frac{V_1}{V_2}\right)^{k-1} \tag{6-3}$$

式中　p_1, T_1, V_1——分别为初始的压力、温度和体积；

　　　　p_2, T_2, V_2——分别为压缩后的压力、温度和体积；

　　　　k——气体的比热容比(C_p/C_v)。

防止绝热压缩成为点火源的根本方法是尽量避免或控制可能出现绝热压缩的操作。如启闭阀门动作的速度要和缓,限制气流在管道中的流速(一般把压力在 38 bar 以下、且流速低于 25 m/s 作为高压氧气操作的基准),或绝热压缩操作前,排出物料中夹杂的各类气泡等。

(5)其他点火源

此外,吸烟引起的火灾也是一种常见的火灾。烟头的表面温度为 200~300 ℃,中心温度达 700~800 ℃。常见固体可燃物的燃点大多低于烟头的表面温度。烟头中心温度几乎高于各种可燃物的自燃点。尽管烟头热源不大,但却极其危险。在有火灾爆炸危险的场所,要严禁非生产用火,禁止带入火柴和烟卷、明火进入作业场所。

2)电气防爆

在瓦斯和煤尘爆炸事故中,由电火花等电气设备失爆引起的瓦斯和煤尘爆炸事故占有很大的比例。较为典型的案例之一是发生于某煤矿的一起瓦斯爆炸事故,共有 108名矿工在事故中遇难,该起事故的主要直接原因就是带电检修。当时井下施工的三水平探煤巷发生煤与瓦斯突出,引起风流逆向,突出的大量瓦斯进入二水平进风系统,遇火(带电检修火花)发生瓦斯爆炸,波及全矿井。

加强防爆电气设备的检查与管理,对减少瓦斯和煤尘爆炸事故的发生具有十分重要的作用。尤其是煤矿井下爆炸性环境中的电气设备必须采取一定的防爆安全措施,使其在规定的运行条件下不会引起周围爆炸性混合物爆炸。这种按规定的条件设计制造的、不会引起周围爆炸性混合物爆炸的电气设备通称为防爆电气设备。防爆电气设备的种类有很多,如防爆电机、防爆开关、防爆灯具、防爆仪器仪表、防爆电话等。

为了适应不同的生产环境和爆炸性环境,国家制定了不同类型的防爆电气设备的设计制造标准,共有以下 10 种类型:隔爆型、本质安全型、增安型、浇封型、气密型、充砂型、正压型、充油型、无火花型和特殊型。另外,矿用一般型电气设备是用于煤矿井下的非防爆电气设备。防爆电气设备的国家标准为(GB 3836—2021)《爆炸性环境》(矿用一般型除外,矿用一般型的国家标准为 GB 12173—2008),所有防爆电气设备的设计、制造、检验均应以该标准为依据。

(1)爆炸危险物质分级分组

爆炸危险物质可根据爆炸性混合物的爆炸极限、传爆能力、引爆电流、着火能量、自燃点等特性进行分级分组。爆炸下限越低的物质,形成爆炸混合物的可能性越大;爆炸极限范围越广的物质,爆炸危险性越大;混合物所需引爆电流越小和着火能量越低的物质,越容易被引爆;自燃点越低的物质,被引爆的可能性越大。另外,通过试验证明,各种爆炸性混合物在设备内部发生爆炸时,其爆炸产物包括火焰、高温高压的气态和固态物质等,将通过设备的缝隙向外传播,会引起设备外围的爆炸性混合物爆炸。但当缝隙小到一定程度时,就不会引起设备外围的爆炸性混合物爆炸。根据最大不传爆间隙爆炸性混合物分为 4 级,见表 6-1。爆炸性混合物按自燃点的高低分为 5 组,见表 6-2。爆炸性混合物按传爆间隙和自燃点分级分组举例,见表 6-3。

表 6-1 爆炸性混合物按传爆间隙分级

爆炸性混合物级别	最大不传爆间隙/mm
1	$a>1$
2	$0.6<a\leqslant1$
3	$0.4<a\leqslant0.6$
4	$a\leqslant0.4$

表 6-2 爆炸性混合物按自燃点高低分组

爆炸性混合物的级别	自燃点 $T/℃$
a	$T>450$
b	$300<T\leqslant450$
c	$200<T\leqslant300$
d	$135<T\leqslant200$
e	$T\leqslant135$

表 6-3 按传爆间隙和自燃点分级分组举例

按传爆间隙分级的级别	按自燃点分组的组别				
	a	b	c	d	e
1	甲烷、氨、醋酸	乙醇、醋酸酐	环乙烷	—	—
2	乙烷、丙烷、丙酮、苯乙烯、氯乙烯、苯、氯苯、甲醇、甲苯、一氧化碳、醋酸乙酯	丁烷、乙醇、丙烯、醋酸、丁酯、醋酸戊酯、异辛烷甲胺、二甲胺、二乙胺	己烷、戊烷、庚烷、葵烷、辛烷、汽油、松节油、乙硫醇、三甲胺	乙醛、乙醚	—
3	城市煤气	环氧乙烷、环氧丙烷、丁二烯、乙烯	异戊二烯	—	—
4	水煤气	乙炔、氢	—	—	二硫化碳

(2)爆炸危险场所分类

爆炸危险场所是指存在爆炸性混合物,遇有点火源能引起爆炸的场所。爆炸危险场所的危险程度并不相同,爆炸性混合物出现的概率也不相同,有的是局部出现,有的是充满全部空间,有的是正常工作时出现,有的是在事故状态下出现。爆炸危险场所是根据其危险程度、爆炸性混合物空间位置、浓度大小、所在空间大小、持续时间长短等各种因素进行分类,以便选用相应的电气设备和采取不同措施加以防护。正确地划分爆炸危险场所,需要深入调查掌握爆炸性混合物出现的精确资料和设备状况等,多方考虑、科学地、切合实际地划分其安全等级。

根据《爆炸和火灾危险环境装置电力设计规范》(GB 50058—2014)、IEC(国际电工委员会)相关规定,对可燃气体、易燃液体蒸气与空气混合后能形成爆炸性混合物的场所划分为第一种,又分为 Q 三类;对可燃粉尘、可燃纤维与空气混合后能形成爆炸性混合物的场所划分为第二种,又分为 G 两类(国际标准每种分为三类),见表6-4。

表 6-4　爆炸危险场所的等级划分

种类	等级	判断方法	国际标准(IEC)	判断方法
1 有气体或蒸气爆炸性混合物的爆炸危险场所	Q-1	在正常情况下能形成爆炸性混合物的场所	1-0	在正常情况下,爆炸性混合气体连续地或经常地长时间存在的场所
	Q-2	在正常情况下不能生成,但在不正常情况下能生成巴扎型混合物的场所	1-1	在正常情况下,有可能积聚形成爆炸性混合气体的场所
	Q-3	在正常情况下能不能生成,但在不正常情况下可能会较小生成爆炸性混合物的场所	1-2	在不正常情况下,有可能短时间积聚形成爆炸性混合气体的场所
2 有粉尘或纤维爆炸性混合物的爆炸危险场所	G-1	在正常情况下能形成爆炸性混合物的场所	2-0	在正常情况下,爆炸性混合气体连续地或经常地长时间存在的场所
	G-2	在正常情况下不能生成,但在不正常情况下能生成巴扎型混合物的场所	2-1	爆炸性粉尘混合物有可能悬浮或堆积的场所
			2-2	易燃粉尘或易燃纤维有可能短时间悬浮或堆积的场所

Q-1 级、G-1 级场所,通常称为一级爆炸危险场所,是指在正常生产、储存或运输条件下,在其所在范围的空间内,爆炸危险介质能达到爆炸浓度的场所。Q-2 级、G-2 级场所,通常称为二级爆炸危险场所,是指在不正常情况下才能形成爆炸性混合物的场所。这里不正常情况是指装置和设备发生事故性损坏、误操作、维修不当以及在检修过程中所出现的意外情况。Q-3 级场所是指即使在不正常情况下,生产现场的整个空间形成爆炸性混合物的可能性较小的场所。该场所内爆炸危险物质的量较少,爆炸性混合物中的可燃气体浓度较低,难以积聚。其爆炸下限高,有强烈气味,易于及时发现等。

对爆炸危险场所的划分,必须严格准确地掌握,一般应遵循以下原则:

①一个场所内只有某局部地区,在正常情况下能生成爆炸性混合物,或具有通风不利的死角、低洼、深坑及顶棚等能大量积聚爆炸性混合气体的局部地区,则这类局部地区应划为 Q-1 级或 G-1 级,而其余地区则应根据其危险等级划分为其他级别。

②对通风良好的敞开或局部敞开式建(构)筑物或设备、装置安装在露天区域的有爆炸性混合气体和蒸气的场所,可降低一级考虑。

③供爆炸危险场所使用的排风机室,一般应与场所划为同一等级。

④设有经常运转的排风机,能保证场所内有足够的换气次数,且当其中一台机组发生故障时,能自动接入备用机组,或仍有足够通风量的场所,可降低一级考虑。

⑤设备自动报警、自动测量装置、能对场所内所有散发和易于积聚爆炸性气体或蒸气的地点进行测量,当其形成的混合物接近爆炸下限 50% 时,能自动切断电源并发出报警信号的场所,可降低一级考虑。

⑥与爆炸危险场所用墙隔绝的送风机室在其通向爆炸危险场所的风道上设有逆止的安全装置时,可划为无爆炸危险场所。

⑦在爆炸危险场所外,处于露天或敞开安装的输送可燃气体、易燃液体等危险物质的架空管道地带,可划为无爆炸危险场所,但其阀门如采用电动式,则应采用防爆电气设备。

⑧场所内使用的爆炸危险物质数量不大,且都在通风柜或排风罩下进行操作,可划为无爆炸危险场所。

⑨生产中需经常使用明火设备,或设备上炽热部件的表面温度超过场所内爆炸物质自燃点,则这些场所可以划为爆炸危险场所。

⑩与爆炸危险场所相邻,但用有门的墙分隔的场所,本身虽然没有爆炸危险物质,但爆炸性混合物可能侵入而有爆炸危险,其等级可按表 6-4 确定。

⑪建筑物为非开敞的爆炸危险场所范围,一般以室为单位,根据生产的特殊情况按室的大小、高度及形成爆炸性混合物的量和位置划定。

(3)电气防爆的原理

电气防爆主要包括外壳间隙防爆、外壳隔离引爆源、介质隔离引燃源、控制引燃源 4 种技术。

①外壳间隙防爆。电气设备的带电部分放在外壳内,外部环境中的可燃气体可以通过外壳的配合面缝隙进入壳内,内部电气设备导电部分出现故障火花时,将点燃壳内可燃气体。外壳间隙有冷却作用,内部向外排出的火焰和爆炸产物被冷却到安全温度,不会引燃壳外的可燃气体,起到阻止爆炸由内部向外部传递蔓延的作用。

这种利用外壳间隙进行隔爆的电气属于隔爆型电气,隔爆型电气设备的隔爆机理主要包括间隙熄火作用、间隙冷却作用、新鲜气体卷入冷却作用 3 个方面。

a.间隙熄火作用。根据燃烧连锁反应理论,自由基与固体碰撞将失去活性,这就是器壁效应。间隙(管径)越小,器壁效应越明显,间隙(管径)小到一定程度后自由基消失的速率大于生成的速率,火焰就熄灭。爆炸性气体混合物都存在一个临界熄火管径(d_k,又称消焰距离),管径小于临界熄火管径时,火焰传播将被阻止。火焰熄火临界管

径可估算为

$$d_{\mathrm{k}} = 4\frac{D_{\mathrm{H}}}{v_{\mathrm{F}}}\sqrt{\frac{2\mathrm{e}E}{\mathrm{R}T_{\max}}} \tag{6-4}$$

式中　d_{k}——临界熄火管径,mm;

　　　D_{H}——气体混合物热扩散率,$\mathrm{m^2/s}$;

　　　v_{F}——火焰传播速度,$\mathrm{m^2/s}$;

　　　E——气体活化能,$\mathrm{J/mol}$;

　　　R——普朗克气体常数,$4.184\ \mathrm{J/(mol \cdot K)}$;

　　　e——常数,2.718;

　　　$T_{\max}$——最大燃烧温度,K。

对平面间隙结构,临界熄火间隙 S_{GC} 为临界熄火管径d_{k} 的 1/2。

$$S_{\mathrm{GC}} = \frac{1}{2}d_{\mathrm{k}} = 2\frac{D_{\mathrm{H}}}{v_{\mathrm{F}}}\sqrt{\frac{2\mathrm{e}E}{\mathrm{R}T_{\max}}} \tag{6-5}$$

公式中包含气体特性参数,临界熄火管径和临界熄火间隙与混合气体的种类有关。

b.间隙冷却作用。如果穿出壳间间隙的气体产物的温度超过壳外气体混合物的最小点燃温度,仍然会引发燃烧或爆炸。一氧化碳气体的临界熄火直径为 1.5 mm,壳体间隙为 0.8 mm 时,一氧化碳爆炸火焰不可能穿过此壳体间隙,但却能引燃壳外的甲烷/空气混合气体。

由燃烧热理论可知,如果穿出壳体的气体温度低于壳外气体混合物的最小点燃温度,壳外气体混合物就不会被点燃。当壳体间隙中的通道足够长时,穿过间隙的火焰就被充分冷却,只要其温度降低至气体混合物的最小点燃温度以下,火焰就不能传出。法兰间隙的急剧冷却作用主要发生在初始进入阶段,在法兰间隙为 0.2 mm,爆炸产物气体沿法兰宽度方向进入间隙 5 mm 时,平均温度已下降 60%;进入间隙 20 mm 后,仅降低约 40%。

c.新鲜气体卷入冷却作用。当壳体内的爆炸产物气体冲出壳体时,外部新鲜可燃气体混合物将部分被卷入,外部气体温度低,冲出的气体被冷却降温,低于外部可燃液体的闪点,随着卷入量的增加,冷却效果将更加明显。

②外壳隔离引爆源。

a.气密型电气设备。小型开关、继电器、电容器、传感器、变压器等一些小型电气设备在使用时要求体积尽量小,如果采用隔爆型结构就较难满足要求。常采用熔化、胶粘、挤压等密封措施将外壳进行密封处理,使外部气体不能进入壳内,即使内部产生火花,也不能与可燃气体接触,实现隔离防爆的作用。具有此类外壳根本不会漏气的电气设备属于气密型电气设备。

b.限制呼吸型电气设备。在可燃气体处于爆炸极限浓度及以上浓度的概率较小、持续时间较短的场所,电气设备采用限制可燃气体进入电气外壳速度的措施,在外部可燃气体处于爆炸极限浓度及以上浓度的时间内,壳内可燃气体浓度始终处于爆炸极限浓度以下,内部产生的火花、电弧及危险温度不会引起混合气体的爆炸,具有这种外壳的电气设备属于限制呼吸型电气设备。此类方式只适用于开关、仪器仪表、控制调节装置等壳内温度升高低于10 ℃的设备。

③介质隔离引燃源。介质隔离引燃源是指电气设备内部充满惰性介质,使电火花不能与可燃气体接触,从而实现隔离防爆。根据介质形态的不同,分为气体介质隔离引燃源、液体介质隔离引燃源、固体介质隔离引燃源3类。

a.气体介质隔离。电气设备内部充入惰性气体或新鲜空气,在运行过程中内部气体压力始终高于外部压力,使外部可燃气体不能渗入壳内,火花等引燃源不能与可燃气体接触,从而实现引燃源与可燃气体的隔离。由于壳内压力相对于大气始终处于正压,因此这种防爆电气设备称为正压型电气设备。正压通风结构分为连续正压通风结构和正压补偿结构两种。连续正压通风结构是指在设备壳体内连续通入保护气体,使壳体内保持一定的正压;正压补偿结构是指在设备壳体内充入一定正压的保护气体,但不实施连续通风,仅对设备壳体不可避免的泄漏进行随时的补偿或定期补偿。

b.液体介质隔离。通常用变压器油作为液体介质,此类防爆电气设备称为充油型电气设备。将可能产生火花、电弧的部件或者整体浸入变压器油中,实现引燃源与可燃气体的隔离,从而达到防爆目的。

c.固体介质隔离。此类防爆型电气设备是用固体物质作为隔离介质来实现隔离防爆的,根据固体介质的不同分为两类:一类是采用固体颗粒(常用石英砂),称为充砂型电气设备;另一类是采用固化物填料(常用环氧树脂),称为浇封型电气设备。

在充砂型电气设备中,砂砾之间的细小空隙,使电弧、过热点均不能点燃可燃气体,运行过程中产生的火花、电弧及火焰能及时熄灭。砂砾层表面温度在弧光短路的情况下低于爆炸性混合物的点燃温度。

在浇封型电气设备中,使用合成树脂等浇封剂将电弧、火花、高温等点燃源封闭起来,使之不能与周围的混合型可燃气体接触。常见的有本质安全型(本安型)的放大器、电容器组件、电感器组件、电源限流电阻等。

④控制引燃源。采用控制引燃源方式防爆的电气都是在正常运行时不产生火花和电弧的电气设备和弱电设备,包括增安型电气设备、无火花型电气设备和本质安全型电气设备3类。

a.增安型电气设备。如果电气设备在正常运行时不产生火花、电弧和危险高温,可采用高质量的绝缘材料、降低温升、增大电气间隙和爬电距离、提高导线连接质量等附加技术措施来增强设备的安全可靠性,减少引燃气体的因素出现概率,采用这种防爆类型的电气设备称为增安型电气设备。这种设备在正常情况下不会出现引燃源,多用于石油化工企业,但是在煤矿瓦斯突出区域、总回风道、主回风道、采区回风道、工作面等井下危险区域及瓦斯爆炸危险性大的场所不使用。

b.无火花型电气设备。在正常运行时不会点燃周围爆炸性混合物,并且一般不会产生能引起点燃故障的电气设备称为无火花型电气设备。此类设备必须满足两个技术要求:一是正常运行时不产生火花和电弧;二是与爆炸性混合物相接触的内、外表面温度均不得超过设备温度组别的最高温度。

c.本质安全型电气设备。本质安全电路(本安电路)是指在规定试验条件下,正常工作或规定故障状态下产生的电火花和热效应均不能点燃规定爆炸性混合物的电路。

全部采用本安电路的电气设备称为本质安全型电气设备(本安设备)。关联电气设备是指在设备的电气线路中,并非全是本质安全型电路,还含有能影响本安电路安全性能电路的电气设备。本安电气设备及其关联电气设备按使用场所和安全程度不同分为 ia 和 ib 两个等级。

在正常工作、发生一个故障(电气系统中有一个元件损坏,以及由此所产生的一系列元件损坏行为)和两个故障(电气系统中有两个元件单独损坏,以及由此所产生的一系列元件损坏行为)时,均不能点燃爆炸性气体混合物的电气设备定义为 ia 等级的电气设备。

在正常工作和发生一个故障时,不能点燃爆炸性气体混合物的电气设备定义为 ib 等级的电气设备。

(4)电气设备防爆类型、标志及通用要求

①类别、级别和组别。为了正确选用防爆电气设备,必须了解防爆电气设备的类别、级别和组别。防爆电气设备按使用环境的不同分为两大类,见表 6-5。

表 6-5　爆炸性环境用电气设备类型及标志

防爆电气设备类型	标志	防爆电气设备类型	标志
隔爆型电气设备	d	正压型电气设备	p
本质安全型电气设备	i	充油型电气设备	o
增安型电气设备	e	无火花型电气设备	n
浇封型电气设备	m	特殊电气设备	S
气密型电气设备	h	矿用一般型电气设备	KY
充砂型电气设备	q		

为了保证各种类型电气设备在运行中不产生引燃爆炸性混合物的温度,对电气设备运行时能允许的最高表面温度进行分组,分组情况见表 6-6。

表 6-6　电气设备允许的最高表面温度

电气设备类型	温度组别	电气设备允许最高表面温度/℃	说明
I 类	—	150	设备表面可能堆积粉尘
	—	450	采取措施防止粉尘堆积
II 类	T1	450	≤450
	T2	300	≤300
	T3	200	≤200
	T4	135	≤135
	T5	100	≤100
	T6	85	≤85

注: I 类设备用于煤矿瓦斯气体环境;II 类设备用于除煤矿瓦斯气体环境外的其他各种爆炸性气体环境,II 类设备再分类为 II A 类(代表性气体是丙烷)、II B 类(代表性气体是乙烯)、II C 类(代表性气体是氢气和乙炔)。

②电气间隙与爬电距离。很多工业场所环境空气潮湿、粉尘较多、温度较高,严重影响电气设备的绝缘性能。为了避免电气设备绝缘强度降低而产生短路电弧、火花放电等现象,对电气设备的爬电距离和电气间隙作了规定。

电气间隙和爬电距离是既有区别又有联系的两个不同概念。电气间隙是指两个裸露的导体之间的最短距离,即电气设备中有电位差的金属导体之间通过空气的最短距离。电气间隙通常包括:a.带电零件之间以及带电零件与接地零件之间的最短空气距离。b.带电零件与易碰零件之间的最短空气距离。电气间隙应符合表 6-7 的规定。

表 6-7　电气间隙与爬电距离

额定电压/V	最小电气间隙/mm	最小爬电距离/mm			
		a	b	c	d
36	4	4	4	4	4
660	10	12	16	20	25
60	6	6	6	6	6
1 140	18	24	28	35	45
127	6	6	7	8	10
3 000	36	45	60	75	90
220	6	6	8	10	12
600	60	85	110	135	160
380	8	8	10	12	15
1 000	100	125	150	180	240

注:表中 a、b、c、d 是绝缘材料按相对泄痕指数的分级。

只有满足电气间隙的要求,裸露导体之间和它们对地之间才不会发生击穿放电,才能保证电气设备的安全运行。

爬电距离是指两个导体之间沿其固体绝缘材料表面的最短距离。也就是在电气设备中有电位差的相邻金属零件之间,沿绝缘表面的最短距离。爬电距离是由电气设备的额定电压、绝缘材料的耐泄痕性能以及绝缘材料表面形状等因素决定的。额定电压越高,爬电距离越大;反之,越小。

③防护等级。电气设备应具有坚固的外壳,外壳应具有一定的防护能力,达到一定的防护等级标准。防护等级就是防外物和防水的能力。防护等级用字母 IP 连同两位数来标志。例如,IP43 中的 IP 是外壳防护等级标志,第一位数字 4 表示防外物 4 级,第二位数字 3 表示防水 3 级。数字越大表示等级越高,要求越严格。防外物共分 7 级,防水共分 9 级。外壳防护等级标准见表 6-8。

④通用要求。防爆电气设备的通用要求主要包括防爆电气设备使用的环境温度,对外壳、紧固件、连锁装置、绝缘套管、接线盒、连接件、引入装置及接地的要求等。主要要求如下:

a.防爆电气设备使用的环境温度为-20~40 ℃,环境气压为$(0.8\sim1.1)\times10^5$ Pa。

b.防爆电气设备如果采用塑料外壳,需采用不燃性或难燃性材料制成,并保证塑料表面的绝缘电阻不大于1×10^9 Ω,以防积聚静电,还必须承受冲击试验和热稳定试验。

表 6-8 外壳防护等级

防护说明	防外物能力分级		防水能力分级	
	简称	说明	简称	说明
0	无防护	没有专门的防护	无防护	没有专门的防护
1	防护大于 50 mm 的固体	能防止直径大于 50 mm 的固体异物进入壳内	防滴	垂直的水滴应不能直接进入产品内部
2	防护大于 12 mm 的固体	能防止直径大于 12 mm 的固体异物进入壳内	防滴	与铅垂线呈 15°角范围内的水滴应不能进入产品内部
3	防护大于 2.5 mm 的固体	能防止直径大于 2.5 mm 的固体异物进入壳内	防淋水	与铅垂线呈 60°角范围内的滴水应不能进入产品内部
4	防护大于 1 mm 的固体	能防止直径大于 1 mm 的固体异物进入壳内	防溅	任何方向的溅水对产品应无有害的影响
5	防尘	能防止影响产品正常运行的灰尘进入壳内	防喷水	任何方向的喷水对产品应无有害的影响
6	尘密	完全防止灰尘进入壳内	防海浪或强力喷水	猛烈的海浪和强力的喷水对产品应无有害影响

c.防爆电气设备限制使用铝合金外壳,防止其与锈铁摩擦产生大量热能,避免形成危险温度。

d.紧固件是防爆电气设备的主要零件。常用的紧固件由螺栓和螺母及防松用的弹簧垫组成。对要用特殊紧固件的防爆电气设备必须用特殊紧固件,如隔爆型电气设备外壳各部分的连接必须用护圈式紧固件,以防无关人员随意打开外壳,使外壳失去防爆性能。

使用护圈式紧固件应符合以下几点要求:a.螺栓头或螺母要放在护圈内,并且只有使用专用工具才能打开。b.紧固后的螺栓头或螺母的上平面不能超出护圈。c.各种规格螺栓的通孔直径、护圈高度、护圈直径应符合表6-9的有关规定。d.护圈可设开口,开口的圆心角小于等于120°。e.护圈要与主体牢固连在一起,无论何种紧固件都应采用不锈材料制成或经防锈处理。

e.为了防止电气设备误操作造成事故,防爆电气设备应设置连锁装置。连锁装置在设备带电时,设备可拆卸部分不能拆卸。当可拆卸部分拆开时,设备不能送电,以保证安全。

f.对固定在设备外壳隔板上用来使导线穿过隔板的绝缘套管,必须用不易吸湿的绝缘材料制成,绝缘套管的使用不能改变电气设备的防爆形式。如果绝缘套管或电气设备需要使用胶黏剂,胶黏剂必须具有抗机械、热和化学的能力。

g.为了保证电气设备导线和电缆连接牢固,防止电气设备运行中产生火花、电弧,引燃爆炸性混合物,对正常运行产生火花、电弧或危险温度的电气设备,功率大于250 W或电流大于 5 A 的 I 类电气设备,其电缆和导线的连接都应使用接线盒和连接件。接线盒的形式根据使用环境及有关技术要求决定。接线盒应符合下列条件:接线盒内要留有导线弯曲半径的空间;接线盒内裸露导体间的电气间隙、爬电距离要符合相应防爆类型的有关规定;为防止电弧、闪络现象,接线盒内壁应涂耐弧漆。

h.连接件是置于接线盒内,供引入电缆或电线接线用的(又称接线端子)。连接件要有足够的机械强度和结构尺寸,要保证导线连接可靠,保证在振动和温度的影响下连接不松动,不产生火花、过热和接触不良等现象。对与铝芯电缆连接的连接件要用铜铝过渡接头。

i.引入装置是防爆电气设备外电路的电线或电线进入设备内的过渡装置,是防爆电气设备的薄弱环节,因此引入装置的密封是十分重要的。常用的密封引入装置有三种:一是密封圈式引入装置,该种引入方式应用最广泛,包括压盘式引入装置和压紧螺母式引入装置两种;二是浇封固化填料密封式引入装置;三是金属密封环式引入装置。

j.为了防止电气设备外壳带电时发生人身触电或对地放电引起周围可燃性气体混合物爆炸,防爆电气设备必须进行良好接地。电气设备的接地主要包括设备金属外壳的外接地端子和设备接线盒内的内接地端子。内外接地端子都应标接地符号。接地零件要用不锈钢材料制成或经防锈处理。无论是内接地端子还是外接地端子,所选用的规格必须与电气设备容量大小相匹配,功率越大所用接线端子直径应越大。对便携式或运行中需要移动的电气设备,可不设置接地装置,但必须使用有接地芯线的电缆,其外壳与接地芯线连接并与井下层接地网可靠连接。

k.无论何种形式的防爆电气设备,都应有明显的防爆标志。它由防爆电气设备的类型、类别、级别、组别和防爆设备的总标志 Ex 构成。矿用电气设备没有级别和组别之分,不用引出级别和组别。单一型防爆电气设备标志按前面所述内容标出即可。例如,Exd I 表示 I 类隔爆型防爆电气设备;Exd I 表示是 I 类本质安全型 ib 等级防爆电气设备。复合式防爆电气设备必须先标出主体防爆形式,后标出其他防爆形式。例如,ExdI 表示是 I 类隔爆兼本质安全型防爆电气设备。复合型电气设备,应分别在不同防爆形式的外壳上标出相应的防爆形式。防爆标志一定要制作在防爆电气设备的明显处。

表 6-9　护圈式或沉孔紧固件技术要求

螺纹规格	通孔直径 /mm	护圈直径 /mm	护圈直径 (适用于六角头)		护圈直径 (适用于小六角头)		护圈直径 (适用于内六角头)	
			最大	最小	最大	最小	最大	最小
M4	4.5	4	—	—	—	—	9	8

续表

螺纹规格	通孔直径/mm	护圈直径/mm	护圈直径（适用于六角头）		护圈直径（适用于小六角头）		护圈直径（适用于内六角头）	
			最大	最小	最大	最小	最大	最小
M5	5.5	5	19	17	—	—	11	10
M6	6.5	6	20	18	—	—	12	11
M8	9	8	25	22	20	18	16	15
M10	11	10	30	27	25	22	20	18
M12	14	12	35	31	30	27	22	20
M14	16	14	40	36	35	31	26	24
M16	18	16	44	40	40	36	28	26
M18	20	18	48	44	44	40	31	29
M20	22	20	50	46	48	44	35	33
M22	24	22	56	51	50	46	38	36
M24	26	24	61	57	56	51	42	40

（5）防爆电气设备选型

①防爆电气的分类、分级和温度分组。按照国家标准规定,煤矿井下使用的电气为Ⅰ类防爆电器,工厂中使用的电气设备为Ⅱ类防爆电气。国家标准《爆炸性环境第4部分:由本质安全型"i"保护的设备》（GB/T 3836.4—2021）对Ⅱ类防爆电气进行了分级,并确定了具体的应用场合。

②防爆电气设备的类型及代号。防气电器设备根据不同的防爆形式,分为以下8种类型:

a.隔爆型（电气设备的标志为d）。隔爆型电气设备的防爆原理是将电气设备的带电部件放在特制的外壳内,该外壳具有将壳内电气部件产生的火花和电弧与壳外爆炸性混合物隔离开的作用,并能承受进入壳内的爆炸性混合物被壳内电气设备的火花、电弧引爆时所产生的爆炸压力,而外壳不被破坏。同时,能防止壳内爆炸生成物向壳外爆炸性混合物传爆,不会引起壳外爆炸性混合物燃烧和爆炸。这种特殊的外壳称为隔爆外壳。具有隔爆外壳的电气设备称为隔爆型电气设备。隔爆型电气设备具有良好的隔爆和耐爆性能,广泛用于煤矿井下等爆炸性环境工作场所。

b.增安型（电气设备的标志为e）。对那些在正常运行条件下不会产生电弧、火花和危险温度的矿用电气设备,为了提高其安全程度,在设备的结构、制造工艺以及技术条件等方面采取一系列措施,从而避免设备在运行和过载条件下产生火花、电弧和危险温度,实现电气防爆。增安型电气设备是在电气设备原有的技术条件上,采取一定的措施,提高其安全程度,但并不是说这种电气设备就比其他防爆型式的电气设备防爆性能好。增安型电气设备的安全性能达到什么程度,不但取决于设备的自身结构形式,还取决于设备的使用环境和维护的情况。能制成增安型电气设备的仅是那些在正常运行时不产生电弧、火花和过热现象的电气设备,如变压器、电动机、照明灯具等。

c.本安型(电气设备的标志为 ia 或 ib)。本安型电气设备的防爆原理是通过电气原理及相应的措施来限制电器的电流及功率,从而达到在正常工作或发生故障时能够避免火花高温或电弧引爆的目的。其中,ia 等级为发生一个故障或两个故障及正常工作时都是安全的;ib 等级为发生一个故障或正常工作时是安全的。

d.正压型(电气设备的标志为 p)。正压型电气设备的防爆原理是将电气设备置入外壳内,壳内无可燃性气体释放源;将壳内充入保护性气体,并使壳内保护性气体的压力高于周围爆炸性环境的压力,以阻止外部爆炸性混合物进入壳内,实现电气设备的防爆。正压型电气设备在工厂或煤矿等爆炸危险场所均可使用。

e.充油型(电气设备的标志为 o)。充油型电气设备的防爆原理是将电气设备的全部或部分浸在变压器油内,使设备不能点燃油面以上的或外壳以外的爆炸性混合物。充油型电气设备一般制成固定式设备。常用的充油型电气设备有开关和控制器、变压器等,通常不用于煤矿井下。

f.充砂型(电气设备的标志为 q)。充砂型电气设备的防爆原理是在机壳内部充满具有防爆作用的砂砾,从而防止火花高温或电弧的蔓延,这样就达到了防爆的目的。

g.无火花型(电气设备的标志为 n)。无火花型电气设备的防爆原理是通过电气及机械的设计来避免火花的产生和可以产生高温火花或电弧的故障,这样就不会出现引燃现象,从而达到防爆的目的。

h.特殊型(电气设备的标志为 s)。这种方式是使用其他原理进行防爆,或使用以上几种防爆原理结合起来应用的。

③防爆电气设备的选用。煤矿井下条件特殊,对井下电气设备的选用,必须按照《煤矿安全规程》的要求,根据井下不同的使用场所,选用不同类型的矿用电气设备。井下电气设备的选用应符合表 6-10 的要求,否则必须制订安全措施,报省(区)煤炭局批准。

表 6-10　井下电气设备选用要求

使用场所　　　　类别	煤与瓦斯突出矿井和瓦斯喷出区域	瓦斯矿井				
		井底车场、总进风巷或主要进风巷		翻车机硐室	采区进风道	总回风道、主要回风道、采区回风道、工作面和工作进风面、回风道
		低瓦斯矿井	高瓦斯矿井			
高低压电动机和电气设备	矿用防爆型(矿用增安型除外)	矿用一般型	矿用一般型	矿用防爆型	矿用防爆型	矿用防爆型(矿用增安型除外)
照明灯具	矿用防爆型(矿用增安型除外)	矿用一般型	矿用一般型	矿用一般型	矿用一般型	矿用一般型(矿用增安型除外)
通信、自动化装置和仪表、仪器	矿用一般型(矿用增安型除外)	矿用一般型	矿用一般型	矿用一般型	矿用一般型	矿用一般型(矿用增安型除外)

普通型携带式电气测量仪表,只准在瓦斯浓度1%以下的地点使用。

3)爆炸性物质浓度控制

能够发生火灾、爆炸危险的物质种类繁多,它们的物理状态有气态、液态和固态,各种化学性质和物理性质的差别很大。为了评价它们的危险程度和采取相应、正确的预防措施,以达到安全生产、生活的目的,首先要确定它们的各种危险特性以及对危险特性的测定和计算方法。

爆炸强度与爆炸性混合物的浓度有密切关系,爆炸强度随浓度变化的关系近似于正弦曲线,浓度过低或过高都不能发生爆炸,这两个点称为爆炸下限浓度或爆炸上限浓度。在爆炸下限浓度以下,可燃性物质的发热量已经低到不能维持火焰在混合物中传播所需要的最低温度,该混合物不能被点燃。若浓度逐渐增加而超过爆炸上限浓度时,虽然可燃物质增加,但助燃的氧气浓度低于化学当量值,不能满足混合物完全燃烧的需要,也不会发生爆炸。

（1）可燃气体浓度控制

在煤矿的井下开采过程中,常常会逸出一些可燃性气体和矿尘,常见的可燃气体有甲烷、乙烷、氢气、一氧化碳、硫化氢、二氧化硫等;可燃矿尘有煤粉尘、硫黄粉尘等。这些可燃性气体和矿尘与空气均匀混合后,当达到爆炸浓度极限时,就具备了可燃性和可爆性,并有可能造成严重后果。历史上,矿井中可燃气体和粉尘燃烧和爆炸事故时常发生。

①化学危险物的处理。在生产过程中,必须了解各种物质的物理、化学性质和危险特性,根据物质的不同性质,采取相应的防火防爆措施。当然,在这方面首先要考虑改进工艺,尽量以危险性小的物质代替危险性大的物质作为生产的原材料。

两种互相接触会引起燃烧和爆炸的物质不准混存,更不准互相接触;遇酸、碱能分解、燃烧、爆炸的物质要严禁与酸碱接触;对机械作用比较敏感的物质要轻拿轻放。

可燃气体和蒸气往外排空,要根据它们对空气的相对密度采用相应的排空方法。例如,氢气的相对密度为0.07,它可以直接由高处排空。又如,丙烷的相对密度为1.51,比空气重,它不能直接排空,而要采用点燃火炬的方式排空。

对不稳定的物质,在储存中应添加稳定剂。例如,含有水分的氰化氢长期储存时,会引起聚合,同时放出聚合热,而热量会使蒸气压上升,导致设备炸裂。通常加入浓度为0.01~0.5的硫酸或其他酸性物质作稳定剂,阻止氰化氢聚合;某些液体(如乙醚)受到阳光作用时,能生成具有爆炸性的过氧化物,必须存放在金属桶内或暗色的玻璃瓶中。

②系统密闭和负压操作。把可燃气体、液体或粉尘放在密闭设备中储存或操作,可以防止它们与空气形成爆炸性混合物,也可以防止气体或粉尘逸出,避免厂房内可燃物浓度超过爆炸下限而发生危险。

危险物在小于1atm的负压条件下是比较安全的,生产中可以选用负压操作。在负压下操作的设备,应防止进入空气。当设备及管道密闭不良时,空气可吸入负压容器,使容器内危险物浓度达到爆炸上限而形成危险条件。负压操作还可以防止有毒或有爆炸危险性的气体逸入生产厂房或区域。

为了保证设备的密闭性,应在保证检修方便的条件下,对危险设备尽量减少用法兰连接的接点。输送可燃气体、液体的管道应采用无缝钢管。在生产过程中,负压设备要进行投料、放料等各种操作,环境中的空气有可能通过各种孔隙进入系统。负压设备经孔隙吸入的空气量可按下式估算:

$$Q_a = \mu F \sqrt{\frac{2gp_v}{\gamma_a}} \qquad (6\text{-}6)$$

式中 Q_a——吸入空气量,m/s;

μ——流量系数,空气为 0.6;

F——空隙面积,m^2;

γ_a——空气的密度,kg/m;

p_v——负压系统压力,kPa;

g——重力加速度,9.81 m/s^2。

正压和负压系统在生产中均应严格控制压力,防止超压。在装置检修时,应检查密闭性和耐压程度,若发现填料有损坏应立即调换,以防渗漏。

③通风排气。在有火灾爆炸危险的厂房内,尽管采取很多措施使设备密闭,但总会有部分可燃气体、蒸气泄漏到室内。可燃气体的密度大多比空气大,它们往往会积聚在地面附近,在某一局部使其浓度超过爆炸下限,形成爆炸性混合物。采取通风措施可以降低厂房空气内可燃气体含量,是防止形成爆炸性混合气体的重要措施。

采取通风措施时,应当注意生产厂房内空气的成分。如果空气中含有燃烧爆炸危险的气体,则不应循环使用,而应回收这些成分或排空,使用的送风和排风设备各应有独立分开的通风机室。排除或输送温度超过 80 ℃的空气或其他气体的通风设备,应用非燃烧材料制成。通风管道不宜穿过防火墙等防火分隔物,以免发生火灾时火势顺管道通过防火分隔物而蔓延。

(2)可燃粉尘浓度控制

在加工过程中许多粉末能产生细微的粉尘。设计的粉尘控制系统必须防止产生或减小系统内的爆炸粉尘云的浓度,并阻止粉尘从系统内逸出,以便消除潜在危险的沉积层。许多加工过程可以进行改善,避免出现粉尘互磨、夹杂空气和不必要的碰撞,这不仅提高了安全而且改进了产品的质量。

粉尘是由块状粉末碰撞和摩擦产生的。在一个加工设备内,粉尘一般可用管道成功地进行限制。采用降低粉末下落距离或斜槽的办法可以减少系统内的粉尘云。在许多系统中,减少设备内粉尘云唯一的实际方法是采取有效的抽吸系统。设计的粉尘抽吸系统有足够多的空气输出量,以使抽吸管道内的粉尘浓度低于最小爆炸浓度。抽吸系统必须总是被作为设备的潜在危险部分来对待,因为出现粉尘过载或空气量减少这类故障都可能产生潜在危险。

除了常规的定期清扫粉尘此类简单、易操作的粉尘控制措施外,还有以下两种常用粉尘控制手段:

①增湿。在某些加工过程中可选择用水（细水雾）润湿粉尘产生的系统或设备、增加所在空间湿度等增湿措施进行降尘处理。例如,湿式除尘器要比其他类型的粉控设备危险性小。Arizona 大学的 Hoenig(1978)已研究过采用细水雾来减少粉尘的措施,但试验装置的几何尺寸和形状对爆炸的结果有很大影响。

②通风除尘。在有火灾爆炸危险的厂房内,尽管采取很多措施使设备密闭,但总会有部分可燃粉尘泄漏到室内。采取通风除尘措施可以降低厂房空气内可燃粉尘含量,通风是防止形成爆炸性混合物的重要措施之一。

采取通风措施排除有燃烧爆炸危险粉尘的排风系统,应采用不产生火花的防爆型除尘器。当某些粉尘与水接触能生成爆炸性气体时,不应采用湿式除尘系统。通风管道不宜穿过防火墙等防火分隔物,以免发生火灾时火势会顺管道穿透防火墙等防火分隔设施造成蔓延。

4)监测报警

（1）燃气监测报警

常用燃气测量仪表的工作原理主要有热催化、热导、气敏 3 类。

①热催化原理:可燃气体测定仪采用热催化检测原理制成。在检测元件作用下,可燃气体发生氧化反应,释放出燃烧热,其大小与可燃气体浓度成比例。检测元件通常用铂丝制成。气样进入工作室后在检测元件上放出燃烧热,由灵敏电流计指示出气样的相对浓度,这种仪表的满刻度值通常等于可燃气体的爆炸下限。

②热导原理:利用被测气体与空气导热性的差异,把可燃气体浓度的变化转换为加热丝温度和电阻的变化,在电阻温度计上反映出来。其检测原理与热催化原理的电路相同。

③气敏原理:气敏半导体检测元件吸附可燃气体后,电阻大大下降(可由 50 kΩ 下降到 10 kΩ 左右),与检测元件串联的微安表可给出气样浓度的指示值。

（2）粉尘监测报警

常用粉尘检测仪的工作原理主要有光吸收、β 射线、光散射、交流静电感应原理4 类。

①光吸收原理:抽气泵抽取一定体积的含尘空气,粉尘被阻留在滤纸上。光束透过滤纸照到硅光电池上,硅光电池接收照度的变化引起硅光电池输出电流强度的变化。在一定范围内,滤纸阻留粉尘量与硅光电池的输出电流呈线性关系,通过检测仪内设定的计算程序换算成粉尘浓度显示出来。

②β 射线原理:利用尘粒可以吸收 β 射线的原理而研制。检测仪内的放射源产生的 β 射线通过粉尘粒子时,粉尘粒子吸收 β 射线,根据粉尘吸收 β 射线的量与粉尘质量呈线性关系计算并显示粉尘浓度。

③光散射原理:粉尘仪通过采气泵将待测气溶胶吸入检测舱,待测气溶胶在分支处分流成为两个部分:一部分经过一个过滤器后被过滤为干净的空气,作为保护鞘气来保护传感器室的元器件不受待测气体污染;另一部分气溶胶,作为待测样品直接进入传感器室。传感器室中,主要元器件为激光二极管、透镜组和光电检测器。检测时,首先由

激光二极管发出的激光,通过透镜组形成一个薄层面光源。薄层光照射在流经传感器室的待测气溶胶时,会产生散射,通过光电探测器来检测光的散射光强。光电探测器受光照之后产生电信号,正比于气溶胶的质量浓度。然后乘以电压校准系数,这个系数通过测定特定浓度的气溶胶来得到。

④交流静电感应原理:利用粉尘颗粒流经探头时与探头之间的动态电荷感应产生信号。交流静电技术以监测电荷信号的标准偏移来确定交流信号的扰动量,并以即时扰动量的大小来确定粉尘排放量。

5)惰化防爆

(1)惰化防爆原理

根据燃气爆炸机理,燃气浓度、氧气浓度、氧化反应中活化中心(游离基)浓度等因素,破坏其中的一项或几项,则链式反应不能进行或中断,从而不会形成爆炸。在着火区中充注惰性气体,可以一定程度破坏燃气发生链式反应的要素,阻止爆炸发生。具体的抑爆原理如下:

①向火区充注惰性气体过程中,惰性气体流代替部分或全部原来的风流运移燃气,使火区中燃气维持在较低的浓度范围内(低于该燃气的爆炸下限),这样在氧化反应中燃气的浓度不足。降低燃气浓度有两个方面的作用:一是反应物燃气分子较少;二是不能产生足够的游离基 CH_3 基和 H 基,从而使反应链的数目减少,燃气氧化反应速率降低,爆炸反应不易发生。在一定的环境压力和环境温度下,当燃气浓度小于一定值(爆炸下限)时,燃气氧化反应的速率很低,不能进入爆炸状态。

②惰性气体注入火区后,降低火区氧浓度,使反应中的氧浓度减小。

③现代燃烧学认为,大多数燃烧反应是在具有反应能力的反应物分子之间碰撞时发生的。分子碰撞的形式、能量、角度等因素不同,反应速率也不相同,反应可能会出现不同的效果。火区内燃气和空气混合物中加入惰性气体后,直接加强燃气爆炸反应机理中的三体反应。惰性气体分子作为第三体,参与链式反应中三元碰撞,在较大的爆炸压力下,这些三元碰撞频率高于二元碰撞频率,使支链反应的活化中心浓度大大降低,大量的自由基或自由原子的能量转移到惰性气体分子上,系统反应能力降低,抑制了爆炸的传播。

④惰性气体中含有大量水蒸气,水分子除了作为第三体起到上述作用外,在甲烷爆炸反应中可以与甲烷爆炸支链反应的一些自由基或自由原子相作用,如 $H+H_2O \longrightarrow H_2 + OH$、$O+HO \longrightarrow OH+OH$、$HO_2+H_2O \longrightarrow H_2O_2+OH$。尽管这些作用的活化能较高,但体系中存在大量水分子时,这些反应是存在的。它们降低了体系中 H_nO 等链载体的浓度,使系统反应活性下降,从而中断链反应,即自由基(自由原子)+水滴——销毁。

⑤惰性气体具有冷却炽热烟流和着火带的作用。根据气体反应速度方程 $\frac{dm}{dr} = K\left(\frac{p}{RT}\right)^2 ab$ 和阿累尼乌斯分子反应理论,反应速度常数 $K = ce^{\frac{E}{RT}}$ 可知,反应速率 $\frac{dm}{dr}$ 随温度 T 的降低而减小。惰性气体的冷却作用可以降低甲烷氧化反应速率,并且可以使甲烷混

合气体处于最低点燃温度以下,不能引发甲烷爆炸链起始,阻止爆炸发生。

⑥减少漏风。燃烧区漏风是造成自然发火的主要原因之一。对封闭或半封闭类的受限空间燃烧区,注入惰性气体后增加了受限空间内混合气体的总量,受限空间内部压力增大,进而会减少封闭区内外之间的压力差,从而起到减少封闭区外部向内部漏风的作用。为了减少漏风,可向受限空间连续不断地注入必要流量的氮气,使其空间形成相对正压,阻止新鲜空气进入燃烧区域。

惰性气体对甲烷链式氧化反应的破坏机理与卤代烃等化学抑制剂不同。化学抑制剂或其分解产物是作为反应物参与甲烷氧化反应中的某些双分子反应,生成稳定产物,阻止链式反应的发展。而惰性气体分子主要是作为第三体,通过三元碰撞破坏有效的双分子反应,增加三体反应,生成稳定产物,同时获取自由基的能量,降低自由基的化学活性,抑制链式反应的进行。

(2)惰化防爆效应

惰化防爆是在具有爆炸性的气体、粉尘混合物中加入 N_2、CO_2 或 He 等惰性气体,使其氧浓度降低到不能支持爆炸程度的防爆技术。惰化防爆的实质是减少助燃气含量,降低反应热和放热速率,消除可爆性。采用氮气惰化时,某些混合物的临界氧含量(体积分数):甲烷 12%,苯 11.2%,丙烷 11%,焦炉煤气 7%,氢 4%;烟煤 14%,轻金属粉 4%~6%,锑 14.5%,铁 7%,硅 9%。采用不同的惰性气体,临界氧含量略有差别,氮气惰化的临界氧含量和二氧化碳惰化的临界氧含量有下列关系:

$$Q_c = \frac{1}{1.3}(Q_n + 6.3) \tag{6-7}$$

式中　Q_c——二氧化碳惰化时的临界氧含量,%;

　　　Q_n——氮气惰化时的临界氧含量,%。二氧化碳在高温下能与铝、镁、钍、锆、铀、钛等金属发生反应,不宜用作这些金属粉末的惰化气源。

常用的惰性气体是氮和二氧化碳,惰化是防止爆炸较为昂贵的办法之一。根据工程现场合理、科学地估算和确定惰性气体用量显得非常必要。

(3)惰性气体用量估算

可燃物质与空气的混合物中加入氮或二氧化碳成为无爆炸性混合物时氧的浓度见表 6-11。

表 6-11　可燃混合物不发生爆炸时氧的最高含量

可燃物质	氧的最大安全浓度/%(体积分数)		可燃物质	氧的最大安全浓度/%(体积分数)	
	CO_2 作稀释剂	N_2 作稀释剂		CO_2 作稀释剂	N_2 作稀释剂
甲烷	14.6	12.1	己烷	14.5	11.9
乙烷	13.4	11	汽油	14.4	11.6
丙烷	14.3	11.4	乙烯	11.7	10.6
丁烷	14.5	12.1	丙烯	14.1	11.5
戊烷	14.4	12.1	丁二烯	13.9	10.4

续表

可燃物质	氧的最大安全浓度/%（体积分数）		可燃物质	氧的最大安全浓度/%（体积分数）	
	CO_2 作稀释剂	N_2 作稀释剂		CO_2 作稀释剂	N_2 作稀释剂
氢	5.9	5	煤粉	16	
一氧化碳	5.9	5.6	麦粉	12	
丙酮	15	13.5	硬橡胶粉	13	
苯	13.9	11.2	硫	11	

惰性气体的需用量，可根据表 6-11 中的数值用下列公式计算：

$$x = \frac{21 - O}{O}V \tag{6-8}$$

式中　x——惰性气体需用量，L；

　　　O——从表 6-11 中查得的最高含氧量，%（体积分数）；

　　　V——设备内原有空气容积。

（4）惰气对气体层运移的影响及惰化失效分析

封闭火区中，燃烧生成的气体（CO、H_2）以及围岩涌出的瓦斯（CH_4）等具有可燃性、爆炸性。在一定时刻，瓦斯和烟气会以层状积聚运移（以下统称气体层），并在运移过程中相互作用。气体层的存在使得火区中可燃气体浓度更加集中，增大了火区的爆炸危险。研究惰气对气体层运移的影响对防止次生爆炸的发生具有重要意义。

假设火区内注入惰气和区内气体在横向上分布均匀，忽略井巷的摩擦，以此建立注入惰气对气体层影响分析的二维模型如图 6-1 所示，设气体层厚度为 $Z(0\sim h)$，水平方向速度为 V_1，并且气体层内部浓度、温度、密度分别为 v_1，T_1，ρ_1；注入惰气参数分别为 v_2，T_2，ρ_2。

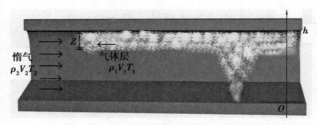

图 6-1　惰气对气体层运移影响示意图

对气体层的稳定性，Prandtl 讨论分层流体的稳定性时指出，分层流体的稳定性取决于浮力做功和自身动能的比值，并给出了判别式即渥卡特逊数 N_{Ri}（Richardson Number）。为研究风流对瓦斯层作用情况下瓦斯层的稳定性，对渥卡特逊数 N_{Ri} 进行了修正，并用实验对判别式进行了验证。对注惰对气体层稳定性的影响，如图 6-1 所示的模型，惰气注入情况下火区气体层稳定性的渥卡特逊数 N_{Ri} 为

$$N_{\mathrm{Ri}} = \frac{(\rho_2 - \rho_1) gZ \cos(\theta)}{\rho_2(v_2^2 - v_1^2)} \tag{6-9}$$

忽略火区压力变化对温度和密度的影响,则有

$$T_1 \rho_1 = T_0 \rho_0 \tag{6-10}$$

代入式(6-9)得

$$N_{\mathrm{Ri}} = \frac{\left(\rho_2 - \dfrac{T_0}{T_1}\rho_0\right) gZ \cos(\theta)}{\rho_2(v_2^2 - v_1^2)} \tag{6-11}$$

式中　$\rho_1, \rho_2, v_1, v_2, T_1, T_2$——分别为火区内气体层和注入惰气的密度、速度以及温度;

T_0, ρ_0——分别为正常状况下的空气密度,K,kg/m³;

Z——气体层厚度,m;

θ——所在建筑地面及屋顶倾角。

A.注入惰气速度较小时,即$v_1 \gg v_2$

此时注惰对火区的漏风影响较小,漏风对火区的气体运移占主导作用。根据第2章中火区气体运移规律的分析可知,此时火区内具有爆炸危险。如果密闭较严,漏风较小时,只有分子扩散作用时来破坏气体层,使火区内气体趋于均匀,由于气体速度一般比其分子扩散速度大几个数量级,分子扩散是混合效果极差的一种形式,因此,气体运动时能够保持其原来的运动方向,分子扩散对其影响较小。可燃气体的成层现象将存在很长时间。

B.当气体层水平方向不再运移,即$v_1 = 0$ 或$v_2 \gg v_1$

式(6-11)简化为

$$N_{\mathrm{Ri}} = \frac{\left(\rho_2 - \dfrac{T_0}{T_1}\rho_0\right) gZ \cos(\theta)}{\rho_2 v_2^2} \tag{6-12}$$

渥卡特逊数N_{Ri}临界值为 0.83,当$N_{\mathrm{Ri}} \leqslant 0.83$ 时,气体层被破坏,火区内气体趋于均匀;当$N_{\mathrm{Ri}} \geqslant 0.83$ 时,气体层稳定。根据式(6-12)有

$$v_2 \geqslant \sqrt{\frac{\left(\rho_2 - \dfrac{T_0}{T_1}\rho_0\right) gZ \cos(\theta)}{0.83 \rho_2}} \tag{6-13}$$

火灾具有复杂性,发现火灾到实施扑救这一过程时间较长,而烟气层的运移速度极快,火区注入惰气遇到的情况大多数为以下 3 种:

a.当火源熄灭不能提供气体层水平方向运移的动力。

b.火区内瓦斯层未被烟气层混合携带,瓦斯层运移速度缓慢。

c.火源未熄灭燃烧继续,烟气层运移到火区,水平运移速度减缓。

上面的情况下近似认为气体层运移速度为零。

大多数注惰灭火实践可以根据式(6-13)来判断惰气对气体层的混合效果。

C.当惰气的动能和气体层动能相同相等时,即$v_2=v_1$

此时N_{Ri}趋于∞,气体层稳定没有被破坏。此时惰气和气体层在交界面上停滞,气体层只能和下部气体通过分子扩散混合,混合缓慢,气体层存在时间会较长。同时,火区内气体层垂向上分布不均,速度减小的惰气就会像活塞一样顶着气体层下部气体向前运动。而气体层中可燃气体的存在使得注惰产生爆炸危险性。

综上可知,注入惰气必须具有足够的速度才能破坏火区内的气体层,冲淡其中的可燃气体(CH_4、H_2、CO),达到抑制火区次生爆炸的目的。

①惰气的稀释混合作用。当惰气以紊流状态射流注入时,若不考虑气体间密度的差异,无论火区内存不存在气体层,惰气的对流扩散作用,都会在很短移动距离内就可以完成垂直于流动方向的气体横向混合,随着惰气的流动,火区内会形成相当长度的均匀混合带,在混合带中惰气会混合掺混和携带区内气体。这是惰气的混合稀释作用,此时惰气所经过的区域可燃气体被稀释到爆炸极限以下从而失去爆炸性。

②惰气的活塞作用。随着混合稀释作用的进行,惰气受通风压力、火源的热力作用以及火区内气体的黏性阻力作用速度不断下降。如果火区足够大,必然在惰气的前进方向上存在一个停滞点,如图6-2所示的S点,此时$v_2=v_1$。如果火势突然增大,气体层运移速度增大($v_2<v_1$),惰气会被向相反方向推动一定距离再次发生停止,即A点。同理,如果增大注惰速度($v_2>v_1$),停滞会发生在B点。

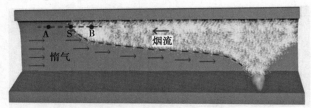

图6-2 惰气活塞作用示意图

此时惰气呈层流状态,同时,火区内气体层垂向上分布不均,速度减小的惰气会像活塞一样顶着气体层下部气体向前运动。而气体层中可燃气体的存在使得注惰产生爆炸危险性。同样,如果注入惰气时火区内可燃气体已分布均匀,惰气速度会随着流动的进行逐渐降低发生停滞。由于惰气的不断注入,此时惰气前锋后方的氮气浓度在逐步增大,压力逐渐升高,惰气前锋会整体推动火区内气体向火源运移。这种现象称为注惰的活塞推动作用,当惰气所推动的气体满足爆炸条件时,就会发生爆炸。

③注惰应采取的必要措施。通过分析可知,惰气注入对火区内气体会产生混合稀释作用和活塞推动作用。活塞作用使火区存在爆炸危险。采取注惰扑灭火灾时,应采取必要措施以减少或避免活塞作用的发生。针对活塞作用产生的原理,提出以下措施,以供参考:

a.尽早注入。当火灾发生后,在封闭火区前,利用现有管道及时注入惰气,并保持足够的通风,以防止烟气逆流层出现,直到火区内已充以浓度足够高的惰气为止。

b.设置导风板。可燃气体层是火区主要的危险源,惰气注入应尽可能将气体层混合均匀,而常用的惰气如 CO_2 密度较大,注入后易在火区下部流动而对上部气体层的影响较小,在注入惰气时应预先在适当位置装设导风板引导二氧化碳流向屋顶或引导氮气流向地面来破坏气体层。

c.注入位置尽量靠近火源。当采取封闭后注入惰气时,注惰口应尽可能选择靠近火源的位置,以达到减少惰气流动损失,能保持较高速度到达火源、熄灭火源的目的。

6.2　爆炸抑制

6.2.1　惰性气体抑爆

惰气抑爆是指发生在爆炸之后瞬间激发喷出惰气的动作;惰气防爆通常指的是爆炸之前,在预防燃气爆炸时向潜在爆炸危险区域注入惰性气体,稀释其中燃气、O_2 体积分数,降低燃气爆炸强度与危险性。

相关 N_2 和 CO_2 对燃气爆炸影响研究表明,N_2 和 CO_2 均能对燃气爆炸起到抑制作用,抑爆效果随着 N_2 和 CO_2 体积分数的增加而得到增强,相较于 N_2,CO_2 抑爆效果更佳。在燃气-空气的混合物中,添加惰性气体一方面能够降低混合气体中 CH_4 与 O_2 的体积分数,另一方面能够增加混合气体的总比热容,在燃气爆炸过程中惰性气体具有一定的吸热作用,从而降低燃气爆炸反应速率。相较于 N_2,CO_2 表现出更加优良的抑爆效果:一方面 CO_2 的比热容明显高于 N_2,CO_2 的存在能够吸收更多的热量,抑爆效果更加明显;另一方面 N_2 在燃气爆炸过程中仅有稀释作用,并不参与燃气爆炸过程中链式反应,而 CO_2 作为燃气爆炸燃烧产物之一,直接参与燃气爆炸的链式反应中,即 $OH+COH+CO_2$。CO_2 的存在消耗了燃气爆炸链式反应中的 H 离子,这极大地降低了 $H+O_2+OH$ 的反应速率,从化学反应的角度对燃气爆炸起抑制作用。

如图 6-3 所示分别为未添加惰性气体,添加 5% N_2,添加 5% CO_2 的 9.5%甲烷空气预混气体爆炸燃烧火焰传播图。N_2 和 CO_2 对火焰传播速度均有衰减作用,且相同体积分数下 CO_2 的衰减效果优于 N_2。从图 6-4 所示可知,添加 N_2 和 CO_2 后爆炸超压峰值随之下降,且延迟了达到峰值的时间。

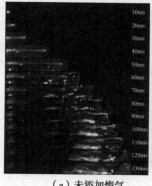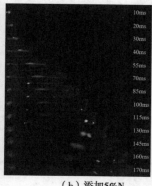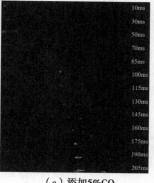

（a）未添加惰气　　　（b）添加5%N_2　　　（c）添加5%CO_2

图 6-3　惰性气体作用下甲烷火焰传播图

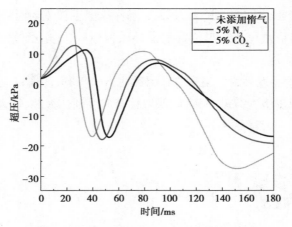

图 6-4　惰性气体作用下甲烷爆炸超压图

6.2.2　细水雾抑爆

细水雾具有较好的吸热降温特性,细水雾抑制燃气爆炸是一种有效的燃气爆炸防治手段而被广泛应用。

细水雾从物理抑制、化学阻爆两个方面作用于燃气爆炸反应区,抑制燃气爆炸反应的持续进行。物理抑制方面,水具有较高热容,细水雾在高温火焰作用下迅速汽化,带走大量热量,降低燃烧反应区温度,抑制燃气爆炸链式反应的继续进行。细水雾汽化为水蒸气后体积迅速膨胀,此时水蒸气作为惰性组分,降低燃气爆炸反应区中间产物自由基、O_2 和 CH_4 的体积分数,降低燃气爆炸反应链传递速度,抑制燃气爆炸反应的进行。化学阻爆方面,水蒸气的存在能够破坏燃气爆炸反应链。一方面,细水雾液滴能够作为第三体,参与三元碰撞反应,过多细水雾能够增加自由基与细水雾的碰撞概率,减少 H,O 和 OH 等自由基的产生,降低活性自由基的浓度;另一方面,水能够参与燃气爆炸反应,当细水雾浓度足够大时,水能够消耗中间活性自由基(如 H,O 和 OH 等),减少燃气反应区中 H,O 和 OH 等自由基的浓度,终止燃气爆炸反应链的继续进行,抑制燃气爆炸。

影响细水雾抑爆效果的因素很多,包括细水雾喷雾量、细水雾粒径大小、雾区长度、喷雾压力、喷雾角度、燃气体积分数、火焰流场及传播速度等。正是因为上述因素的存在,某些情形下的细水雾反而相当于障碍物,或者会引发爆炸火焰湍流加剧,使得细水雾不但不能抑制燃气爆炸,反而能够促进燃气爆炸,造成爆炸升级。换言之,细水雾能够影响燃气爆炸火焰的传播状态,进而影响细水雾对燃气爆炸的态度(抑制/促进)。相关案例如图 6-5、图 6-6 所示。

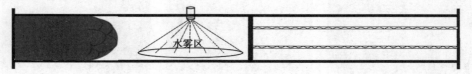

图 6-5　受限变容空间细水雾抑制甲烷爆炸实验平台

C1 为无细水雾条件下甲烷在受限变容空间中的爆炸实验,该组实验作为基础对照实验。C2—C6 为细水雾作用于火焰发育的不同时期。C2 为细水雾作用于球形火焰时期;C3 为细水雾作用于指形火焰时期,且火焰前锋未到达喷头处;C4 为细水雾作用于指形火焰时期,且火焰前锋处于喷头正下方;C5 为细水雾作用于指形火焰时期,且火焰前锋略过喷头;C6 为细水雾作用于郁金香火焰时期,且火焰前锋已全部通过。

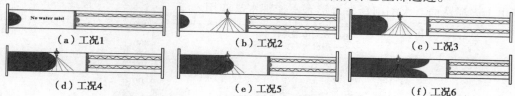

图 6-6　受限变容空间细水雾抑制甲烷爆炸实验工况

如图 6-7 所示为添加细水雾工况下火焰传播示意图。由图分析,各工况中的细水雾均不能有效阻挡火焰通过喷雾区。实验过程中,在管道内加入滑动装置,限制火焰传播,将燃烧控制在一定范围内。管道内甲烷爆炸火焰最终都成功熄灭,并在滑动装置约束范围内燃烧,但导致火焰焠熄的原因有所不同。

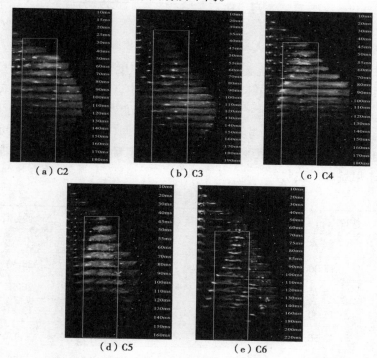

图 6-7　各工况火焰传播示意图

C2:带压水雾喷出后与管道下壁面产生碰撞,水雾颗粒在管道内悬浮并向两端蔓延。球形火焰与雾滴接触后,扰乱火焰形态,在火焰锋面处形成小型胞状体,增加火焰锋面面积,加剧燃烧。C3:喷射水雾与管道下壁面碰撞后反弹与火焰接触,下层火焰受到扰乱凹陷。在 C2,C3 工况中,火焰接触悬浮雾滴时,细水雾吸热降温。但此时火焰锋面湍流占据主导作用,火焰湍流加剧燃烧。随后火焰逐渐接触向下喷射的水雾。此时向下喷射的水雾形成一个类似圆锥形障碍物。火焰通过该区域时,细水雾的阻碍作用占据主导地位,冷却降温作用不明显,促使火焰再次加速向前传播。C4:向下喷射水雾冲毁火焰形态,高压水雾携带火焰向前传播,加速火焰向前蔓延,上层火焰先受到水雾扰动,上层火焰传播速度快于下层。C5:喷射水雾进入指形火焰内部,没有直接冲击火焰锋面。但随着进入指形火焰内部水雾增加,聚集水雾冲破火焰锋面束缚,扰乱火焰传播形态。C6:细水雾作用时火焰已形成郁金香形状,喷射水雾无法瞬间穿透火焰,直接作用于火焰锋面。火焰前锋发育形态不受细水雾作用。

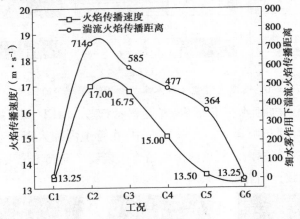

图 6-8　火焰传播速度-湍流火焰传播距离

无细水雾工况下 9.5% 的甲烷爆炸火焰最大传播速度为 13.25 m/s,C2,C3,C4 条件下的甲烷爆炸火焰传播速度均有不同程度提升。其中,C2 工况中的火焰传播速度最大,为 17 m/s,上升 28.30%;C2,C3 工况的最大传播速度为 17 m/s,16.25 m/s;C5 和 C6 爆炸火焰最大传播速度及加速度与无细水雾条件下相同,具体如表 6-12 所示。在细水雾抑制甲烷爆炸实际工程应用中,爆炸火焰未过细水雾喷头时喷射水雾会加速火焰湍流传播,不利于甲烷爆炸控制。

表 6-12　火焰传播速度对比

工况	速度/(m · s^{-1})	衰减速度/(m · s^{-1})	衰减百分比/%
C1	13.25	—	—
C2	17.00	3.75	28.30
C3	16.75	3.50	26.42
C4	15.00	1.75	13.21
C5	13.50	0.25	1.89
C6	13.25	—	—

对比压力分析可知,在火焰未过喷头之前喷射水雾(C2,C3,C4),会不同程度增加燃烧区内爆炸超压峰值,特别是当火焰前锋正处于喷头下方时(C4)喷射水雾,超压数值增加 90.48%,压力传感器采集压力数值变化较小;火焰通过喷头后喷射水雾(C5,C6),燃烧区超压最大值抑制较小,但对未燃区超压峰值衰减作用明显,C5,C6 分别下降 21.91% 和 20.79%,具体如图 6-9 所示。

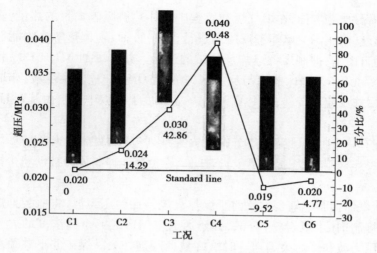

图 6-9　各工况压力对比

往细水雾中添加具有化学灭火性能、易溶于水的无机盐,形成含添加剂细水雾,能够更好地起到抑制燃气爆炸的作用。相较于纯水,含添加剂细水雾能够明显地抑制燃气爆炸火焰的传播,具体表现为当火焰进入含添加剂的细水雾区域时,其火焰传播速度快速下降。研究表明,含添加剂细水雾具有更好的抑爆效果。这主要是含添加剂细水雾增强了燃气爆炸反应过程中的化学抑制作用,溶于细水雾中的碱金属离子(如 Na^+, Fe^{2+},Mg^{2+} 等)和酸根离子(Cl^-,HCO_3^- 等)能够与燃气爆炸链式反应中 H,O 和 OH 等自由基发生反应,降低中间自由基的浓度,抑制燃气爆炸反应链的进行。含添加剂细水雾的抑爆性能与所含添加剂的浓度和添加剂的种类密切相关,抑爆效果为 $FeCl_2(0.8\%)$ > $MgCl_2(5\%)$ > $MgCl_2(2.5\%)$ > $NaHCO_3(7.5\%)$ > $FeCl_2(0.4\%)$ > $MgCl_2(1\%)$ > $NaHCO_3$ (3.5%) > $FeCl_2(0.2\%)$ > NaH-$CO_3(3.5\%)$。此外,含不同碱金属盐添加剂细水雾的抑爆效果排序为 K_2CO_3 > KCl > $KHCO_3$ > Na_2CO_3 > NaCl,溶于细水雾中的碱金属自由基对燃气爆炸链式反应影响较大,其效果为 K^+ > Na^+,Cl^- > HCO_3^-。细水雾抑爆机理包含物理吸热降温与化学抑制两个方面。为细水雾荷上正(或负)电荷可以提高细水雾的抑爆效果,普通细水雾和荷电细水雾均能降低燃气爆炸峰值压力,但荷电细水雾明显具有更优的抑爆效果,即在相同的细水雾浓度的情况下,荷电细水雾更能降低燃气爆炸的最大压力。荷电使得细水雾的理化性质发生了变化,荷电作用使得细水雾雾滴带有同种极性电荷,从而形成互斥的电场力作用,细水雾能保持更高的稳定性,从而达到更好的降温效果。荷上正(或负)电荷的细水雾能够加速捕获燃气爆炸反应中的自由基,中和燃气爆炸反应中正负离子,抑制燃气爆炸反应链的继续传递。

6.2.3　惰性粉体抑爆

惰性粉体抑爆技术是使用具有防灭火性能的固体粉末,利用其物理或化学性能来抑制燃气爆炸火焰的传播,降低爆炸范围、减少爆炸损失。粉体抑爆材料主要有碳酸盐($NaHCO_3$,$KHCO_3$ 和 $CaCO_3$),磷酸盐[$NH_4H_2PO_4$,$(NH_4)_2HPO_4$ 和 $CaHPO_4$],聚磷酸盐(聚磷酸铵),卤化物(KCl 和 NaCl),氢氧化物[$Al(OH)_3$ 和 $Mg(OH)_2$],SiO_2,尿素,硅藻土,高岭石等。

对粉体抑爆剂:一方面,在燃气爆炸过程中粉体热解吸收大量的热量,降低燃气爆炸反应区的温度,阻止燃气爆炸链反应的进行;另一方面,粉体热解产物能够夺取燃气爆炸反应中的自由基,抑制燃气爆炸反应链的进行。如抑爆剂 $NH_4H_2PO_4$ 粉体热解产物主要为 NH_3 和 P_2O_5,NH_3 能够与反应区内的 H,OH 和 O_2 发生反应,夺取中间自由基,抑制燃气爆炸反应链传递,而 P_2O_5 能在一定程度上夺取中间自由基,起到抑制燃气爆炸作用。

粉尘燃烧有一个加热、熔融、热分解着火等系列过程,从接触火源到爆炸需要一定时间,这就为爆炸抑制、泄压提供了宝贵时间。粉尘爆炸抑制分为被动粉尘抑爆和主动粉尘抑爆两大类。

被动粉尘爆炸抑制原理是由超前于爆炸火焰传播的压力波,将盛装抑爆剂容器击碎或掀翻,使抑制剂(水或岩粉)分散,弥于通道空间形成一个高浓度的岩粉云或水雾带,当滞后于压力波和爆炸火焰到达时恰好被抑制剂扑灭。煤矿井下巷道主要采用岩粉棚、隔爆水袋、塑水槽、ABS 塑料水槽、泡沫水槽、密封式水袋等被动式爆炸抑制装置,布置方式为集中式布置和分散式布置。集中式布置是将抑制燃气爆炸所需的抑制剂总量,平均分装在架棚子组成的一组棚架上。分散式布置是将抑制剂分装在多架棚子上,一架或两架为一组分散设置在可能发生爆炸区域内形成抑制带。

主动粉尘爆炸抑制装置在粉尘爆炸初期迅速喷洒灭火剂,将火焰熄灭,达到抑制粉尘爆炸的目的。它由爆炸检测机构和灭火剂喷洒机构组成。爆炸检测机构必须反应迅速、动作准确,以便迅速发出信号。用于爆炸检测机构中的传感器通常有热电传感器、光学传感器和压力传感器 3 种类型。爆炸检测发出的信号传送到喷洒机构后,喷洒机构立即快速地(一般在 0.01 s 以下)把灭火剂喷洒出去。喷洒方法可用电雷管起爆,使充满灭火剂的容器破裂,从而将灭火剂喷出,可以在装满灭火剂容器内用氮气加压,使得当雷管起爆时容器比较薄弱的部分破裂,喷出灭火剂。主动式抑爆装置主要包括传感器、控制器、喷装置等部件。常用的传感器有压力传感器(接受爆炸动力效应)、热电传感器(接受爆炸热效应)、光电传感器(接受爆炸光效应)。例如,我国目前在煤矿井下常用的主动式爆炸抑制装置有 EGB-Y 型自动隔爆装置、YBW1 型无电源自动抑爆装置、YWB-S 型自动抑爆装置等产品。

6.2.4　缓冲吸能抑爆

燃气爆炸的隔爆抑爆装置主要为固定式隔抑爆装置,如煤矿领域的岩粉棚和反向风门等。固定式隔抑爆装置在各个领域的燃气爆炸隔抑爆方面起着十分重要的作用。但是,一些爆炸事故案例表明,固定式隔抑爆装置在发生爆炸时,可能出现隔抑爆失效的情形,极易发生次生扩大灾害事故。

结合燃气爆炸传播特性,提出一种不产生新物质的隔爆抑爆装置,把爆炸隔离到一定的区间范围内。但是固定的障碍物一般具有促爆作用,提出一类可以限位移动的隔爆抑爆装置。限位滑移装置把方形管道一分为二,且燃烧区域最大超压值远低于同位置固定挡板爆炸,加装限位滑移装置有效地保护未燃烧区域安全的同时,大幅度降低了燃烧区域的爆炸超压值,使得抑爆效果更优。具体案例应用如图 6-10—图 6-13 所示。

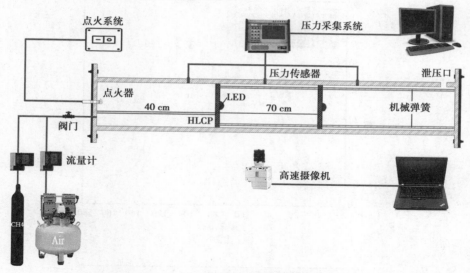

图 6-10　缓冲吸能滑移抑爆实验装置示意图

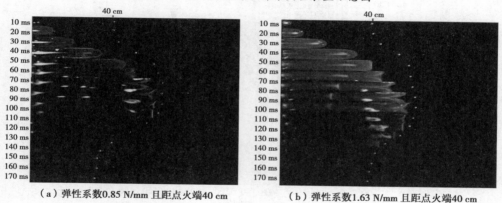

（a）弹性系数0.85 N/mm 且距点火端40 cm　　　（b）弹性系数1.63 N/mm 且距点火端40 cm

图 6-11　缓冲吸能滑动装置对爆炸火焰传播结构的影响

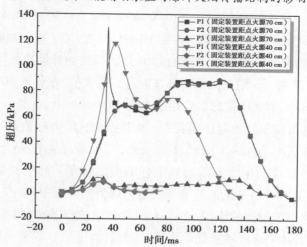

图 6-12　固定装置距点火端 70 cm 和 40 cm 处的超压

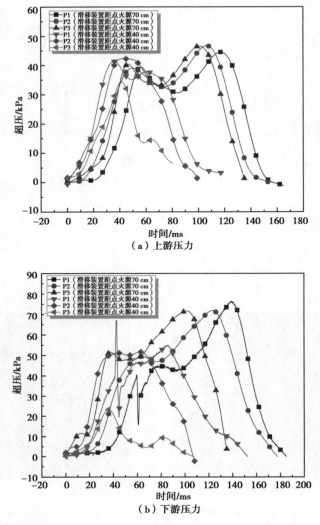

图 6-13　滑移装置弹性系数 0.85 N/mm,1.63 N/mm 且距点火端 70 cm 和 40 cm 处的爆炸超压

　　滑移装置由不锈钢管与高强度轻碳板(HLCP)组成,为了便于观察装置在爆炸过程中的运动轨迹,在挡板上方安装耐高温的 LED 灯。弹簧的弹性系数选用 0.85 N/mm 和 1.63 N/mm。在管道 40 cm 附近火焰前锋速度达到最大值,在管道 70 cm 附近火焰速度呈现二次小幅度递增,滑板位置选取为距点火端 40 cm 和 70 cm 处。

　　从固定装置和滑移装置的超压图可知,固定装置的压力峰值远高于滑移装置。固定装置的最大爆炸压力为 129.5 kPa,116.8 kPa,约为滑移装置最大爆炸压力的两倍。这表明固定装置对爆炸的压力不能起到很好的抑制作用。而滑移装置采用弹性系数 0.85 N/mm 且距点火端 40 cm 的曲线显示的压力峰值明显低于其他三组的压力峰值,分析原因为滑移装置由于滑动的作用,在点火阶段前期,能有效抑制部分前驱冲击波,在点火阶段后期,能起到一个缓冲吸能的作用。同时,固定装置的平均压升率明显高于滑移装置,这更加验证了滑移装置对爆炸压力的抑制作用优于固定装置。

6.2.5　多孔介质抑爆

多孔介质具有开孔率大、比表面积大、耐高温、抗冲击和缓冲能力强等特点,当爆炸火焰通过多孔介质时,其燃烧波和冲击波在经过无数的孔隙之后能够极大地被削弱,甚至能够熄灭爆炸火焰,起到隔爆保护作用。多孔介质主要有金属丝网状的多孔介质、泡沫填充物的多孔介质等。多孔抑爆材料在一定程度上是管道阻火器应用的延伸,已有研究表明,其对燃爆的抑制机理主要有器壁效应(连锁反应理论)和吸热效应两个方面。

(1)器壁效应

连锁反应理论认为,燃烧、爆炸反应并不是分子间的直接反应,而是一种游离基的连锁反应,燃烧速度随着游离基数量的增加而增大。当火焰在充满可燃混合气体的管道或容器中传播时,若管径变小,游离基撞击器壁而销毁的概率就增加,当管径小到一定数值(火焰蔓延临界直径)时,火焰将不能继续传播。多孔介质技术就是运用了此原理。在装有易燃易爆气(液)体容器中填装材料后,容器内腔形成无数狭小的通道,当火焰通过时,燃烧产生的游离基就会与器壁频繁撞击而使能量降低直至销毁,进而达到阻隔防爆目的。

(2)吸热效应

参与连锁反应的游离基的活性随着温度升高而增大,而燃烧产生的热量被消耗于加热燃烧产物和反应区的物质和容器,如果燃烧产生的热量被大大消耗,那么反应区的温度就不能升高,游离基的活性也就大大减弱,另外,爆炸所产生的压力主要取决于燃烧过程中温度的上升速度,控制温度的上升,就可以控制压力的增大。多孔介质技术应用了吸热效应的原理:一方面,金属材料的导热系数一般都比较大,这种良好的导热性能使燃烧产生的热量能够很快散失;另一方面,抑爆材料被加工成蜂窝状网状结构,而蜂窝的每一个小孔可以被看成一小段孔径,当发生燃烧时,由于小孔非常小,燃烧的热损失会增大,即受热表面积和混合气体体积的值增大,因此可迅速传导、吸收燃烧释放的绝大部分热量,迅速降低燃烧产物的温度,使火焰峰失去传播扩散的能力,最终将燃烧限制在一个有限的空间内,同时,使反应后的最终温度大大降低,反应气体的膨胀程度大大减小,有效地抑制了压力增大速度,起到抑制爆炸的作用。相关案例如图 6-14、图 6-15 所示。

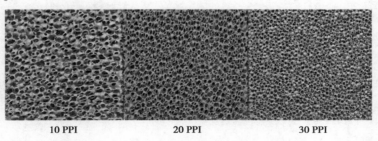

10 PPI　　　　　20 PPI　　　　　30 PPI

图 6-14　多孔材料示意图

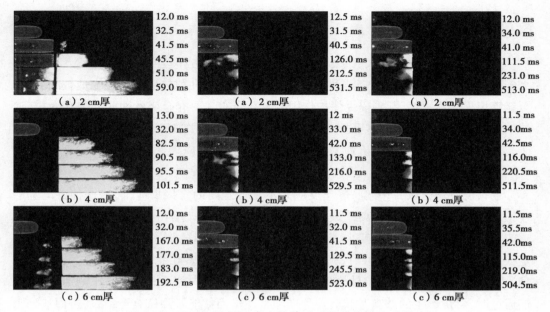

图 6-15　10,20,30 PPI 多孔材料对甲烷爆炸火焰的影响

6.2.6　协同抑爆

协同抑爆是采用具有抑爆作用的惰性气体为载体,协同具有抑爆性能的细水雾进入燃气富集区域,抑制燃气爆炸。单独采用惰性气体或者细水雾抑爆存在一定的局限性。例如,采用惰气抑爆时,对惰气的浓度需求较高;采用细水雾抑爆时,细水雾喷雾量、细水雾粒径大小、燃气体积分数、雾区长度以及火焰传播流场及速度对其抑爆效果有巨大的影响,甚至在某些情况下,细水雾非但不能够抑制燃气爆炸,反而能够促进燃气爆炸。实验研究表明,采用 CO_2-细水雾双流体抑爆能够解决细水雾促爆情况,提高抑爆系统的稳定性。惰气协同多孔材料的气固协同抑爆、固-液-气三相协同抑爆等均较单一抑爆技术有不同程度的抑爆效果提升。

具体案例应用如图 6-16 所示。以 N_2-细水雾-滑移装置三相协同作用对甲烷爆炸特性的影响为例进行说明。

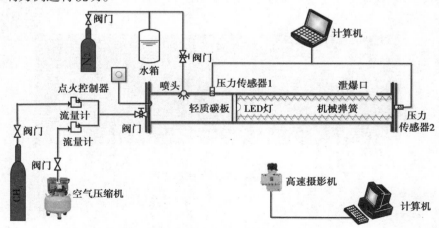

图 6-16　三相协同抑爆实验装置示意图

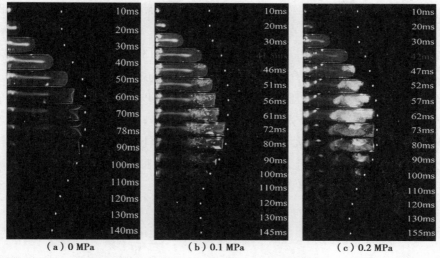

（a）0 MPa　　　　　（b）0.1 MPa　　　　　（c）0.2 MPa

图 6-17　弹性系数为 0.81 N/mm 时不同 N_2-细水雾压力作用下火焰传播过程

如图 6-17 所示为当弹性系数为 0.81 N/mm 时,不同压力 N_2-细水雾作用火焰结构动态变化。从图 6-17(a)可知,郁金香火焰在约 60 ms 时开始发育,约 90 ms 时受滑移挡板约束在板上形成平面火焰。图 6-17(b)与图 6-17(c)分别为 0.1 MPa,0.2 MPa N_2-细水雾作用下火焰传播过程。从图 6-17(b)可知,受到水雾干扰后火焰前锋接触滑移挡板前未出现明显上游凸出前驱波。从图 6-17(c)可知,火焰湍流更为显著,约 52 ms 出现前驱波,火焰面受到湍流层冲击而离散。表 6-13 是弹性系数为 0.81 N/mm 时火焰各阶段时间节点。当 0 MPa,0.1 MPa,0.2 MPa N_2-细水雾作用时,火焰回退时间分别为 78 ms,72 ms,73 ms,火焰焠熄时间分别为 140 ms,145 ms,155 ms。

表 6-13　弹性系数为 0.81 N/mm 时火焰各阶段时间节点

N_2-细水雾压力/MPa	喷雾接触火焰时间/ms	火焰回退时间/ms	火焰焠熄时间/ms
0	—	78	140
0.1	41.5	72	145
0.2	42	73	155

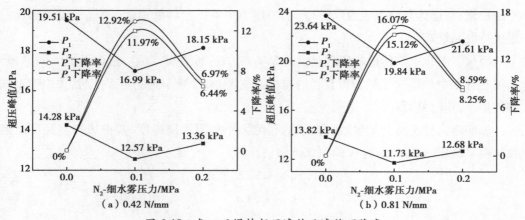

（a）0.42 N/mm　　　　　　　　　（b）0.81 N/mm

图 6-18　各工况爆炸超压峰值及峰值下降率

从图 6-18 可知,当弹性系数为 0.42 N/mm 时,0.1 MPa,0.2 MPa N_2-细水雾作用下,已燃区压力 P_1 峰值分别为 16.99 kPa,18.15 kPa,相比于 0 MPa N_2-细水雾作用分别下降 12.92%,6.97%;未燃区压力 P_2 峰值分别为 12.57 kPa,13.36 kPa,比无 N_2-细水雾作用的 14.28 kPa 分别下降 11.97%,6.44%。当弹性系数为 0.81 N/mm 时,喷入0.1 MPa,0.2 MPa N_2-细水雾时,已燃区压力 P_1 峰值分别为 19.84 kPa,21.61 kPa,比 0 MPa N_2-细水雾作用时的 23.64 kPa 分别下降 16.07%,8.59%;未燃区压力 P_2 峰值分别为 11.73 kPa,12.68 kPa,相比于无 N_2-细水雾作用下分别下降 15.12%,8.25%。当弹性系数无论为0.42 N/mm 还是 0.81 N/mm 时,0.1 MPa N_2-细水雾作用时相比于 0.2 MPa N_2-细水雾作用时抑爆效果更加显著。

6.3 爆炸隔离

爆炸隔离又称隔爆,它是利用隔爆装置对设备设施内发生的燃烧或爆炸火焰实施隔离,避免其通过管道在设备之间蔓延的技术措施。按照作用原理,隔爆技术措施分为机械隔爆和化学隔爆两种类型。隔爆装置主要有工业阻火器、主动式隔爆装置、被动式隔爆装置等类型。工业阻火器又分为机械阻火器、液封阻火器、料封阻火器等类型,主要用于阻隔燃烧或爆炸初期火焰蔓延。主动式隔爆装置通过传感器探测到的爆炸信号实施制动。被动式隔爆装置依靠爆炸波本身来引发制动。

6.3.1 机械隔离

1)熄火间隙与灭火直径

机械阻火器使用极为广泛,如在汽车加油站的每一个储油罐上都安装通气管,用于抽油或注油时控制空气的进出,通气管的顶端都装有阻火器。机械阻火器的基本作用是允许气体通过,但火焰不能通过。机械阻火器的基本结构特征是有大量由固体材料组成的细小通道或孔隙。

机械阻火器主要应用于以下场所:①输送易燃或可燃气体管道;②储存石油及石油产品油罐;③爆炸危险系统通风管口;④加热炉中可燃气体管道;⑤油气回收系统及内燃机排气系统等。

阻火器阻止火焰传播的原理是其内部有细小的通道和空隙。根据燃烧学的原理,火焰在管道中传播速度随管道直径的减小而变慢,直径减小到一定程度时,火焰就不能够传播了,这时的直径称为熄灭直径。

影响阻火性能的参数包括阻火层的孔隙大小和阻火层厚度,其中熄灭直径可以通过试验来测定,也可通过熄灭间隙来近似估算,即

$$d_0 = 4.53 E_{\min}^{0.403}$$
$$D_0 = 1.54 d_0 \tag{6-14}$$

式中 d_0——熄灭间距,mm;

$E_{\min}$——最小点火能,mJ;

D_0——熄灭直径,mm。

熄灭直径 D_0 是易燃气体的特性参数,直接与气体的最小点火能 $E_{\min}$ 有关,由于不同气体的最小点火能 $E_{\min}$ 不同,所以不同气体的熄灭直径 D_0 也不相同。

一般而言,阻火层通道或孔隙直径可按气体熄灭直径来选取。但由于爆燃火焰速度远快于标准燃烧速度,因此在实际设计中,阻火层通道或孔隙直径按气体熄灭直径选取,也可通过增加阻火层厚度来提高阻火器效能。部分气体的熄灭直径见表 6-14。

试验表明,对波纹型和金属网型阻火器的阻火层,其波纹高度和孔网直径一般不得超过熄灭直径的 1/2,即

$$h_{\mathrm{m}} \leqslant \frac{1}{2} D_0 \qquad (6-15)$$

式中　h_{m}——波纹(形状为等腰或等边三角形)高度或网孔直径,mm。

表 6-14　常态下气体燃烧速率及熄灭直径数据

气体类型	标准燃烧速度 /(m·s⁻¹)	熄灭直径/mm	气体类型	标准燃烧速度 /(m·s⁻¹)	熄灭直径/mm
甲烷/空气	0.365	3.65	乙炔/空气	1.767	0.78
丙烷/空气	0.457	2.66	氢气/空气	3.452	0.86
丁烷/空气	0.396	2.79	丙烷/氧气	3.962	0.38
己烷/空气	0.396	3.05	乙炔/氧气	11.277	0.13
乙烯/空气	0.701	1.9	氢气/氧气	11.887	0.3

阻火层空隙直径确定之后,还应考虑阻火层厚度,气体的燃烧速度越快,阻火层厚度越大。对金属网型和多孔板型阻火器,阻火层能有效阻止火焰传播的最大速度(不包括爆轰火焰速度),可按以下经验公式行估算:

$$v_{\mathrm{m}} = 0.38 \frac{\alpha\gamma}{d_{\mathrm{m}}^2} \qquad (6-16)$$

式中　v_{m}——阻火器能阻止火焰传播的最大速度,m/s;

α——有效面积比,即阻火层实际面积与阻火层空隙面积之比;

γ——阻火层厚度,cm;

d_{m}——阻火层网眼直径,cm。

式中:用于圆形孔眼,d_{m} 表示直径;用于方形孔眼,d_{m} 表示宽度;用于三角形孔眼波纹型阻火层,d_{m} 表示水力直径,并可用下式估算:

$$d_{\mathrm{m}} = \frac{4 S_{\mathrm{tr}}}{P_{\mathrm{tr}}} \qquad (6-17)$$

式中　S_{tr}——三角形孔眼的面积,cm²;

P_{tr}——三角形孔眼的周长,cm。

在不同场所,对阻火器的性能要求不相同。按用途可把机械阻火器分为隔爆型、耐烧型及阻爆轰型等。隔爆型阻火器主要用于阻隔可燃物燃烧或爆炸火焰的传播,且能承受一定的爆炸压力作用。耐烧型阻火器主要用于阻止可燃物燃烧火焰的传播,且能够承受一段时间的燃烧作用。阻爆轰型阻火器主要用于阻止可燃物从爆燃向爆轰转变火焰的传播,且能承受较大爆炸压力的作用。

2) 几种常见的机械阻火器

(1) 金属网型阻火器

阻火层由 16~22 目单层或多层不锈钢丝网或铜丝网重叠制作而成,阻火效果随金属网层增加而增强,但当金属网层数增加到一定值后,阻火效果增强不再显著。金属网层数及阻火性能与金属网孔大小有关。一般而言,网孔较小的金属网要求层数相对较少,但金属网孔眼过小会因流体阻力增大而造成堵塞。

(2) 波纹形阻火器

阻火层由不锈钢或铜镍合金压制成波纹状分层组装而成。组装形式一般可分为两种:一种由两个方向折成波纹形薄板材料组成,波纹作用是将其分隔成层并形成许多小孔隙;另一种是在两层波纹形薄板之间加一层 0.30~0.47 mm 厚扁平薄板以形成许多小三角形通道。

(3) 泡沫金属型阻火器

阻火层由多种泡沫金属组分制成,其中以镍、铬合金为主要成分,铬质量分数为 15%~40%,内部结构与多孔泡沫塑料类似。阻火层材质密度一般不小于 0.5 g/cm³,具有阻爆性能好、体积小、质量轻、便于安装和置换等优点。

(4) 平行板型阻火器

阻火层由不锈钢薄板垂直或平行排列而成,板间隙为 0.3~0.7 mm,以形成大量细小孔道,有利于承受较猛烈的爆炸作用,易于制造和清扫,但流阻较大,且较重,多用于煤矿和内燃机的排气系统。

(5) 多孔板型阻火器

阻火层由不锈钢薄板水平力方向重叠而成,利用板上细小缝隙或孔眼形成大量规则通道。板间隙一般为 0.6 mm 左右,以形成固定间距。这种阻火器较金属网型阻火器流阻更小,但不能承受猛烈的爆炸作用。

(6) 充填型阻火器

阻火层介质多为金属或砾石颗粒,也可以是玻璃球或陶瓷圈,堆积充填在阻火器壳体内,利用充填颗粒之间的空隙作为阻火通道,阻火层厚度及充填介质的粒径取决于可燃气体的火焰熄灭直径。

(7) 复合型阻火器

复合型阻火器是一种阻爆轰器件,除要求具有一般阻火器性能外,还必须能承受爆轰压力的作用。复合型阻火器内部一般均布置有缓冲器,爆轰作用力经缓冲器再进入阻火器,可大大减弱作用于阻火器上的爆轰压力。

（8）星形旋转阀阻火器

星形旋转阀阻火器主要由阀壳、转子及对称旋转叶片等部分组成，任一时刻转子两侧均有相同数目的旋转叶片与阀壳内表面构成熄火间隙，能有效起到阻止火焰传播的作用。

6.3.2 安全液封

液封阻火器安装在气体管线与生产设备之间，以防止外部火焰窜入，引起着火爆炸危险，或阻止火焰在设备和管道之间发生蔓延引起事故范围扩大或升级。

基本原理：气体经过液封阻火器时，穿过不燃的液体介质层，如果气体已经被点燃，则经过液体介质层时就被熄灭。以水为阻火介质时，称为安全水封阻火器，是目前使用较广泛的液封阻火器。安全水封阻火器分为敞开式、封闭式两种类型。

1）敞开式安全水封阻火器

敞开式安全水封阻火器的基本结构如图 6-19 所示，主要由罐体、进气管、安全管、出气管及水位阀等组成。

正常通气的工作状态下，可燃气体从进气管进入罐体内，穿过水层后，从出气管逸出，罐内气体压力与安全管内水柱高出液面部分的高度保持平衡。当火焰发生倒燃时，罐内压力将增高，由于安全管的长度短于进气管，插入水面的深度较浅，因此，安全管首先离开水面，从而使倒燃火焰被水阻隔而无法进入另一侧。敞开式安全水封阻火器适用于压力较低的燃气系统。

2）封闭式安全水封阻火器

封闭式安全水封阻火器的基本结构如图 6-20 所示，主要由罐体、进气管、逆止阀分气板、分水板、分水管、水位阀及防爆膜等组成。

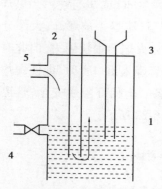

图 6-19　敞开式安全水封阻火器的基本结构
1—罐体；2—进气管；3—安全管；
4—水位阀；5—出气管

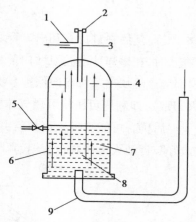

图 6-20　封闭式安全水封阻火器的基本结构
1—出气管；2—防爆膜；3—分水管；
4—分水板；5—水位阀；6—罐体；
7—分气板；8—逆止阀；9—进气管

正常通气工作状态下，可燃气体从进气管进入罐内，经逆止阀、分气板、水层、分水板和分水管从出气管逸出。当火焰发生倒燃时,罐内压力将增高,并压迫水面使逆止阀瞬时关闭,进气管暂停供气。同时,倒燃火焰气体冲破罐顶防爆膜后散发到大气中去,有效防止了倒燃火焰进入另一侧。逆止阀只能在火焰倒燃时起暂时切断可燃气源的作用,防爆膜破裂后,罐内压力降低,逆止阀重新开启供气。在发生火焰倒燃时,必须立即关闭可燃气体总阀,且在更换防爆膜后才能继续使用。封闭式安全水封阻火器适用于压力较高的燃气系统。

特别提醒:使用安全水封阻火器应随时注意水位,保持水面维持在水位计标定位置。水位过高,燃气难以通过,且气水分离不好,水可能随可燃气体一起进入出气管。无论是正常情况下,还是发生火焰倒燃后,都应随时检查水位并补足。在冬季,工作完毕后应把水全部排出、洗净,以免发生冻结。由于可燃气体中可能带有黏性油质杂质,使用一段时间后易糊在阀和阀座等处,因此应经常检查逆止阀的气密性。

6.3.3 管道换向

管道换向隔爆装置主要由进口管、出口管和泄爆盖等组成,其结构示意如图 6-21 所示。

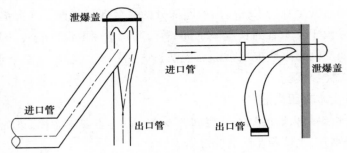

图 6-21 管道换向隔爆装置

基本原理:气体在进口管和出口管之间流动方向发生 80°或 90°改变,当爆炸火焰从进口管进入时,在爆炸冲击波惯性向前传播效应作用下,泄爆盖被爆开,大部分火焰被泄掉,少部分火焰从出口管流向保护容器。通常这部分火焰会很快熄灭,但此时必须注意"吸火"现象,即利用负压将可燃气体或粉尘从进口管吸入出口管时,即使爆炸火焰被大部分泄掉后仍有可能被吸入出口管并传入其他设备。为保证隔爆安全,管道换向隔爆装置最好与自动灭火器联合使用,其原理结构如图 6-22 所示。

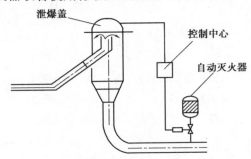

图 6-22 管道换向隔爆装置与自动灭火器联合使用

6.4　爆炸泄压

爆炸或燃烧排泄是一种把快速燃烧或爆炸产生的压力限制到不会使外壳结构产生极大应力破坏的方法。主要通过孔洞或泄爆孔把燃烧爆炸能量快速释放到外壳外部。一般的设计是利用一个可以打开的或带铰链的门或口子,或是一个薄材料制成的爆破膜,当爆炸压力升高到一定的开启或爆破阈值时,门或爆破膜就会开启或破裂。泄爆系统的设计一定要考虑尺寸、容积、外壳的结构和燃烧材料的快速燃烧性能。

泄爆是降低爆炸作用的一种重要防护措施,是对其他爆炸防护措施的重要补充。排泄的目的就是限制快速燃烧而产生的最大压力,以便防止损坏外壳。如果在外壳内产生燃烧,且外壳不能承受快速燃烧产生的力的作用,就可能造成大范围的损坏。在排泄外壳内产生的最大爆炸压力不应超过容器能够安全承受的爆炸压力。

泄爆虽然能对快速燃烧提供一个完善的防护措施,但目前的泄爆技术和手段不能做到对爆轰的冲击波提供有效防护,因为爆轰时期的火焰速度超过了当地声速。进行场所防爆设计时需要特别注意,如果任何爆炸都能成功地释放压力,且可有效避免二次燃烧和爆炸危险,那么必须考虑泄爆系统的设计、安装、定位和维护。

6.4.1　泄爆膜

爆破膜是由动作时能崩裂成碎屑的材料或者是能炸飞的轻质薄膜材料制成的。很多碎屑型的爆破膜由浸渍树脂的石墨制成。它们在压力超过 10 kPa 时开始动作。薄膜型爆破膜可以由铝箔、塑料或是纸型合成材料制成。爆破膜与固体泄爆相比具有下列优点:

①制造成本低。

②易于制成气密式的。

③爆破膜质量轻,对长径比不大的中小尺寸容器内部的最大超压没有明显影响。

④爆破膜不易损坏,因为它们没有可以磨损的机械舌簧或铰链。

但是,爆破膜的机械强度低,用在大面积泄爆的容器上可能存在问题。可在薄膜下放置一个多孔网来增加机械强度,多孔网绝不能放在薄膜的上面,那里将限制打开。爆破膜要定期更换,因为各类作业场所内的外部环境因素会造成爆破膜的性能一定程度受损。

计算泄爆面积时,需要知道爆破膜的爆裂压力,静止爆破压力可按下列公式近似计算:

$$p_{静} = \frac{d_{\sigma_b}}{D} \tag{6-18}$$

式中　$p_{静}$——静止压力;

　　　d——薄膜厚度;

　　　D——孔盖直径;

σ_b——材料的抗拉强度。

爆破膜材料变化前需要进行静止开启压力试验验证。夹紧爆破膜的方法会影响开启压力,需进行试验验证。

爆破膜爆破时的压力与压力升高速度有关。爆破膜爆破时的静压与压力迅速加大的动压之间的差别,对于具有高爆破强度的爆破膜来说是最大的,对于较小的孔而言,它也是较大的。

易伸缩的材料,在裂开之前可能有明显的弯曲。爆破膜可被设计成在它们变形时能使爆破膜与切割工具相接触,这样在膜爆破之前可以减少时间,降低超压。

6.4.2 活动泄爆门

活动泄爆门的主要优点是爆炸后它们能重新自动闭合,较好的活动爆破门可通过调节其底部使泄爆到再次闭合的时间缩短,还可限制可燃性材料跑出,以及限制容器内燃烧材料所需氧气的供给。为确保门在设计力下总可打开,要进行相应的日常维护。

尽管泄爆装置质量轻,但如果在爆炸时被炸飞就会变成飞弹,并以超高的速度快速对周围的物体和人群造成侵切毁伤效应,必须设计各种制动装置、开门缓冲冲撞装置。排泄孔制动装置主要包括弹簧夹、易于损坏的制动夹或磁性制动装置。磁性制动装置可调,这样可以控制排泄孔打开的压力。磁铁安装在排泄盖的四周而不是盖子上,因为它们会增加盖子质量。活动泄爆门必须在任何气候条件下动作,并且在冷天时不冻结。

6.4.3 泄爆墙

泄爆墙分为轻型泄压墙、轻质易碎墙两种。作为泄压设施的轻质墙体,单位质量不宜大于 0.6 kN/m^2。泄爆墙是一种提供室内爆炸时期瞬间解除临界压力的泄爆装置,主要应用在油气、化工、煤矿等行业领域的易燃易爆区及气体灭火保护区进行泄压。

对具有粉尘爆炸、气体爆炸的危险性场所采用轻型泄压墙体,对高能爆炸物危险性工房采用轻质易碎墙体。轻型泄压墙体分为岩棉夹芯彩钢板墙、单层压型钢板复合保温墙两种。轻质易碎墙体分为纤维增强水泥板墙、膨石轻型板墙、泡沫混凝土复合墙板3种。

6.5 建筑防爆设计

6.5.1 建筑材料

对具有爆炸危险的厂房和库房,合理的建筑结构形式可以在火灾爆炸事故时期,有效地降低建筑发生结构坍塌的概率,减轻事故后果。

许多火灾爆炸事故实例表明,适合于作为爆炸危险厂房和仓库的结构应满足3个条件:①整体性好、抗爆能力强,能很好地抵御巨大的爆炸压力作用。②有较好的耐火性能,能在一定时间内经受火灾爆炸高温作用。③便于设置较大的泄压面积,在发生爆炸事故时能够最大限度地降低建筑内的爆炸压力和主体结构破坏程度。

抗爆建筑物的重要特征是,结构构件具有一定吸收大量能量的能力,而且整体结构不产生严重破坏。抗爆结构的建造材料不仅必须具备一定的刚性,而且必须具备一定的塑性。钢筋混凝土和结构钢都是这类建筑物中较常用的材料。对门窗、墙壁的选择,必须按其对冲击波和飞散破片的抗力来进行。

钢筋混凝土是一种优良的抗爆建筑材料,具有很好的抵抗瞬间冲击波荷载的能力。钢筋混凝土除了能抵御爆炸,在火灾和爆炸飞片的防护方面也是有效的。为确保建筑结构的塑性特征,钢筋混凝土建筑物中的钢筋质量、数量、位置等必须进行合理选择。对所有承受高冲量荷载或具有两度以上铰转动的结构,建议采用斜缀条式系筋。对其他情况下的结构,建议采用钢筋箍。

结构钢具有很好的塑性和强度,特别适合用作抗爆建筑物框架。具有可靠塑性的中等强度钢,也是较好的材料。塑性较差的高强度钢和没有很明确塑性温度的低强度钢均不应采用。

此外,必须设计具有抗爆和抗破片能力的窗户。对低超压爆炸情形,如果尺寸适当可以使用普通的窗玻璃,但是飞散物或高于预期的压力都可能产生很危险的玻璃碎片。抗爆结构上的窗户应当使用抗冲击塑料,如用聚碳酸酯或层压玻璃,这种材料专为抗爆设计。对窗框必须进行冲击波抗力校正。有些窗户用柔韧密封材料固定就位,这些材料不一定能承受爆炸冲击波荷载。

校验外门对爆炸冲击波的抗力,犹如对窗户一样,支撑框架必须能抵抗来自门的荷载。如果不使用专门的门,门就会摆动,以致爆炸荷载将它转到门框反面。

如果适当挑选能经受冲击波荷载的构件,普通的屋顶和侧壁材料就可供抗爆建筑物用。支撑现浇混凝土板的金属瓦板是良好的屋顶。混凝土板增加了屋顶质量,以抵抗冲击荷载,并防止瓦楞板皱曲。选定这种金属盖板的型号大小时,通常不考虑混凝土(板)强度。超载容易引起屋面拉伸和逐渐塌陷,一般用开洞腹板梁支撑屋面板,但必须防止这些构件失稳和逐渐倒塌。适当地使用横向支撑必不可少,最好用较密实的截面以减少失稳。

为抵抗爆炸冲击波荷载,如果尺寸估计得适当,可以使用瓦楞板侧壁作为建筑物外墙。但在超载条件下,瓦楞板侧壁受到皱曲,会突然丧失弯曲强度。建议为侧壁支撑结构提供辅助系杆,以便在大变形条件下能形成几个平面内的力。如果出现超载,则会一定程度预防侧壁被冲击波抛出和产生破片危害。

6.5.2　建筑结构

钢筋混凝土框架结构,或经过耐火处理的钢框架结构,用作有爆炸危险厂房和库房的主体结构较为合适。此外,钢筋混凝土柱、有耐火被覆钢柱承重的排架结构可以用作有爆炸危险的厂房和库房的主体结构。装配式钢筋混凝土框架结构,由于梁与柱等节点处的刚性较差,抗爆能力不如现浇钢筋混凝土结构,因此在装配式钢筋混凝土框架结构的梁、柱、板等节点处,应对留出的钢筋先进行焊接,再用高强度等级的混凝土连接牢固,做成刚性接头。楼板上要配置钢筋网现浇混凝土垫层,以增加结构的整体刚度,提高其抗爆能力。钢结构的外露钢构件,应采用不燃烧材料加作隔热保护层或喷、刷钢结构防火涂料,以提高其耐火极限。

砖混结构整体稳定性差、抗爆能力差,墙体不能设较大的泄压面积,有时仅可以用作规模较小的单层有爆炸危险的厂房和库房的承重结构,但应采取措施提高其整体性,增强抗爆能力。通常采用的措施有在砖墙上增设封闭式钢筋混凝土圈梁,在砖墙内配置钢筋,增设屋架支撑,将檩条与屋架或屋面大梁的连接处焊接牢固等。

可以接受的构造是指任一种方法或布置方式,这种构造在超载条件下能承受设计的冲击波荷载,然后按延展方式逐渐破坏。刚性框架、剪力墙、整体(外)壳、加劲(外)壳以及现浇和预制的混凝土构件均属可接受的构造。在所有抗爆结构中,节点设计很重要,但对预制混凝土构件需要特别注意。英国一家公司已成功地采用后张钢缆连接抗爆建筑物的预制钢筋混凝土构件。

现浇的钢筋混凝土和钢框架建筑物都是普通的构造类型,特别适用于可能会承受外部冲击波荷载的一般用途的建筑物。对内爆炸荷载,钢壳结构非常有效。当同时考虑冲击波荷载和破片危害时,可使用双层钢壳建筑物(两层钢壳之间通常装填一种能制止或减缓破片飞散的材料)或钢筋混凝土建筑物。为抵抗这些结构中形成的很高的平面荷载,对壳结构的防穿透性,需要专门设计。

对于抗爆结构来说,通常建筑物中常用的某些构造类型不可取。例如,脆性构造作为抗爆结构不适合。这种构造除容易遭受冲击波超载下灾难性的突然破坏外,还提供了飞散碎片的来源,这些碎片被冲击波气浪猛烈撞击时,会造成较大的伤害。属于这种类型构造的例子有无配筋的混凝土、砖、原木、石头、玻璃、塑料板和石棉板。在抗爆结构的外壳上,通常不应使用这些材料。如果在一个塑性结构中,某些构件的脆性不可避免,诸如轴向加载的钢筋混凝土柱或剪力墙,那么应提高这些构件的安全系数,即应当低估它们的承载能力。

(1)基础设计

对具有一定冲击波抗力的结构,其框架和基础肯定能够承受较大的横向荷载。这项要求类似于对抗震设计的要求。一般说来,属于抗震型的结构,在某种程度上也是抗爆结构。

(2)封闭结构

封闭结构是在核动力工业中已经使用的一种设计概念,现在在化学工业中受到关注。该结构用一种特定的结构将一个有潜在危险的作业包围起来,是为了预防可以想象到的最严重的事故后果而设计的。完全封闭的结构可能费用很高,并且会妨碍正常操作,但它们增加了安全性。特别是对发生失控化学反应或爆炸可能性很高的小规模试验工厂或实验室,可采用两个完全封闭的钢壳结构,可同时封闭冲击波和抑制破片。

6.5.3　建筑通风设计

1）一般要求

建筑中的防烟可采用机械加压送风防烟方式和可开启外窗的自然排烟两种方式。防烟楼梯间及其前室、消防电梯间前室或合用前室应设置防烟设施。下列场所应设置排烟设施：

①丙类厂房中建筑面积大于 300 m² 的地上房间；人员、可燃物较多的丙类厂房或高度大于 32 m 的高层厂房中长度大于 20 m 的内走道；任一层建筑面积大于 5 000 m² 的丁类厂房。

②占地面积大于 1 000 m² 的丙类仓库。

③总建筑面积大于 200 m² 或一个房间建筑面积大于 50 m² 且经常有人停留或可燃物较多的地下、半地下建筑或地下室、半地下室。

④其他建筑中长度大于 40 m 的疏散走道。

机械排烟系统与通风、空气调节系统宜分开设置。当合用时，必须采取可靠的防火安全措施，并应符合机械排烟系统的有关要求。防烟与排烟系统中的管道、风口及阀门等必须采用不燃材料制作。排烟管道应采取隔热防火措施或与可燃物保持不小于 150 mm 的距离。排烟管道的厚度应按现行国家标准《通风与空调工程施工质量验收规范》（GB 50243—2016）的有关规定执行。机械加压送风管道、排烟管道和补风管道内的风速应符合下列规定：

①采用金属管道时，不宜大于 20 m/s。

②采用非金属管道时，不宜大于 15 m/s。

2）自然排烟

设置自然排烟设施的场所，其自然排烟口的净面积应符合下列规定：

①防烟楼梯间前室、消防电梯间前室，不应小于 2 m²；合用前室，不应小于 3 m²。

②靠外墙的防烟楼梯间，每 5 层内可开启排烟窗的总面积不应小于 2 m²。

③其他场所，宜取该场所建筑面积的 2%~5%。

当防烟楼梯间前室、合用前室采用敞开的阳台、凹廊进行防烟，或前室、合用前室内有不同朝向且开口时，该防烟楼梯间可不设置防烟设施。作为自然排烟的窗口宜设置在房间的外墙上方或屋顶上，并应有方便开启的装置。自然排烟口距该防烟分区最远点的水平距离不应超过 30 m。

3）机械防烟

下列场所应设置机械加压送风防烟设施：

①不具备自然排烟条件的防烟楼梯间。

②不具备自然排烟条件的消防电梯间前室或合用前室。

③设置自然排烟设施的防烟楼梯间，其不具备自然排烟条件的前室。

机械加压送风防烟系统的加压送风量应经计算确定。当计算结果与表 6-15 的规定不一致时，应采用较大值。

表 6-15 最小机械加压送风量

条件和部位		加压送风量/(m³·h⁻¹)
前室不送风的防烟楼梯间		25 000
防烟楼梯间及其合用前室分别加压送风	防烟楼梯间	16 000
	合用前室	13 000
消防电梯间前室		15 000
防烟楼梯间采用自然排烟，前室或合用前室加压送风		22 000

注：表内风量数值是按开启宽×高 = 1.5 m×2.1 m 的双扇门为基础的计算值。当采用单扇门时，其风量宜按表列数值乘以 0.75 确定；当前室有两个或两个以上门时，其风量应按表列数值乘以 1.50~1.75 确定。开启门时，通过门的风速不应小于 0.7 m/s。

防烟楼梯间内机械加压送风防烟系统的余压值应为 40~50 Pa；前室、合用前室应为 25~30 Pa。防烟楼梯间和合用前室机械加压送风防烟系统宜分别独立设置。防烟楼梯间的前室或合用前室的加压送风口应每层设置 1 个。防烟楼梯间的加压送风口宜每隔 2~3 层设置 1 个。

机械加压送风防烟系统中送风口的风速不宜大于 7 m/s。高层厂房(仓库)的机械防烟系统的其他设计要求应按现行国家标准《高层民用建筑设计防火规范》(GB 50045—2005)有关规定执行。

4)机械排烟

当设置排烟设施的场所不具备自然排烟条件时，应设置机械排烟设施。需设置机械排烟设施且室内净高小于或等于 6 m 的场所应划分防烟分区，每个防烟分区的建筑面积不宜超过 500 m²，防烟分区不应跨越防火分区。防烟分区宜采用隔墙、顶棚下凸出不小于 500 mm 的结构梁以及顶棚或吊顶下凸出不小于 500 mm 的不燃烧体等进行分隔。机械排烟系统的设置应符合下列规定：

①横向宜按防火分区设置。

②竖向穿越防火分区时，垂直排烟管道宜设置在管井内。

③穿越防火分区的排烟管道应在穿越处设置排烟防火阀。排烟防火阀应符合《建筑通风和排烟系统用防火阀门》(GB 15931—2007)的有关规定。

在地下建筑和地上密闭场所中设置机械排烟系统时，应设置补风系统。当设置机械补风系统时，其补风量不小于排烟的 50%，机械排烟系统的排烟量应符合以下要求：

①担负一个或两个防烟分区排烟时，应按该部分面积每平方米不小于 60 m²/h 计算，但排烟风机的最小排烟风量不应小于 7 200 m²/h。

②担负 3 个或 3 个以上防烟分区排烟时，应按其中最大防烟分区面积每平方米不小于 120 m²/h 计算。

③中庭体积小于或等于 17 000 m² 时，排烟量应按其体积的 6 次/h 换气计算；中庭体积大于 17 000 m² 时，其排烟量应按体积的 4 次/h 换气计算，但最小排烟风量不应小于 102 000 m²/h。

6.5.4 建筑温控设计

1)建筑材料高温性能影响因素

建筑物是由各种建筑材料建造起来的。这些建筑材料高温下的性能直接关系建筑物的火灾危险性大小,以及发生火灾后火势扩大蔓延的速度。对于结构材料而言,在火灾高温作用下力学强度的降低直接关系建筑的安全。必须研究建筑材料在火灾高温下的各种性能,在建筑防火设计时科学合理地选用建筑材料,以减少火灾损失。

在建筑防火方面,通常从以下5个方面衡量建筑材料的高温性能:

①燃烧性能。材料的燃烧性能包括着火性、火焰传播性、燃烧速度和发热量等。

②力学性能。材料的力学性能包括材料在高温作用下力学性能(尤其是强度性能)随温度的变化关系。对结构材料,在火灾高温作用下保持一定的强度至关重要。

③发烟性能。可燃材料燃烧时会产生大量的烟,它除对人身造成危害之外,还严重妨碍人员的疏散行动和消防扑救工作。在许多火灾中,大量死难者并非烧死,而是烟气窒息造成死亡。

④毒性性能。在生成烟气的同时,材料燃烧或热解中会产生一定的毒性气体。据统计,建筑火灾中人员死亡80%为烟气中毒而死,对材料的潜在毒性必须加以重视。

⑤隔热性能。在隔绝火灾高温热量方面,材料的导热系数和热容量是两个较为重要的影响因素。此外,材料的膨胀、收缩、变形、裂缝、熔化、粉化等因素对隔热性能有较大的影响,这是因为在实际中,构造做法与隔热性能直接相关,而这些因素影响着构造做法。

选用建筑材料时必须综合考虑上述5个因素。但是,材料的种类、使用目的和作用等不相同,在考虑其防火性能时应有所侧重。例如,对用于承重构件的砖、石、混凝土、钢材等材料,由于它们同属无机材料,具有不燃性,因此在考虑其防火性能时重点在于其高温下的力学性能及隔热性能。而对塑料、木材等材料,由于其是有机材料,具有可燃性,在建筑中主要用作装修和装饰材料,因此在考虑其防火性能时,应侧重燃烧性能、发烟性能及燃烧毒性。

2)建筑材料的高温性能

(1)钢材

钢材是建筑上主要的金属材料之一,研究温度对钢材工作性能的影响是十分必要的,对防火防爆工作具有十分重要的意义。在高温下钢材强度随温度升高而降低,降低的幅度因钢材温度和钢材种类而不同。在建筑结构中广泛使用的普通低碳钢的力学性质随温度升高的变化特性如图6-23所示。由图可知,当钢材温度在200℃以内其强度基本不变;温度在250℃左右时,极限强度有局部性提高;超过300℃以后,屈服点及极限强度均开始显著下降;达到600℃时则强度几乎等于零,出现"钢筋变面条"现象。

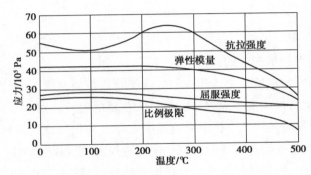

图 6-23　普通低碳钢高温力学性质

　　普通低合金钢在高温下的强度变化与普通碳素钢基本相同,在 200~300 ℃ 的温度范围内极限强度增加,当温度超过 300 ℃ 后,强度逐渐降低。

　　冷加工钢筋是普通钢筋经过冷拉、冷拔、冷轧等加工强化过程得到的钢材,其内部晶格架构发生畸变,强度增加而塑性降低。这种钢材在高温下,内部晶格的畸变随着温度升高而逐渐恢复正常,冷加工所提高的强度逐渐减少和消失,塑性得到一定恢复。在相同温度下,冷加工钢材强度降低值比未加工钢筋大很多。当温度达到 300 ℃ 时,冷加工钢筋强度降低约 30%;500 ℃ 时强度急剧下降,降低约 50%;500 ℃ 左右时,其屈服强度接近甚至小于未冷加工钢筋在相应温度时的强度。

　　高强钢丝用于预应力钢筋混凝土结构。它属于硬钢,没有明显的屈服极限。在高温下,高强钢丝的抗拉强度的降低比其他钢筋快。当温度在 150 ℃ 以内时,强度不降低;温度达到 350 ℃ 以上时,强度降低约 50%;400 ℃ 时强度下降约 60%;500 ℃ 时强度下降 80% 以上。

　　预应力钢筋混凝土构件由于所用的冷加工钢筋和高强钢丝,在火灾高温下强度下降明显大于普通低碳钢筋和低合金钢筋,因此其耐火性能低于非预应力钢筋混凝土构件。

　　(2)混凝土和钢筋混凝土

　　①混凝土。混凝土是以胶凝材料、水、细骨料、粗骨料,必要时掺入化学外加剂和矿物质混合材料,按适当比例均匀拌制、密实成型、养护硬化而成的人工石材。

　　建筑工程中用量最大、用途最广的是以水泥为胶凝材料配制而成的水泥混凝土,其中表观密度为 1 950~2 500 kg/m³。用天然的砂、石作为骨料配制而成的称为普通混凝土,一般在施工现场用人工或机械拌制,近年来集中搅拌,供应现场使用的商品混凝土在我国得到迅速发展。

　　普通混凝土有许多优点,可根据不同要求配制各种不同性质的混凝土:在凝结前具有良好的塑性,可以浇制成各种形状和大小的构件或结构物;与钢筋有牢固的黏结力,能制作钢筋混凝土结构和构件;经硬化后有抗压强度高与耐久性良好的特性;其组成材料中砂、石等地方材料占 80% 以上,符合就地取材和经济的原则。

　　A.抗压强度。。混凝土在高温作用下:温度不超过 300 ℃ 时,抗压强度变化不明显;温度在 400~500 ℃ 时,开始出现裂缝,抗压强度受到一定影响;温度在 600~700 ℃ 时,抗压强度下降较多;温度在800~900℃时,抗压强度几乎全部丧失,酥裂破坏。如图6-24所示为混凝土的抗压强度随温度升高而变化的情况。

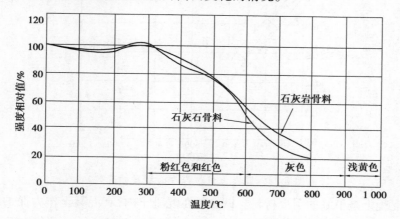

图6-24 高温混凝土抗压强度变化

混凝土在高温作用下抗压强度降低的主要原因如下:

a.混凝土各组成材料的热膨胀不同。在温度较高的(超过300℃)情况下,水泥石脱水收缩,而骨料受热膨胀,胀缩的不一致性使混凝土中产生很大的内应力,不但破坏了水泥石与骨料间的黏结,而且会把包裹在骨料周围的水泥石撑破。

b.水泥石内部产生一系列物理化学变化。如水泥主要水化产物 $Ca(OH)_2$、水化铝酸钙等的结晶水排出,使结构变得疏松。

c.骨料内部的不均匀膨胀和热分解。如花岗岩和砂岩内石英颗粒膨胀的方向性及晶形转变(温度达到573℃,870℃),石灰岩中 $CaCO_3$ 的热分解(825℃),导致骨料强度的下降。

骨料在混凝土组成中占绝大部分。骨料的种类不同,性质也不同,直接影响混凝土的高温强度。用膨胀性小、性能较稳定、粒径较小的骨料配制的混凝土在高温下抗压强度保持较好。此外,采用高标号水泥、减少水泥用量、减少含水量有利于保持混凝土在高温下的强度。

混凝土在火灾条件下温度不超过500℃时,火灾后在空气中冷却1个月时抗压强度降至最低,此后随着时间的增长,强度逐渐回升,1年后的强度可恢复到加热前的90%。混凝土温度超过500℃后,强度则不能恢复。

B.抗拉强度。在火灾高温条件下,混凝土的抗拉强度随温度上升而明显下降,下降幅度比抗压强度大10%~15%。当温度超过600℃后,混凝土抗拉强度则基本丧失,如图6-25所示。混凝土抗拉强度发生下降是高温下混凝土中的水泥石产生微裂缝造成的。

②钢筋混凝土。钢筋混凝土是钢筋与混凝土的结合。混凝土的抗压性能较好,但抗拉性能较差,一般仅为抗压强度的1/10。在混凝土构件内放置钢筋的主要目的,是加强构件受拉区域的受拉性能,这样可以充分利用混凝土的抗压性能和钢筋的抗拉性能。

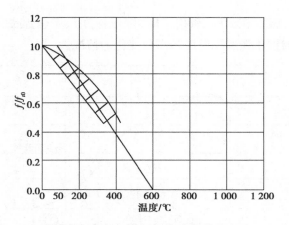

图 6-25　混凝土抗拉强度随温度的变化

钢筋混凝土是很好的耐火材料。钢筋包在混凝土内,有混凝土作为保护层,不致因燃烧而很快达到钢筋的危险温度。钢筋的升温速度与骨料的传热性能有关,在受热低于 400 ℃ 时,两者能够共同受力,温度再高,变形加大。钢筋与混凝土的膨胀性能不同,使两者之间的黏着力受到破坏,造成相互脱离,使受力条件受到影响。

为了使钢筋混凝土在受热条件下,混凝土与钢筋之间的黏着力不致受到较大影响,受拉主筋宜采用螺纹钢筋,如必须采用光圆钢筋时,其工作温度不宜超过 100 ℃。高温下混凝土与钢筋之间黏结强度相对值,见表 6-16。

表 6-16　混凝土与钢筋之间黏结强度相对值

温度/℃	100	200	300	400	500	600	700
光圆钢筋	0.7	0.55	0.4	0.32	0.05	—	—
螺纹钢筋	1.00	1.00	0.85	0.65	0.45	0.28	0.10

③预应力钢筋混凝土。应力就是材料在外力作用下内部产生的相应的抵抗力(抗拉或抗压)。外力加大,应力随之加大。预应力钢筋混凝土是在外荷载加到结构上去以前,预先用某种方法在混凝土中(主要在受拉区)施加压力,所产生的预压应力可以抵消外荷载引起的拉应力的一部分或全部,这就是预应力混凝土。如果预加的压力是通过钢筋产生的,那就是预应力钢筋混凝土。

预应力钢筋混凝土中的钢筋若加热到 200 ℃ 时,其预加应力将减少 45% ~ 50%,若加热到 300 ℃,就会失去全部预加应力。

在加热生产中试验时可知,预应力钢筋混凝土构件在受热数分钟后,主拉钢筋受热伸长,出现一次突然的较大变形。预应力钢筋混凝土在耐火性能上不如普通钢筋混凝土。

（3）石材

石材是一种耐火性较好的材料。石材在温度超过 500 ℃ 以后,强度降低较明显,含石英质的石材还会发生爆裂。出现这种情况的原因是:石材在火灾高温作用下,沿厚度方向存在较大的温度梯度,内外膨胀大小不一致而产生内应力,使石材强度降低,甚至使石材破裂;石材中的石英晶体,在 573 ℃和 870 ℃时会发生晶形转变,体积增大,导致强度急剧下降,并出现爆裂现象;含碳酸盐的石材(大理石、石灰石),在高温下会发生分解反应,分解生成 CaO,其强度低,且遇水会消解成 $Ca(OH)_2$。

(4)木材

木材作为建筑材料有许多优良性能,如质轻、强度较高、弹性韧性好、易于加工,导热性低、耐久性好和装饰性好等。但存在很多缺点,因它是由碳、氢、氧等元素组成的有机化合物,故有可燃性,在建材中属可燃材料。

木材在起火前首先进行热分解。木材由常温开始逐步加热,最初是蒸发水分,水分蒸发完以后继续加热,木材便开始热分解。大部分木材超过 100 ℃就可发生热分解,分解的主要产物有可燃气体(一氧化碳、氢气等)和不燃气体(二氧化碳、水蒸气等)。进一步加热,木材开始炭化,当温度超过 200 ℃时,木材颜色变黑。当温度在 240~270 ℃时木材可点燃,达到 400 ℃可自燃。随着燃烧的进行,其碳化体积增大,强度下降。表 6-17 为木材不同燃烧温度时的色泽变化情况。

表 6-17　木材燃烧的温度与色泽

颜色	温度/℃	颜色	温度/℃
黑	400	橙黄色	1 100
稍有红色	500	鲜明橙黄色	1 200
暗红色	700	白色	1 300
樱红色	900	耀眼白色	1 500
鲜明樱红色	1 000		

为克服木材容易燃烧的缺点,可以通过以下几种方法有效地对木材进行阻燃处理:

①加压浸注。这种方法是将木材浸在容器内的阻燃剂溶液中,对容器内加压一段时间,将阻燃剂压入木材细胞中。常用的阻燃剂有磷酸铵、硫酸铵、硼酸铵、氯化铵、硼酸、氯化镁等。

②常压浸注。这种方法是在常压、室温或加温约 95 ℃状态下将木材浸泡在阻燃剂溶液中。

③表面涂刷。这种方法是在木材表面涂刷一层具有一定防火作用的防火涂料,形成保护性的阻火膜。

(5)其他建筑材料

①硅酸盐砖。这种砖是由炉渣、粉煤灰、石灰等混合烘干制成的,在 300~400 ℃时开始分解,放出 CO_2,并自身开裂,不能作为耐热材料使用。

②石膏板、石膏块。在高温下大量吸热而脱水分解,易开裂,遇水易受破坏,但它们是良好的隔热材料。

③普通平板玻璃。在 700~800 ℃时软化,900~950 ℃时熔化。但在火灾条件下,大多数玻璃在 250 ℃左右时便碎裂,这主要是由门窗的边框限制了玻璃的自动变形造成的。

④砂浆抹灰层。作为某些结构构件的保护层使用，一般均能耐 800 ℃ 以上的高温。当其与所覆盖的结构表面结合牢固时，若灰层厚达 10~20 mm，可使构件的耐火时间延长约半小时。

⑤胶合板、纤维板。前者是用薄木板纵横叠放黏结而成的，后者则是用分层人造纤维网黏结而成的。它们的燃烧性能与所用的黏结剂有关。一般使用树脂型黏结剂的人造板为易燃或难燃板，使用无机黏结剂的板为不燃板。

⑥塑料板。人工合成的高分子材料，其耐热性差，适用温度一般为 60~150 ℃。在火灾中大多数塑料可以熔化，或发生滴落，或到处流淌，容易加剧火灾蔓延，塑料燃烧时可产生大量有害烟气。

⑦专用绝热材料。这类产品很多，如矿渣棉及其制品、珍珠岩及其制品、膨胀蛭石及其制品、岩棉及其制品、硅酸铝及其制品等。它们均可用于结构构件的防火保护。

6.5.5 建筑泄爆设计

泄放是为防止空间内部因爆炸而发生破坏所广泛采用的方法。其基本理念为在爆炸初始或扩展阶段，将包围体内燃烧物通过泄爆口向安全方向泄出，使包围体内的压力无法上升到其破裂或变形的程度。其设计关键是合理、有效的泄压面积。泄压面积的计算牵涉建筑体的质量、外观、选用的材料、采光、通风等问题，但是在考虑这些因素之前，必须要进行泄压面积的计算。有防爆厂房设计经验的建筑设计人员都知道，中国建筑防爆设计的主要依据为《建筑设计防火规范》（GB 50016—2021）。

厂房泄爆面积计算如下所示。

①我国厂房泄爆设计。《建筑设计防火规范》（GB 50016—2021）在泄压设计方面有明确的要求。具体如下：

a.有爆炸危险的甲、乙类厂房宜独立设置，并宜采用敞开式或半敞开式。其承重结构宜采用钢筋混凝土或钢框架、排架结构。

b.有爆炸危险的厂房或厂房内有爆炸危险的部位应设置泄压设施。

c.泄压设施宜采用轻质屋面板、轻质墙体和易于泄压的门、窗等，应采用安全玻璃等在爆炸时不产生尖锐碎片的材料。

泄压设施的设置应避开人员密集场所和主要交通道路，并宜靠近有爆炸危险的部位。作为泄压设施的轻质屋面板和墙体的质量不宜大于 60 kg/m²。屋顶上的泄压设施应采取防冰雪积聚措施。

d.厂房的泄压面积宜按下式计算，但当厂房的长径比大于 3 时，宜将建筑划分为长径比不大于 3 的多个计算段，各计算段中的公共截面不得作为泄压面积：

$$A_V = 10CV^{\frac{2}{3}} \tag{6-19}$$

式中 A_V——泄压面积，m²；

V——厂房的容积，m³；

C——厂房容积为 1 000 m³ 时的泄压比，可按表6-18选取。

表 6-18　厂房内爆炸性危险物质的类别与泄压比值

厂房内爆炸性危险物质的类别	C 值/$(\mathrm{m}^2 \cdot \mathrm{m}^{-3})$
氨以及粮食、纸、皮革、铅、铬、铜等 $K_{尘} < 10\ \mathrm{MPa} \cdot \mathrm{m} \cdot \mathrm{S}^{-1}$ 的粉尘	≥0.03
木屑、炭屑、煤粉、锑、锡等 $10\ \mathrm{MPa} \cdot \mathrm{m} \cdot \mathrm{S}^{-1} \leqslant K_{尘} \leqslant 30\ \mathrm{MPa} \cdot \mathrm{m} \cdot \mathrm{S}^{-1}$ 的粉尘	≥0.055
丙酮、汽油、甲醇、液化石油气、甲烷喷漆间或干燥室，以及苯酚树脂，铝、镁、锆等 $K_{尘} > 30\ \mathrm{MPa} \cdot \mathrm{m} \cdot \mathrm{S}^{-1}$ 的粉尘	≥0.110
乙烯	≥0.160
乙炔	≥0.200
氢	≥0.250

注:长径比为建筑平面几何外形尺寸中的最长尺寸与其横截面周长的积和 4 倍的建筑横截面积之比;$K_{尘}$ 是指粉尘爆炸指数。

e.散发较空气轻的可燃气体、可燃蒸气的甲类厂房,宜采用轻质屋面板作为泄压面积。顶棚应尽量平整、无死角,厂房上部空间应通风良好。

f.散发较空气重的可燃气体、可燃蒸气的甲类厂房和有粉尘、纤维爆炸危险的乙类厂房,应符合下列规定:应采用不发火花的地面;采用绝缘材料作整体面层时,应采取防静电措施;散发可燃粉尘、纤维的厂房,其内表面应平整、光滑,并易于清扫;厂房内不宜设置地沟,确需设置时,其盖板应严密,地沟应采取防止可燃气体、可燃蒸气和粉尘、纤维在地沟积聚的有效措施,且应在与相邻厂房连通处采用防火材料密封。

g.有爆炸危险的甲、乙类生产部位,宜布置在单层厂房靠外墙的泄压设施或多层厂房顶层靠外墙的泄压设施附近。有爆炸危险的设备宜避开厂房的梁、柱等主要承重构件布置。

h.有爆炸危险的甲、乙类厂房的总控制室应独立设置。

i.有爆炸危险的甲、乙类厂房的分控制室宜独立设置,当贴邻外墙设置时,应采用耐火极限不低于 3 h 的防火隔墙与其他部位分隔。

j.有爆炸危险区域内的楼梯间、室外楼梯或有爆炸危险的区域与相邻区域连通处,应设置门斗等防护措施。门斗的隔墙应为耐火极限不应低于 2 h 的防火隔墙,门应采用甲级防火门并应与楼梯间的门错位设置。

k.使用和生产甲、乙、丙类液体的厂房,其管、沟不应与相邻厂房的管、沟相通,下水道应设置隔油设施。

l.甲、乙、丙类液体仓库应设置防止液体流散的设施。遇湿会发生燃烧爆炸的物品的仓库应采取防止水浸渍的措施。

m.有粉尘爆炸危险的筒仓,其顶部盖板应设置必要的泄压设施。粮食筒仓工作塔和上通廊的泄压面积应按《建筑设计防火规范》(GB 50016—2021)第 3.6.4 条的规定计算确定。有粉尘爆炸危险的其他粮食储存设施应采取防爆措施。

n.有爆炸危险的仓库或仓库内有爆炸危险的部位,宜按《建筑设计防火规范》

（GB 50016—2021）的相关规定采取防爆措施、设置泄压设施。

②美国厂房泄爆设计（NFPA68）。NFPA68 共分 10 个章节。第一、二、三章为实施、引用的出版物和定义，第四章为爆燃的基本原理，第五章为泄爆的基本原理，第六章为气体混合物和雾的泄爆设计，第七章为粉尘和合成混合物的泄爆设计，第八章为在大气压力或接近大气压力作用下管道内气体和粉尘的泄爆设计，第九章为对泄爆开关装置的说明，第十章为检修与维护。措施的界限十分清晰，对不同的物质、具体的场所都作了相应的分类。泄爆设计中，运用对应的公式，代入对应的参数，得出对应的泄压面积。

NFPA68 中，规定泄压面积构配件的每平方米质量不应超过 12.5 kg。第六章对气体混合物和雾的泄爆设计作了详细的阐述。其中 6.2 节是关于低强度封闭空间内气体或雾气爆燃的泄爆设计。里面给出了一条关于低强度封闭空间泄压面积的计算公式：

$$A_V = C(A_S)p_{red}^{\frac{1}{2}} \tag{6-20}$$

式中 A_V——泄压面积，m^2；

A_S——封闭空间的内表面积，m^2；

C——泄压换算常量；

p_{red}——介质爆炸泄放过程的最大压力（此最大压力不超过容器所能承受的压力）。

该公式只适应于低强度的结构，应用该方程式不考虑容器的形状，长宽比不可超过 3，且 $p_{red} \leqslant 10$ kPa。目前该方程用于计算爆破片的静态动作压力不超过 0.1 MPa，容器内介质为甲烷和丙烷等类可燃气体，p_{red} 是燃爆泄放过程的最大爆炸超压。该方程不适用于燃烧速度快的，如氢气类介质，氢气类介质燃烧速度过快，有可能发生爆轰，即使没有爆轰，也必须考虑泄放装置的动态响应。当 $p_{red} > 10$ kPa 时，属于高强度封闭空间。

对泄压构件和泄压面积及其设置的要求如下：

a.泄压轻质屋盖。根据需要可分别由石棉水泥波形瓦和加气混凝土等材料制成，并有保温层或防水层、无保温层或无防水层之分。

b.泄压轻质外墙分为有保温层、无保温层两种形式。常采用石棉水泥瓦作为无保温层的泄压轻质外墙，而有保温层的轻质外墙则是在石棉水泥瓦外墙的内壁加装难燃木丝板作保温层，用于要求采暖保温或隔热降温的防爆厂房。

c.泄压窗有多种形式，如轴心偏上中悬泄压窗、抛物线形塑料板泄压窗等。窗户上通常安装厚度不超过 3mm 的普通玻璃。要求泄压窗能在爆炸力递增稍大于室外风压时，能自动向外开启泄压。

d.泄压设施的泄压面积与厂房体积的比值（m^2/m^3）宜为 0.05～0.22。爆炸介质威力较强或爆炸压力上升速度较快的厂房，应尽量加大比值。体积超过 1 000 m^3 的建筑，当采用上述比值有困难时，可适当降低，但不宜小于 0.03。

e.作为泄压面积的轻质屋盖和轻质墙体质量每平方米不宜超过 120 kg。

f.散发较空气轻的可燃气体、可燃蒸气的甲类厂房宜采用全部或局部轻质屋盖作为泄压设施。

g.泄压面积的设置应避开人员集中的场所和主要交通道路，并宜靠近容易发生爆炸的部位。

h.当采用活动板、窗户、门或其他铰链装置作为泄压设施时,必须注意防止打开的泄压孔在爆炸正压冲击波之后出现负压而关闭。

i.爆炸泄压孔不能受到其他物体的阻碍,不允许冰、雪妨碍泄压孔和泄压窗的开启,需要经常检查和维护。

j.当起爆点能确定时,泄压孔应设在距起爆点尽可能近的地方。当采用管道把爆炸产物引导到安全地点时,管道必须尽可能短而直,且应朝向陈放物少的方向设置,因为任何管道泄压的有效性都随着管道长度的增加而按比例减小。

泄爆面积算例:

某甲类厂的合成车间为地上三层钢筋混凝土框架结构,建筑物长 92.4 m,宽 21.6 m,高 22.1 m,占地面积 1 995.84 m²,建筑面积 6 423.63 m²,生产类别为甲类,二级耐火等级。生产车间严格按照《建筑设计防火规范》(GB 50016—2021)和工艺布局的要求进行布置,将车间按生产线和工艺要求划分防火分区。防火分区面积均符合规范要求,每个防火分区按规范要求设置多部封闭楼梯间,楼梯间均采用乙级防火门。防火分区之间采用耐火极限不低于 4 h 的防火墙分隔。有爆炸危险的甲类生产部位位于建筑物外墙的泄压设施附近。安全出口处设防爆门斗与车间其他部分进行防火分隔,防爆门斗设甲级防火门。车间泄爆主要以专业防爆泄压外墙板为主,泄向人流量较少的场地。防爆区采用不发火、防静电的花岗岩地面,防爆区域门窗采用甲级防火门、钢质平开门及塑钢钢化玻璃窗。

防爆泄压面积依据现行《建筑设计防火规范》(GB 50016—2021)第 3.6.4 条规定,按照公式计算:

$$A = 10CV^{\frac{2}{3}} \tag{6-21}$$

式中　A——泄压面积,m²;

　　　V——厂房的容积,m³;

　　　C——泄压比,可按表 6-18 中选取,m²/m³。

根据工艺生产要求,该车间内甲类爆炸物质主要车间生产使用的防爆介质为甲醇、乙醇、丙酮,其 C 值≥0.11。另外,当厂房的长径比大于 3 时,宜将该建筑划分为长径比小于等于 3 的多个计算段,各计算段中的公共截面不作为泄压面积。请结合资料和图纸,计算该栋建筑第一层的泄压面积。

(1)泄压面积

防爆区爆炸介质为甲醇、乙醇、丙酮,层高 6.5 m,泄压比 C 采用 0.11;按照长径比的计算方法,整个厂房计算长径比大于 3,则将第一层防爆区分为 4 段计算:第一段为轴线①—⑤;第二段为轴线⑤—⑨;第三段为轴线⑨—⑪;第四段为轴线⑪—⑭。从左到右长度依次为 29.2,22.2,15.6,23.4 m,如图 6-26 所示。

①长径比

轴线①—⑤长径比:$\dfrac{29.2 \times 2(20+6.5)}{(4 \times 20 \times 6.5)} = 2.98 \leqslant 3$

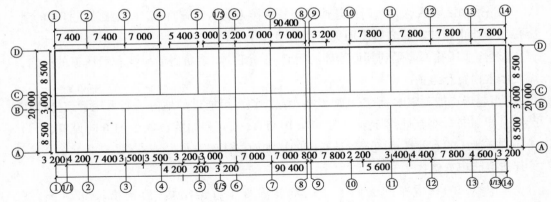

图 6-26 平面防爆区示意图

轴线⑤—⑨长径比：$\dfrac{22.2 \times 2(20+6.5)}{(4 \times 20 \times 6.5)} = 2.26 \leqslant 3$

轴线⑨—⑪长径比：$\dfrac{20 \times 2(15.6+6.5)}{(4 \times 15.6 \times 6.5)} = 2.18 \leqslant 3$

轴线⑪—⑭长径比：$\dfrac{23.4 \times 2(20+6.5)}{(4 \times 20 \times 6.5)} = 2.38 \leqslant 3$

②所需泄爆面积

$$A_{理论1} = 10CV^{\frac{2}{3}} = 10 \times 0.11 \times (20 \times 29.2 \times 6.5)^{\frac{2}{3}} = 267.68(\mathrm{m}^2)$$

$$A_{理论2} = 10CV^{\frac{2}{3}} = 10 \times 0.11 \times (20 \times 22.2 \times 6.5)^{\frac{2}{3}} = 222.98(\mathrm{m}^2)$$

$$A_{理论3} = 10CV^{\frac{2}{3}} = 10 \times 0.11 \times (20 \times 15.6 \times 6.5)^{\frac{2}{3}} = 176.24(\mathrm{m}^2)$$

$$A_{理论4} = 10CV^{\frac{2}{3}} = 10 \times 0.11 \times (20 \times 23.4 \times 6.5)^{\frac{2}{3}} = 230.94(\mathrm{m}^2)$$

所需总泄爆面积

$$S_{理论} = A_{理论1} + A_{理论2} + A_{理论3} + A_{理论4} = 267.68 + 222.98 + 176.24 + 230.94 = 897.8(\mathrm{m}^2)$$

（2）判定

根据计算结果，判定该建筑一层泄压面积是否合规。无论是否合规，给出建议。

当厂房的长径比大于 3 时，将该建筑划分为长径比小于等于 3 的多个计算段，实际泄爆面积 $S_{实际} = 920.4(\mathrm{m}^2)$，$S_{实际} > S_{理论}$，符合规范要求。

另外，泄压设施方面不可忽视，防爆区外墙采用专业防爆泄压外墙板，泄压可采用轻质屋面板、轻质墙体和易于泄压的门、窗等，作为泄压设施轻质屋面板和轻质墙体的单位质量不宜超过 60 kg/m²。

并避开人员密集场所和主要交通道路，车间内严格按照《建筑内部装修设计防火规范》（GB 50222—2017）进行设计，车间外窗采用塑钢单框单玻窗，外门采用钢质平开门，车间内部关键部位设甲级防火门，吊顶采用非燃烧材料。另外，在建筑结构方面可以加强多项措施，主要建筑结构采用钢筋混凝土框架结构，建筑主要承重构件梁、柱、楼板、楼梯等均为钢筋混凝土构件，防火墙、防爆墙耐火极限均应满足不小于二级的要求。

对具体的一种爆炸介质，计算中 C 值选取时有人为因素存在，会导致选取的值符合规范规定,但设计结果存在不安全或要求过严的现象,同时,防爆泄压面积与爆炸介质的基本燃烧速度、厂房的内表面积、厂房的形状等因素有关。今后要进一步加强这方面的研究,使厂房防爆泄压面积的计算更科学、更合理。

复习思考题

1.哪些场所需要进行防爆设计?请以身边的场所或熟知的领域进行举例说明。

2.防爆设计的基本思路是什么?

3.请论述主动和被动隔抑爆技术之间的区别?并举例说明。

4.哪些场所需要设计电气防爆?

5.惰化防爆的原理是什么?有什么注意事项?

6.列举出 4 种及以上的隔爆抑爆技术或措施。

7.说明泄爆设计的重要性?举例说明。

8.建筑防爆设计需要考虑哪些因素,都有哪些注意事项?

案例分析

[1] 杨泗霖.防火与防爆[M].北京:首都经济贸易大学出版社,2020.

[2] 刘景良,董菲菲.防火防爆技术[M].北京:化学工业出版社,2021.

[3] 余明高.防火与防爆[M].徐州:中国矿业大学出版社,2007.

[4] 胡广霞.防火防爆技术[M].北京:中国石化出版社,2018.

[5] 范维澄,孙金华,陆守香.火灾风险评估方法学[M].北京:科学出版社,2004.

[6] 公安部政治部.消防燃烧学[M].北京:中国人民公安大学出版社,2006.

[7] 姜迪宁.防火防爆工程学[M].北京:化学工业出版社,2015.

[8] 张英华,黄志安,高玉坤.燃烧与爆炸学[M].北京:冶金工业出版社,2015.

[9] 李本利,陈智慧.消防技术装备[M].北京:中国人民公安大学出版社,2014.

[10] 郑端文,刘海辰.消防安全技术[M].北京:化学工业出版社,2004.

[11] 伍爱友.防火与防爆工程[M].北京:国防工业出版社,2014.

[12] 李斌.防火与防爆工程[M].哈尔滨:哈尔滨工业大学出版社,2016.

[13] 余明高,阳旭峰,郑凯.我国煤矿瓦斯爆炸抑爆减灾技术的研究进展及发展趋势[J].煤炭学报,2020,45(1):21.

[14] 程方明,南凡,罗振敏.瓦斯抑爆材料及机理研究进展与发展趋势[J].煤炭科学技术,2021,49(8):114-124.

[15] 司荣军,李润之.低浓度含氧瓦斯爆炸动力特性及防控关键技术[J].煤炭科学技术,2020,48(10):20.

[16] 张迎新,吴强,刘传海,等.惰性气体 N_2/CO_2 抑制瓦斯爆炸实验研究[J].爆炸与冲击,2017,5:906-912.

[17] 胡洋,吴秋遐,庞磊,等.惰性气体抑制瓦斯爆燃火焰传播特性实验研究[J].中国安全生产科学技术,2021,11:72-78.

[18] Li M, Xu J, Wang C, et al. Thermal and kinetics mechanism of explosion mitigation of methane-air mixture by N_2/CO_2 in a closed compartment[J]. Fuel, 2019, 11: 1-9.

[19] Jingyan W, Yuntao L, Fuchao T, et al. A numerical study on the effect of CO_2 addition for methane explosion reaction kinetics in confined space[J]. Scientific Reports, 2021, 11: 42-49.

[20] Cui C, Shao H, Jiang S, et al. Experimental study on gas explosion suppression by coupling CO_2 to a vacuum chamber[J]. Powder Technology, 2018, 4: 42-53.

［21］A.M. Na'inna, H.N. Phylaktou, G.E. Andrews. Prediction of distance to maximum intensity of turbulence generated by grid plate obstacles in explosion-induced flows ［J］. Journal of Loss Prevention in the Process Industries, 2020, 3: 106-112.

［22］Ke G, Shengnan L, Yujiao L, et al. Effect of flexible obstacles on gas explosion characteristic in underground coal mine［J］. Process Safety and Environmental Protection, 2021, 11: 362-369.

［23］杨克,邢志祥,纪虹,等.超细水雾抑制甲烷爆炸的影响因素分析[J].中国安全科学学报,2018,28(11):66-71.

［24］余明高,万少杰,徐永亮.荷电细水雾对管道瓦斯爆炸超压的影响规律研究[J].中国矿业大学学报,2015,44(2):227-232.

［25］李定启,吴强,余明高.细水雾影响瓦斯爆炸浓度下限的实验研究[J].煤矿安全,2008,11:5-7,10.

［26］曹兴岩,任婧杰,毕明树,等.超细水雾雾化方式对甲烷爆炸过程影响的实验研究[J].煤炭学报,2017,7:1795-1802.

［27］杨克,周越,周扬,等.含PPFBS超细水雾抑制甲烷爆燃的实验研究[J].安全与环境工程,2020,6:174-180.

［28］Yifan S, Qi Z. Quantitative research on gas explosion inhibition by water mist［J］. Journal of Hazardous Materials, 2019, 5: 16-25.

［29］Xingyan C, Mingshu B, Jingjie R, et al. Experimental research on explosion suppression affected by ultrafine water mist containing different additives ［J］. Journal of Hazardous Materials, 2019, 4: 613-620.

［30］Xingyan C, Jingjie R, Mingshu B, et al. Experimental research on methane/air explosion inhibition using ultrafine water mist containing additive［J］. Journal of Loss Prevention in the Process Industries, 2016, 9: 352-360.

［31］Minggao Y, Shaojie W, Liang X, et al. The influence of the charge-to-mass ratio of the charged water mist on a methane explosion［J］. Journal of Loss Prevention in the Process Industries, 2016, 4: 68-76.

［32］Minggao Y, Shaojie W, Liang X, et al. Suppressing methane explosion overpressure using a charged water mist containing a NaCl additive［J］. Journal of Natural Gas Science and Engineering, 2016, 2: 21-29.

［33］沈鑫,闫万俊,何启林,等.高瓦斯易自燃综放工作面停采期抑爆防灭火技术[J].煤矿安全,2021,11:77-81,87.

［34］Rongzheng L, Meichang Z, Baoshan J. Inhibition of Gas Explosion by Nano-SiO$_2$ Powder under the Condition of Obstacles［J］. Integrated Ferroelectrics, 2021, 1: 305-321.

［35］王婷,王信群,吕岳,等.超细活性及惰性粉体对甲烷/空气预混物层流火焰传播的影响[J].煤炭学报,2016,7:1720-1727.

［36］王燕,林晨迪,郑立刚,等.草酸盐粉体抑制甲烷爆炸的试验研究[J].安全与环

境学报,2020,4:1327-1333.

[37] 王亚磊,郑立刚,于水军,等.NaHCO$_3$分散状况对其抑制甲烷爆炸的影响研究[J].中国安全科学学报,2018,11:80-85.

[38] Yimin Z, Yan W, Xiangqing M, et al. The Suppression Characteristics of NH$_4$H$_2$PO$_4$/Red Mud Composite Powders on Methane Explosion[J]. Applied Sciences, 2018, 9: 23-29.

[39] Yan W, Yishen C, Minggao Y, et al. Methane explosion suppression characteristics based on the NaHCO$_3$/red-mud composite powders with core-shell structure[J]. Journal of hazardous materials, 2017, 5: 84-91.

[40] 段玉龙,杨燕铃,李元兵,等.滑移装置抑制甲烷爆炸影响分析[J].中国安全生产科学技术,2021,17(04):122-127.

[41] Yulong D, Yanling Y, Yuanbing L, et al. Experimental study of premixed methane/air gas suppression by sliding porous media with different elasticity coefficients[J]. International Communications in Heat and Mass Transfer, 2021, 126: 105420.

[42] Yulong D, Yanling Y, Yuanbing L, et al. Influence of Initial Position of Sliding Device on Premixed Methane/air Gas Explosion Flame at Driving Face in Coal Mine[J]. Combustion Science and Technology, 2021, 1932851: 1-23.

[43] Yulong D, Yanling Y, Yuanbing L, et al. Study on the explosion characteristics of methane/air premixed gas under the inhibition of sliding airtight device[J]. Energy Sources Part A Recovery Utilization and Environmental Effects, 2020, 1776799: 1-17.

[44] 徐景德,张延炜,胡洋,等.管道内金属网对瓦斯爆炸冲击波抑制作用的实验研究[J].煤矿安全,2021,1:20-24.

[45] 袁必和,张玉铎,员亚龙.多孔聚丙烯复合材料的抑爆性能研究[J].中国安全科学学报,2021,31(08):91-96.

[46] 段玉龙,王硕,贺森,等.多孔材料下气体爆炸转扩散燃烧的特性研究[J].爆炸与冲击,2020,40(09):113-121.

[47] 陆明飞,丛立新,周军伟.瓦斯爆燃火焰在波纹阻火器内淬熄特性分析[J].煤炭学报,2022(004):047.

[48] Yulong D, Fengying L, Jun H, et al. Effects of porous materials with different thickness and obstacle layout on methane/hydrogen mixture explosion with low hydrogen ratio[J]. International Journal of Hydrogen Energy, 2022, 47(63): 27237-27249.

[49] Bihe Y, Yunlong H, Xianfeng C, et al. Flame and shock wave evolution characteristics of methane explosion in a closed horizontal pipeline filled with a three-dimensional mesh porous material[J]. Energy, 2022, 260: 125-137.

[50] Yunlong H, Quan F, Bihe Y, et al. Explosion evolution behavior of methane/air premixed gas in a closed pipe filled with a bio-based porous material[J]. Fuel, 2022, 318: 123716.

［51］ Chunji Z, Zhirong W, Yanqiong Z, et al. Effect of Porous Materials on Explosion Venting Overpressure and Flame of CH_4/air Premixed Gas［J］. Combustion Science and Technology, 2021: 1-22.

［52］ Jiansong W, Zexu L, Jitao C, et al. Experimental analysis of suppression effects of crosswise arranged porous iron-nickel materials on the natural gas explosion in utility tunnels［J］. Journal of Loss Prevention in the Process Industries, 2022, 77: 104775.

［53］ Yulong D, Shuo W, Yanling Y, et al. Experimental Study on Explosion of Premixed Methane-air with Different Porosity and Distance from Ignition Position［J］. Combustion Science and Technology, 2020, 6: 1-15.

［54］ Yulong D, Shuo W, Yanling Y, et al. Experimental study on methane explosion characteristics with different types of porous media［J］. Journal of Loss Prevention in the Process Industries, 2021, 69: 104370.

［55］ Xiangchun L, Huan Z, Chunli Y, et al. Effect of Water on the Chain Reaction Characteristics of Gas Explosion. ［J］. ACS omega, 2021, 4: 321-328.

［56］ 杨克,王壮,邢志祥,等.氩气协同超细水雾抑制甲烷爆炸试验研究［J］.中国安全科学学报,2020,7:55-61.

［57］ 裴蓓,李杰,余明高,等.CO_2-超细水雾对瓦斯/煤尘爆炸抑制特性研究［J］.中国安全生产科学技术,2018,8:54-60.

［58］ 温小萍,郭志东,王发辉,等.一维多孔介质和超细水雾协同抑制瓦斯爆炸试验［J］.安全与环境学报,2020,2:539-547.

［59］ Bei P, Yong Y, Jie L, et al. Experimental Study on Suppression Effect of Inert Gas Two Fluid Water Mist System on Methane Explosion［J］. Procedia Engineering, 2018, 11: 565-574.

［60］ Wei T, Dong L, Liyan L, et al. Suppression of methane/air explosion by water mist with potassium halide additives driven by CO_2［J］. Chinese Journal of Chemical Engineering, 2019, 11: 2742-2748.

［61］ Song X, Zuo X, Yang Z, et al. The explosion-suppression performance of mesh aluminum alloys and spherical nonmetallic materials on hydrogen-air mixtures［J］. International Journal of Hydrogen Energy, 2020,45(56): 32686-32701.

［62］ Niu Y, Shi B, Jiang B. Experimental study of overpressure evolution laws and flame propagation characteristics after methane explosion in transversal pipe networks［J］. Applied Thermal Engineering, 2019,154: 18-23.

［63］ 段玉龙,李元兵,杨燕铃,等.细水雾协同滑动装置对甲烷/空气预混气体爆炸特性的影响［J］.高压物理学报,2021,35(05):182-188.

［64］ 张九零,注惰对封闭火区气体运移规律的影响研究［D］.中国矿业大学(北京),2009.